Movie
我的电影
MY MOVIE
我做主
会声会影X2七日通
U0929185
毕嘉勋 万晓锦 何 平 编著
工作室
全书以7天24章的内容深入系统地讲解会声会影X2的技能与知识，使读者以导演的身份玩一把，真正做到自己的电影自己做主。随书附赠近3GB的DVD光盘，内容包括书中实例素材文件、180分钟视频教学文件以及赠送的32个婚庆素材和51个通用素材。
科学出版社
www.sciencep.com
BHP
北京希望电子出版社
Beijing Hope Electronic Press
www.bhp.com.cn

内 容 简 介

这是“7天学会”系列的第二本书。本系列书从内容到版式都作了全面创新，跟市面上同类型的图书迥然不同，我们以7天为一个周期，对会声会影的精华进行提炼，从周一至周日科学地安排学习内容，使读者在一个星期内就能熟练地运用会声会影剪辑影片并刻录成DVD影片光盘，充分满足读者快学快用的要求。

本书的内容编排以处理影片的步骤为顺序，从捕获到最终的分享，循序渐进，方便读者学习和掌握，主要内容为：周一，用好会声会影的前期准备工作、视频设备的连接、剪辑的艺术、会声会影的安装和刻盘直通车；周二，捕获的体验和深造以及编辑的体验；周三，编辑的深造；周四，时间轴和右键菜单、效果的体验和深造以及覆叠的体验和深造；周五，标题的体验和深造；周六，音频的体验和深造以及分享的体验和深造；周日，外挂滤镜和实例训练。

在一些关键的步骤，我们还录制了视频教程，所以只要按本书的进度进行学习，7天就能掌握会声会影，完成从入门到提高的过程。本书附带的DVD光盘内容包括部分实例所需素材以及视频教学文件，同时还赠送了一些精美的图片和视频素材。

需要本书或技术支持的读者，请与北京清河6号信箱（邮编：100085）发行部联系，电话：010-62978181（总机）转发行部、010-82702675（邮购），传真：010-82702698，E-mail：tbd@bhp.com.cn。

图书在版编目（CIP）数据

我的电影我做主：会声会影X2七日通 / 毕嘉勋，万晓锦，何平编著. —北京：科学出版社，2010

ISBN 978-7-03-025991-2

Ⅰ.我… Ⅱ①毕….②万….③何…. Ⅲ.图形软件，会声会影X2 Ⅳ.TP391.41

中国版本图书馆CIP数据核字（2009）第202120号

责任编辑：韩宜波　　/ 责任校对：小　亚
责任印刷：凯　达　　/ 封面设计：潘海波

科学出版社 出版
北京东黄城根北街16号
邮政编码：100717
http://www.sciencep.com

北京凯达印务有限公司

科学出版社发行　各地新华书店经销

*

2010年2月第　1　版　　开本：787mm×960mm 1/16
2010年2月第1次印刷　　印张：19.50（全彩印刷）
印数：1-3 000册　　字数：439千字

定价：55.00元（配1张DVD光盘）

[老电影效果]

处理前

处理后

[电影胶片效果]

处理前

处理后

[漫画效果]

处理前

处理后

[显示DV时间码]

处理前

处理后

[轻松将影片创建为屏幕保护]

处理前

处理后

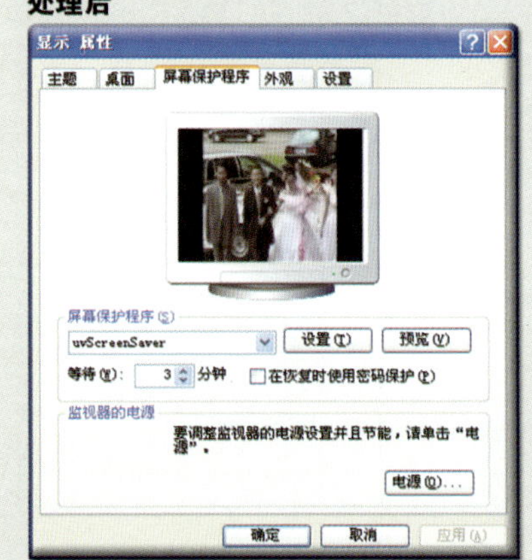

[旋转视频]

处理前

处理后

[变形素材]

处理前

处理后

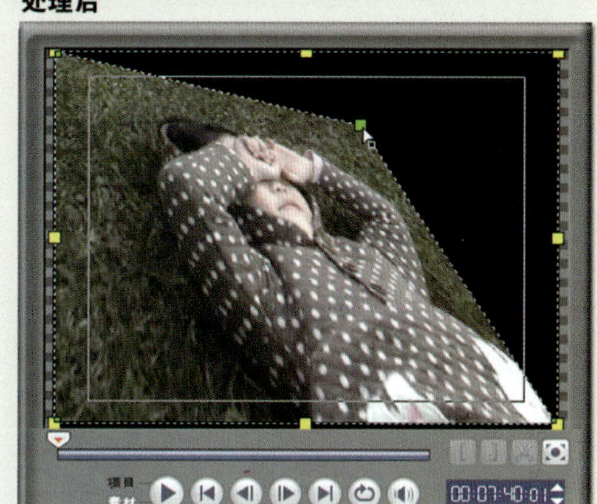

[四连屏画中画]

处理后

[抠像效果]

处理前

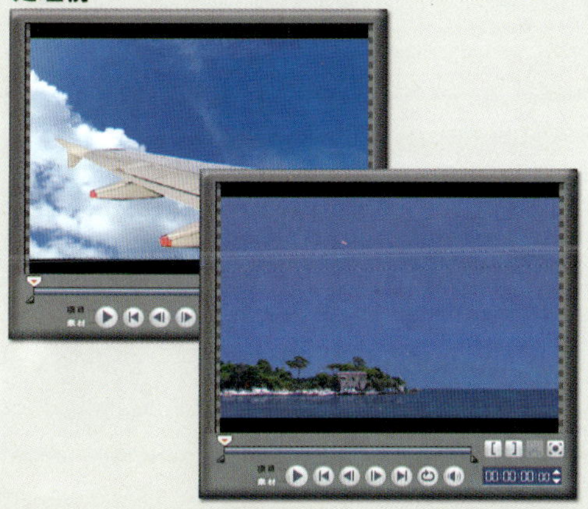

处理后

[视频的趣味叠加]

处理前

处理后

[影片加字]

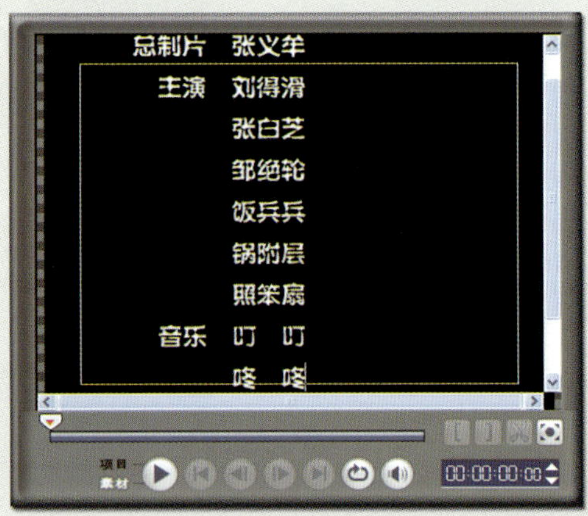

[外挂滤镜]

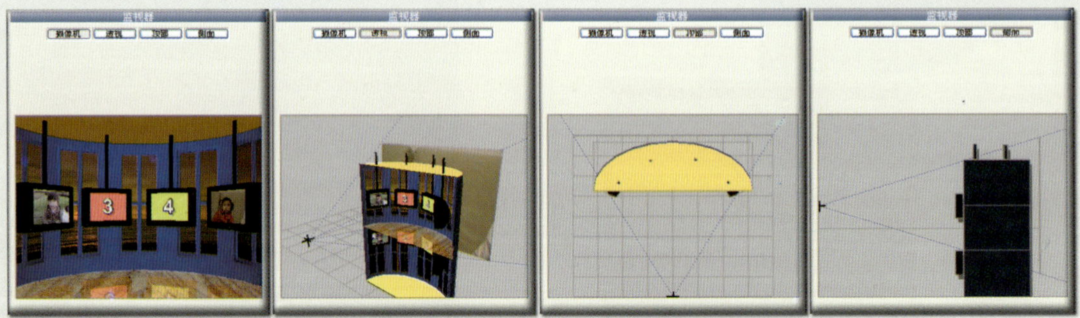

[前言]

随着数码照相机和数码摄像机的普及，以及网络视频的兴旺发达，人们对视频处理的需求也越来越迫切，越来越多的人把硬盘中越来越多的照片制作成电子相册，或将拍摄的录像处理成MV。既可以一家人自娱自乐，也可以上传互联网娱乐大众，也许一不留神就成了胡歌第二，为人们的生活增添了很多乐趣。

由于1394卡、DVD刻录机等相关硬件设备的价格日益“平易近人”，加上Corel的会声会影X2和品尼高的Pinnacle Studio 11等编辑软件的简单易用，使得我们很容易就可以把自己的照片、视频录像DIY一把——我的电影我做主！

会声会影原来是友立集团的看家软件，不过在2007年被图形图像界翘楚Corel（CorelDRAW的东家）一锅端，从一个侧面证明了这款软件的分量。它提供了从捕获→编辑→刻录的全套解决方案，用它提供的模板可以轻轻松松地将照片制作成丰富多彩的电子相册，也可以从各种介质捕获视、音频，进行剪辑后制作成DVD，甚至蓝光等电影光盘，还可直接输出为手机、iPod、iPhone、PSP等移动设备兼容的格式，是DIY家庭电影的首选。

随着FULL HD高清DV价格的雪崩，以及液晶电视的迅速普及，预示着高清大潮的临近，Corel也及时地对会声会影进行了大规模升级，推出了**Corel VideoStudio Pro会声会影X2**，使其对高清的支持度更好、更平滑。相比以前的版本，归纳起来有6大亮点。

全面提供了对BDMV（蓝光）、HDV、AVCHD、JVC TOD等高清DV的支持，采用新的H.264解码器，无需转码即可直接引入进行编辑处理，可保持最高画质，分辨率可达1920×1080像素。

针对高清视频对资源的高消耗，提供了高清智能代理功能，即在编辑时调用低画质素材进行处理，输出时则调用对应的高画质素材进行编码，使低配电脑也能快速、流畅地处理高清视频。

从硬件上针对双核及四核CPU进行了优化，从软件上对编码功能进行了完善，使其处理效率大大提高，对30分钟的AVCHD的高清视频进行编码，只需32分钟，而前一版本要耗费2小时27分。

又增加了一个标题轨，使字幕轨达到了两轨，实现了在一个位置叠加两种文字效果的功能；独创影片小画家功能，可在影片中手绘各种图案，甚至在地图上绘制旅游路线，为影片添加更多乐趣。

多达七轨的素材叠加，变幻出无穷的炫丽效果；在同一轨道上只要将两个视频或音频交错放置，就会在重叠位置自动添加转场效果，使影片剪辑更轻松，这可是专业非编上才有的功能。

新增了NewBlue影片特效滤镜，有5组81个特效，可轻松将影片处理成怀旧、刮痕等效果；还推出了更多的DVD选单、家庭影片和相册主题模板及Flash动画、边框等，使影片效果更加引人入胜

如果你的要求不高，只想把视频上载到电脑就刻成碟，会声会影可以帮你做到，这个功能不用一天就可以学会，其他天你完全可以玩去了；如果你想把家庭录像DIY出好莱坞大片的感觉，会声会影同样可以帮你实现，只需要7天的时间就可以搞定。

本书的出版，除了自己辛勤地耕耘，也得益于大家的帮助和支持。在这里要感谢北京希望电子出版社的李磊主编，感谢他对作者耐心、细致的指导，也很感谢韩宜波老师对本书认真、仔细的审校；非常感谢谢家谊先生、张青先生对作者的鼓励和支持，以及李成、徐斌、周挺、王希、王文琪、徐乃茹对作者的帮助；感谢好友青年摄影家陈纲、孙蓓红、陈静，以及吴晓峰、刘进、杨维斌、王晓海、郭劲松、杨斌、陈建华、刘晓岚、焦俊玲、胡晓丹、刘梅、陈倩、金艺、谭剑、李静宇、马林、刘磊、詹磊、杨红晕、胡艳妮、何小凤、霍琼华、杨光明、罗仁发、屠鹤立、杨俊宜、喻斓娇妃、陈炜、刘敏、张娜、孟英、张璐、李国娟、赵璐等朋友。请允许我们最后再感谢自己的家人毕荣普、陈玉、万东华、韩莲珍，以及冯世伟、万彩萍、吴孝印、万彩云、万彩燕、秦伟、万齐辉、万齐军、张杰、毕璠、陈涛、陈英、李晓玲、陈雄、刘淑萍、陈志勋、陈玥、毕安普等人对我们的关心。另外，还要感谢冯婷婷、刘璐、陈友浩、万晴及毕雅钰（丫丫）提供照片。在这里谢谢大伙啦。

本工作室的E-mail是bjxwxjb@163.com，如果有任何疑问请跟我们联系。

编著者

目录

午餐时间到
二小时后回来！

目录

星期一

星期二 捕获 编辑

午餐时间到
二小时后回来！

星期二

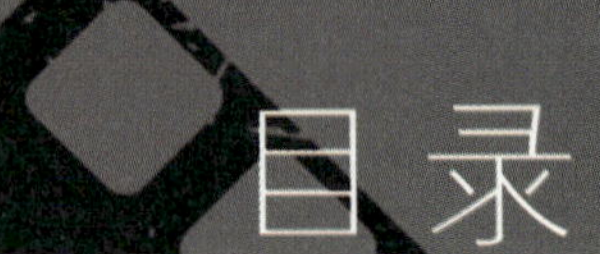

星期三

目录

星期四

午餐时间到
二小时后回来！

目录

星期五

午餐时间到
二小时后回来！

星期六

目录

星期六

午餐时间到
一小时后回来！

星期日

午餐时间到
二小时后回来!

星期一

◎ 用好会声会影，做好前期准备工作是很重要的，从Windows的优化到硬盘分区的选择，从虚拟内存的设置到视频设备的连接等缺一不可；

◎ 为从未剪辑过影片的读者开一个剪辑的艺术速成班；

◎ 掌握最快速地将各种渠道的素材刻录成DVD影片光盘的方法。

08:00-10:00 AM

第1章 前期准备

对视、音频的处理要想获得流畅的效果，对电脑硬件性能的要求比较高，从CPU到内存、显卡等，都需要达到一定的标准，另外还要从硬盘分区、虚拟内存的设置等方面进行优化才行。

1.1 电脑硬件的最佳配置

由于高质量的视、音频文件比较庞大，特别是随着高清的普及，1920 × 1080分辨率的高清视、音频更是大得惊人，处理时对电脑硬件资源的消耗也非常大，一般情况下，电脑硬件的配置最好不要低于以下标准，如图1-1所示。

CPU:	Intel Pentium 4 AMD Athlon XP
 系 统:	Microsoft Windows XP SP2
 内 存:	1G
 显 卡:	板载集成显卡

图1-1

这一标准可以基本流畅地对标清视、音频进行实时编辑处理，对高清视、音频的处理只能通过智能代理功能来达到。

如果要对高清视、音频进行基本流畅地实时编辑处理，电脑硬件的配置最好不要低于以下标准，如图1-23所示。

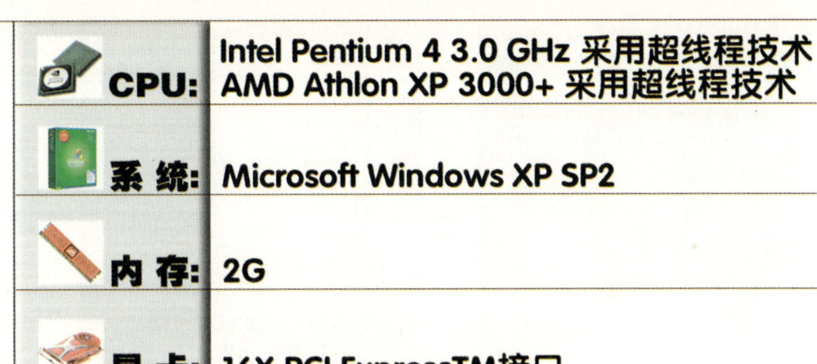

CPU:	Intel Pentium 4 3.0 GHz 采用超线程技术 AMD Athlon XP 3000+ 采用超线程技术
系 统:	Microsoft Windows XP SP2
内 存:	2G
显 卡:	16X PCI ExpressTM接口

图1-2

还有一点要注意，对于XP系统而言，一定要安装SP2以上的系统补丁，才能提供对高清视频的支持。

在经济条件许可的前提下，硬件配置原则上是越高越好，这样才能享受到完全无滞后的编辑过程、特效的实时预览，以及大大缩短的输出等待时间，并可以减少捕获及输出视、音频时丢帧、错帧的发生，所以要玩好视频编辑，看来不出“血”是不行的。

1.2 Windows的优化设置

硬件配置达到要求只是一个方面，在Windows中进行优化设置也是很有必要的，只有这样才能使硬件最大限度地发挥效能。

1.2.1 虚拟内存的设置

对视、音频进行捕获、编辑时，需要处理的数据量特别大，对内存的占用也很大，物理内存往往不够用，还需要在硬盘上划出一块空间作为物理内存的补充，将溢出的数据转到这里来进行读取，这就是虚拟内存，其设置步骤如图1-3所示。

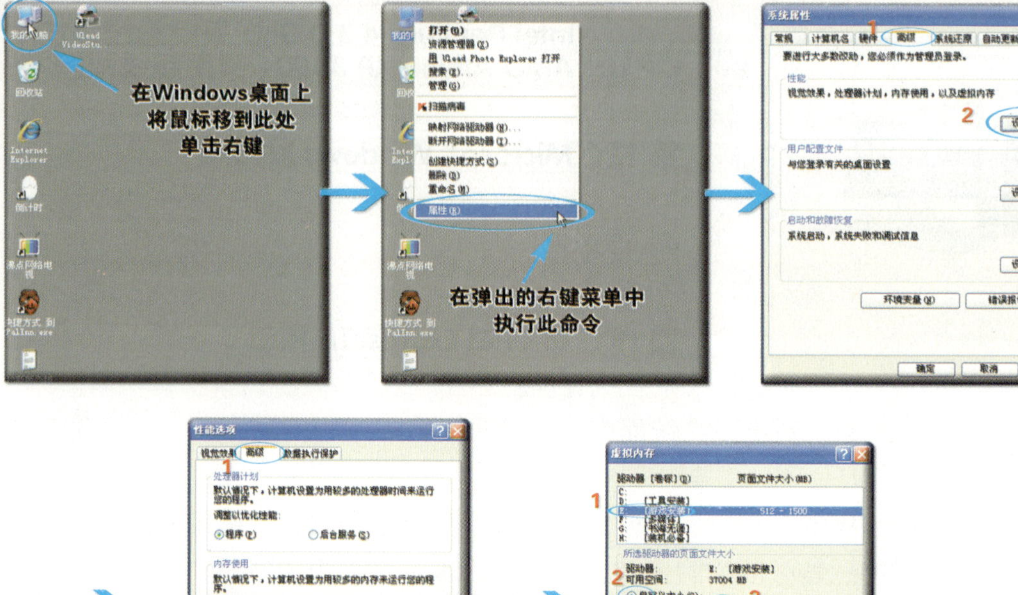

图1-3

其中，**驱动器**最好选择空间较多的分区，在**自定义大小**处，对**初始大小**和**最大值**的设置最好遵循以下的标准，如图1-4所示，**物理内存**就是为你的电脑配置的内存。

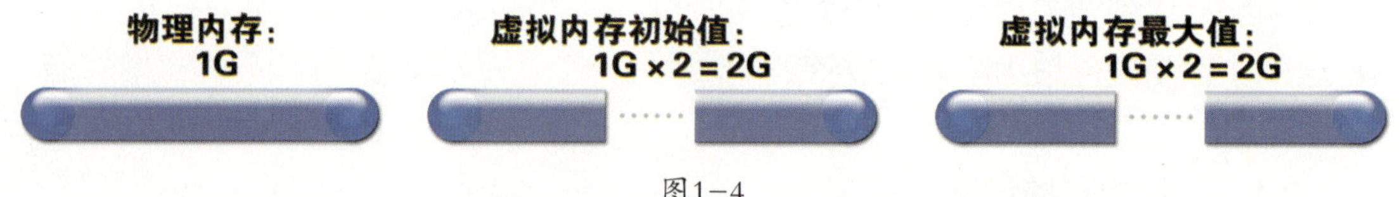

图1-4

1.2.2 启用硬盘的DMA传输模式

启用DMA模式，即直接内存访问模式，可加快硬盘的数据传输，其设置步骤如图1-5所示。

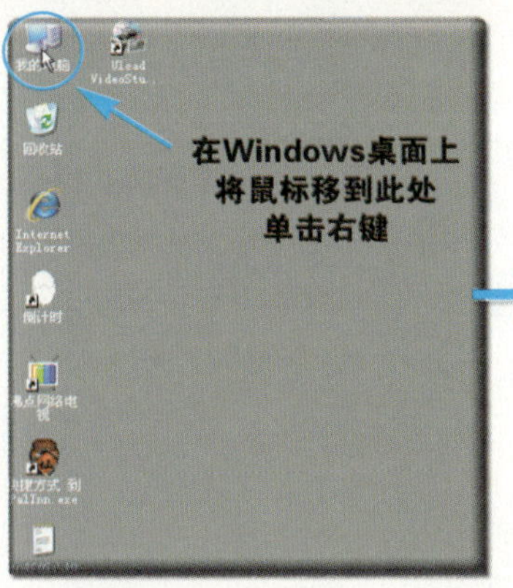

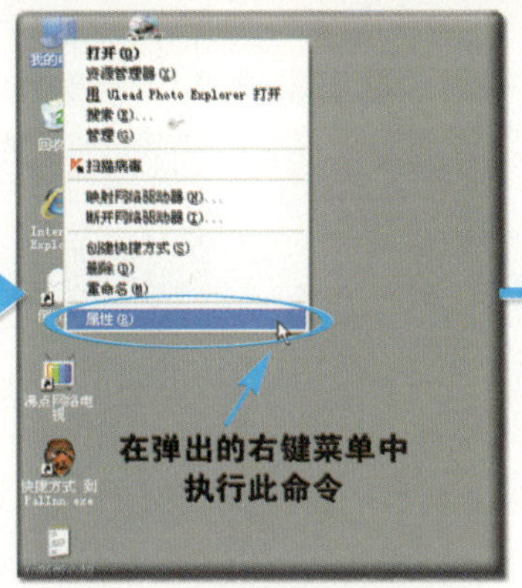

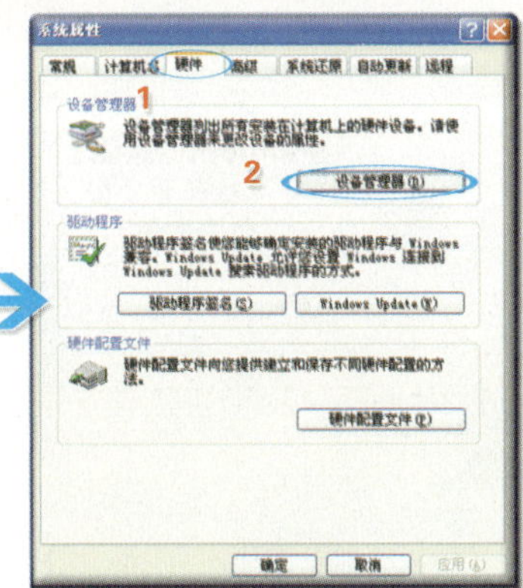

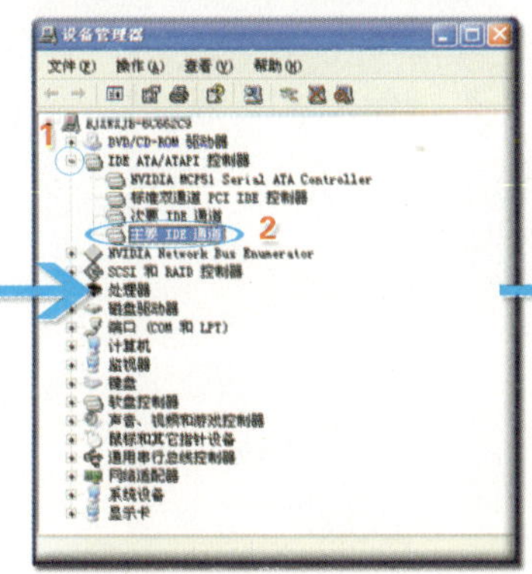

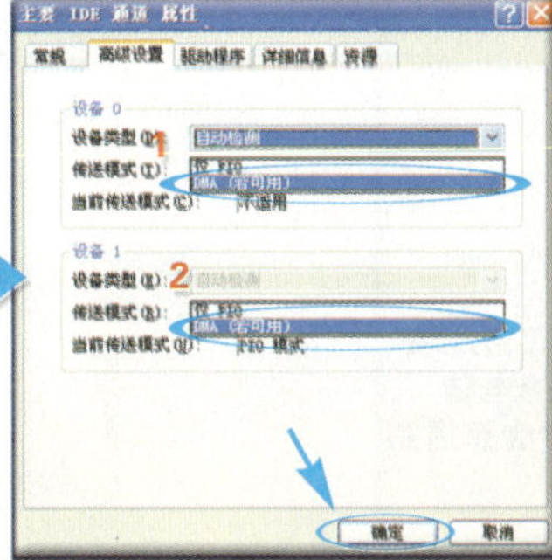

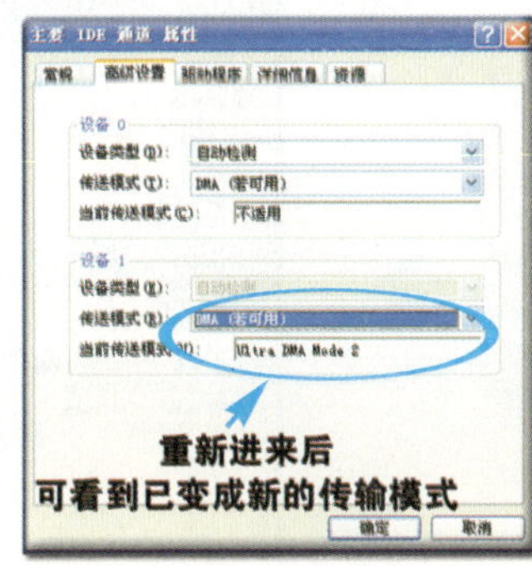

图1－5

其中，**设备0**和**设备1**一般分别代表IDE排线上连接的第一个和第二个硬件设备，上述对话框表明作者的**设备0**是光驱，**设备1**连接的则是硬盘。

1.2.3 关闭**为提高性能而优化**项

Windows默认情况下启用了**为提高性能而优化**项，这意味着往硬盘中写入数据时会先写入缓存，待系统空闲时再真正写入硬盘，这样可以提升系统的性能，但对于视、音频的捕获而言，其缺点也是显而易见的，在捕获过程中如果突然非正常中断，往往会造成数据的丢失，所以应把其关闭，其设置步骤如图1-6所示。

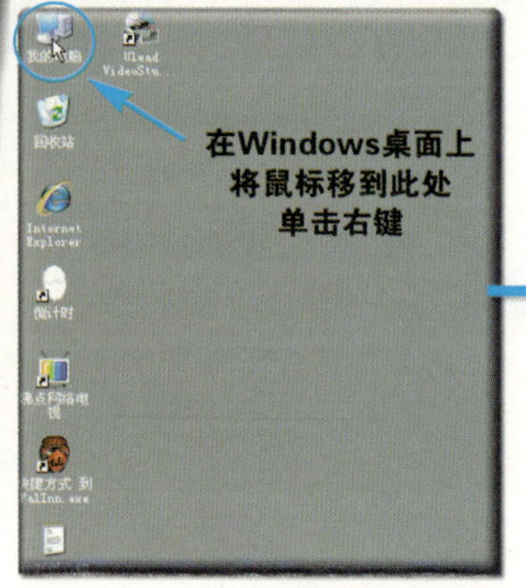

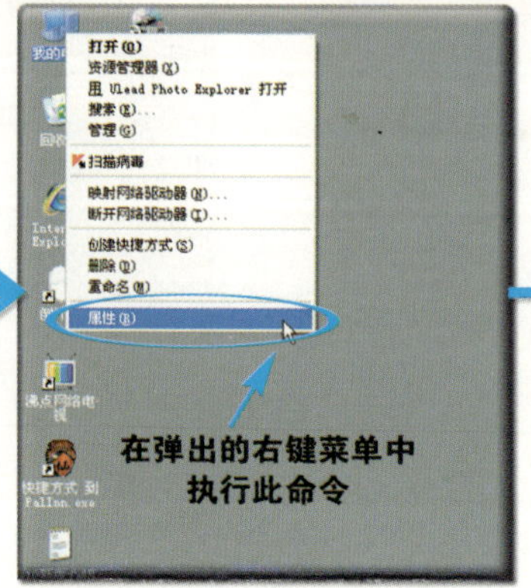

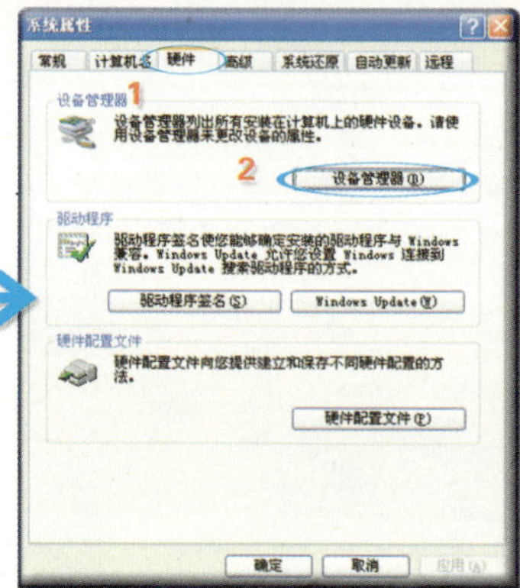

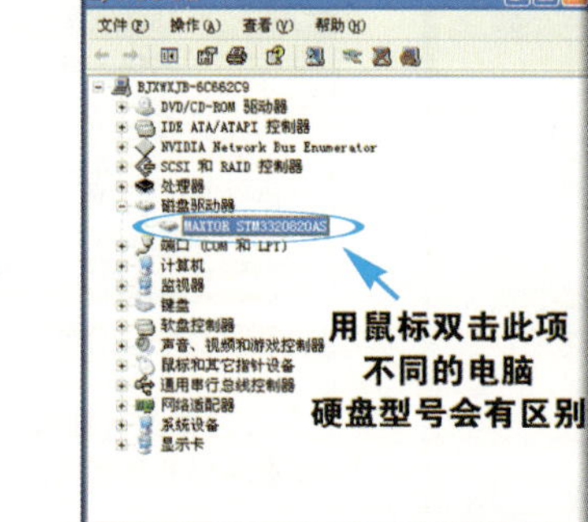

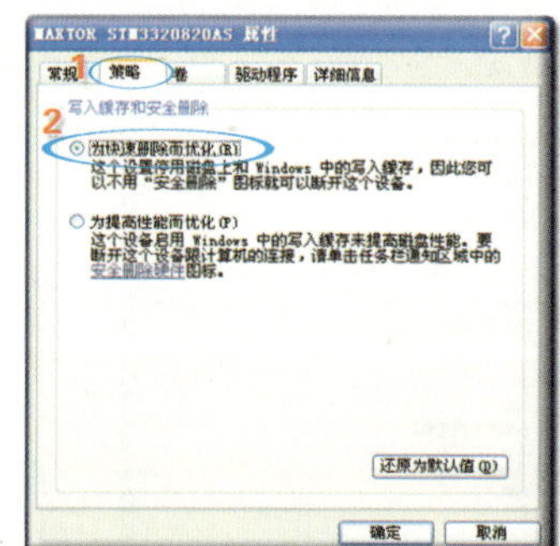

图1-6

1.2.4 硬盘分区的选择和转换

捕获视、音频时指定不同的格式及质量，其所占的硬盘空间是不同的，如图1-7所示，其中**AVCHD**是以SONY的高清DV在拍摄时将分辨率设为1920 × 1080像素及质量设为最高FULL HD时为标准计算的。

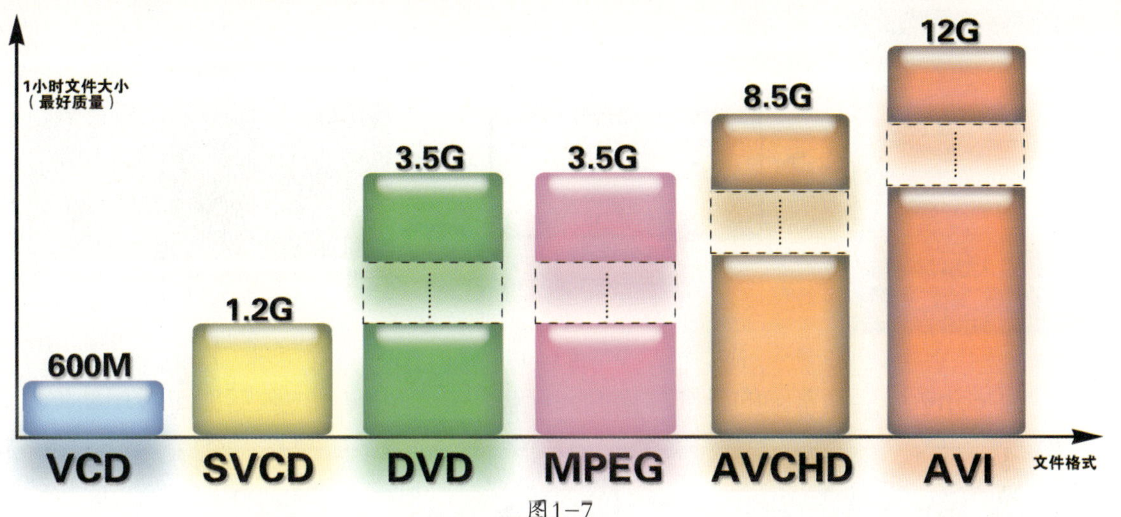

图1-7

由于视、音频文件体积较大，所以最好选择一个大容量的硬盘分区作为素材盘，可用空间最好在30G以上，而且不要放在安装了会声会影的分区上。

另外，如果捕获时视、音频文件超过4G，其储存方式跟硬盘分区的文件系统很有关系，如果是FAT32，会在大于4G后，将超出的部分存储为新的文件，而如果是NTFS，则没有大小的限制，无论多大都只存储在一个文件中，鉴于这种文件系统还有很多优于FAT32的地方，如不易产生磁盘碎片等，特别适宜经常会频繁进行写入、删除等操作的情况，所以建议把分区都转换为这种文件系统。

要知道自己的硬盘分区是什么文件系统实际上很简单，如图1-8所示。

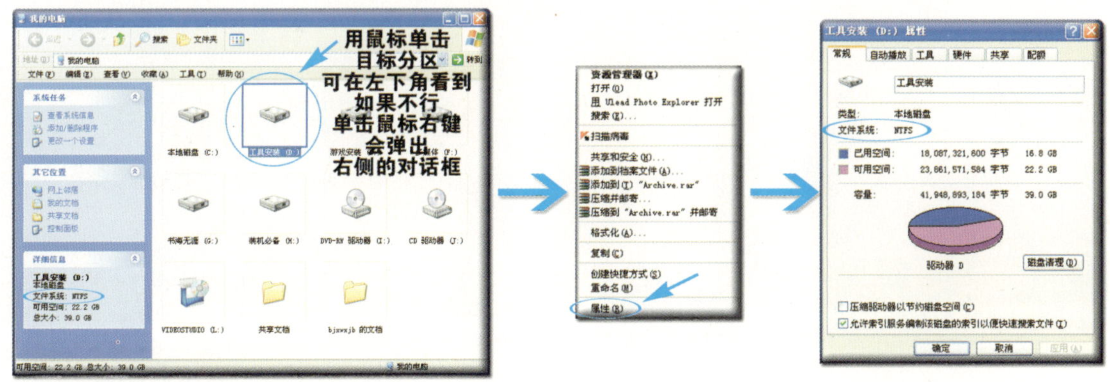

图1-8

如果是FAT32，要把它转换为NTFS也不难，其步骤如图1-9所示。

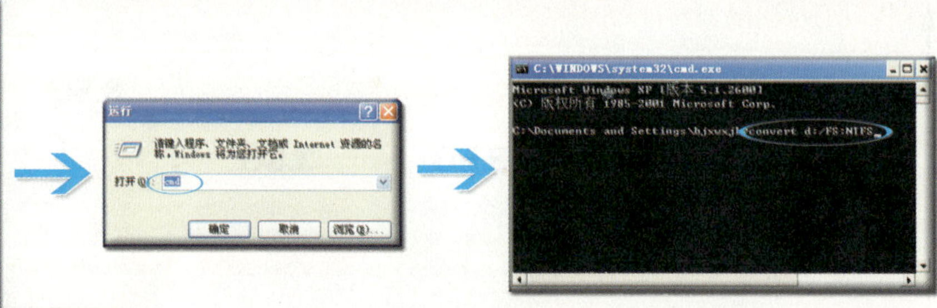

图1-9

其中convert后面紧跟的是欲转换的分区盘符，重新启动电脑后即可成功转换。

第2章 视频设备的连接

如何将视、音频和图片等素材从DV摄像机或数码相机等设备上载到电脑中呢？根据载体的不同，获取素材的方式也会不同，如图2-1所示。

图2-1

实际上，早期的模拟摄像机Hi8和VHS录像机的视频上载还需要用到视频采集卡，从近期的数字摄像机磁带式DV→光盘式DV→硬盘式DV→磁带式HDV，再到现在的高清FULL HD闪存式或微硬盘式HDV，以及未来的蓝光HDV等等……视频质量在不断提升，上载方式也越来越方便，从最初的视频采集卡到现在的1394接口、USB接口，对于闪存式HDV、数码相机、手机等，还可将存储卡取出，通过读卡器从USB接口导入电脑，所以根据不同的介质，其上载方式也是不同的。

胶片库 HDV与AVCHD

有的DV摄像机机身上标注有HDV或AVCHD，表明这种摄像机是高清摄像机，虽说都属高清格式，但两者还是有很大的区别。

HDV：是由索尼、夏普、佳能等公司于2003年发布的基于Mini DV磁带的高清格式，采用了MPEG-2的压缩方式，已逐渐淘汰。

AVCHD：是由索尼、松下等公司在HDV基础上开发出的新的高清格式，以硬盘或闪存等为载体，采用MPEG-4AVC/H.264的压缩方式，在高压缩率和高画质上取得了较好的平衡，支持480i、720p和1080i等多种视频格式，还有杜比5.1声道AC-3等音频格式。

2.1 视频采集卡

对于模拟摄像机VHS、Hi8等老一代的摄像机，要将它们摄制的内容导入电脑，需要购置一块视频采集卡，通过视、音频线进行上载，如图2-2所示。

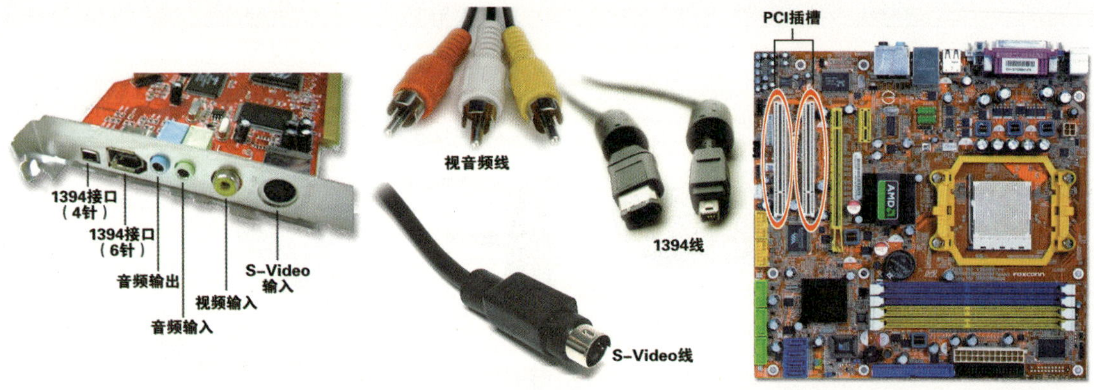

图2-2

这类卡一般都是PCI插口，插在主板的PCI槽上，板上往往内置了编码芯片，上载视、音频时通过硬件进行编码完成，对电脑资源的占用较低，但价格较高。

现在还出现了视频采集盒，将这些接口安装在盒子上，通过USB接口跟电脑连接，便于携带和移动。

实际上，还有一类专业接口，如分量接口和SDI数字串行接口是属于专业级的，广泛应用于广播电视及高端广告行业，这些接口集成在专业的视频卡上，也属于视频采集卡，但随着技术的发展，专业摄像设备的存储介质也发生了革命性的变化，目前居主流的是SONY主导的蓝光光盘和Panasonic主导的P2卡，它们可以通过USB接口、1394接口、网线或笔记本上的Express Card插槽等进行上、下载，已经逐渐抛弃了视频采集卡。

2.2 1394卡

对于数字摄像机磁带式DV，往往通过专门的1394卡进行上载，其结构简单，一般不设置其他接口，所以价格便宜得多，如图2-3所示。

图2-3

这类卡一般也是PCI插口。1394接口实际上仅仅是一个数据传输通道，在上载视、音频时，需要通过采集的软件进行编码，对电脑资源的消耗较大。

现在市面上有很多笔记本电脑内置了1394接口，如果配置够好的话，完全可以直接对视、音频进行采集。

2.3 USB接口

跟1394卡一样，仅仅是一个数据传输通道，两者的传输速率相差不大，但USB接口由于是电脑的标准配置，少了另外买卡、选择芯片的麻烦，所以应用范围更广，现在闪存式或微硬盘式高清HDV随机附送的大多只有USB连接线，逐渐将视频采集卡、1394卡等多余的设备边缘化，只需通过USB接口即可搞定，随着USB3.0的即将发布，未来数据传输的王者非其莫属。

2.4 采集质量

上载的方式不同，视频质量也会受到很大的影响，下面看一下它们的区别。

※复合视频端子——通过视频输入口上载的视频质量最差，这个端口又称为复合视频端子，是将亮度信号Y、色度信号C和同步信号合成为一个复合信号，容易发生色串亮和亮串色问题，影响视频的质量。

※**S端子**——通过S-Video接口上载的视频质量好于复合视频端子，这个端口又称为S端子，它是将亮度信号Y和色度信号C分开传输，避免了它们之间的串扰问题。

※**分量接口**——分量信号又称为色差信号，分成亮度信号Y、R-Y信号（红色信号与亮度信号的差）和B-Y信号（蓝色信号与亮度信号的差）三路进行传输，所以通

过其上载的视频质量要优于S端子。

※SDI接口——又称为数字分量串行接口，可传送高达270Mb/s的信号，主要跟专业的数字摄像机、录像机等配合使用，通过其上载的视频质量又大大高于分量接口。

※1394卡——1394卡作为数据传输的通道，对视、音频的上载质量几乎没有影响，采集的软件功能和电脑的硬件配置才是决定视、音频质量的关键，只要硬件配置足够高，软件采用会声会影X2或Pinnacle Studio 11等业界知名的编辑软件，就可以获得高品质的视频质量。至于1394卡的核心芯片，最出名的是TI（德州仪器），另外还有VIA、NEC、PHILIP和美国朗讯等，从构成上还有双芯片、单芯片之分，1394卡的价格也从几十元到上千元不等，实际上这些元素仅仅决定了卡的品质，但对视、音频的质量影响不大，所以选择价位在100元左右，并且是TI的双芯片性价比比较高。

※USB2.0——DV发展到闪存式或微硬盘式高清摄像机FULL HD后，都只需通过USB接口即可无损地上载视、音频文件，其上载方式跟拷贝文件一样，非常方便，对视、音频质量的影响完全由编辑软件的输出能力决定。

综上所述，从上载视频质量的角度来看，从低到高依次为**复合视频端子→S端子→分量接口→SDI接口→1394卡→USB2.0**，但有一点要注意，这些接口不会提高视频本身的质量，只是不同的接口对视频的损耗不一样，就是说，效果很差的源视频不可能通过SDI或USB上载就变好了，视频质量实际上在拍摄时已经由摄像机决定了。

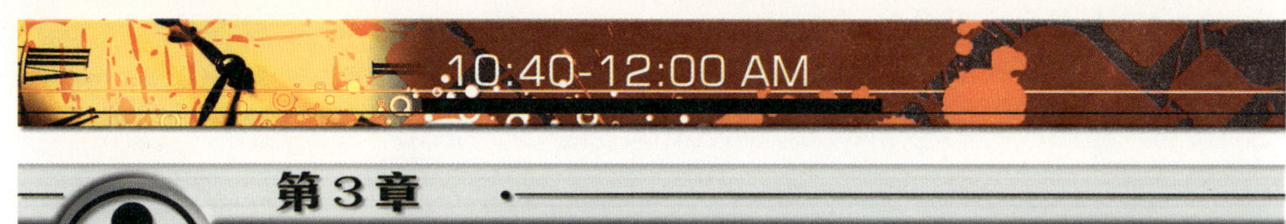

第3章

剪辑的艺术

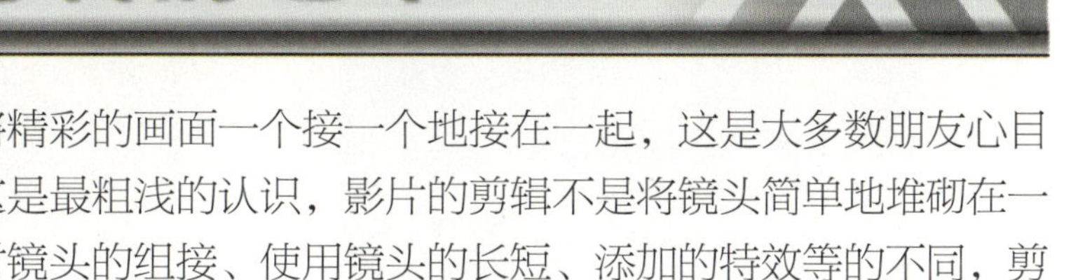

把乱晃的镜头剪掉，将精彩的画面一个接一个地接在一起，这是大多数朋友心目中对剪辑的理解，实际上这是最粗浅的认识，影片的剪辑不是将镜头简单地堆砌在一起就行了，同一个素材，对镜头的组接、使用镜头的长短、添加的特效等的不同，剪辑出的效果就会不同，观众体验到的视觉冲击力也会有强弱之别，这充分说明剪辑也是一门深奥的学问。

学会软件的操作并不难，7天就可以完全掌握，而要参透剪辑的艺术，则需要长期在实践中去慢慢领悟，不断地总结，才能得到提高，只有体会了剪辑的精髓，才能摄好像，两者是相辅相成的。

听说过蒙太奇没有？蒙太奇，是法语Monatage的音译，原意是指建筑上的搭建、装配，在影视制作领域则是指遵循一定的规律对画面与画面的关系、画面与声音的关系，以及声音与声音的关系进行调配组合，把零散的镜头组接成一段有机的、连贯的、富有感染力的片子，这就是剪辑的艺术，先不说电影大师的作品，只要看一下草根电影《一个馒头引发的血案》就什么都明白了。

要把剪辑的艺术说得通通透透，还得另写一本书，咱们这是速成班，所以就给大家去粗取精，归纳总结，掌握其中精华的部分即可。

3.1 镜头的种类

对影片的剪辑，实际上就是对镜头的组接，用摄像机拍摄的镜头内容丰富、形式多样，为了让大家有个清晰的认识，我们作了一个分类，从景别上区分，有远景、全景、中景、近景和特写五大类；从摄像技巧上区分，有推、拉、摇、移、跟、转、虚和晃八大类。

3.1.1 从景别上区分

景别，通俗地说就是构图，远景的宽阔、宏大，可渲染环境的氛围，或交待人与环境的关系，特写的细节描述，是对主体的强化，可给人较强的视觉冲击力。

远景 表现远处的、宽广的画面称为远景，如图3-1所示。

全景 表现人物身体的全身，物体也等同，称为全景，如图3-2所示。

图3-1

图3-2

中景 表现人物身体的三分之二部分，物体也等同，称为中景，如图3-3所示。

近景 表现人物身体胸部以上部分，物体也等同，称为近景，如图3-4所示。

图3-3

图3-4

特写 表现人物身体的局部细节，物体也等同，称为特写，如图3-5所示。

图3-5

3.1.2 从技巧上区分

摄像的技巧，就是如何让画面动起来，如果全片一味的只有定镜头，即摄像机固定拍摄，必然会显得单调乏味，所以掌握了摄像技巧，可以将画面以丰富多彩的形式展现出来。

推 【 | 星期一 | 推.MPG】推镜头，画面由远处向近处过渡，如图3-6所示。

图3-6

拉 【 | 星期一 | 拉.MPG】拉镜头，跟推镜头相反，画面由近处向远处过渡，如图3-7所示。

图3-7

摇 【 | 星期一 | 摇.MPG】摇镜头，画面从一个方向向另一个方向过渡，如图3-8所示。

图3-8

星期一是红色的 怎么说呢 对于我一切都是新鲜的 玫瑰是为遮掩羞涩而生的这句话 到底是谁说的 想想也对 要有所准备 尽管这个季节的花卖得很贵 同事不在也无所谓 可以闻着诱人的香味自我沉醉

移 【 | 星期一 | 移.MPG】移镜头，摄像师边移动边拍摄的画面，如图3-9所示。

图3-9

跟 【 | 星期一 | 跟.MPG】跟镜头，跟随主体移动拍摄的画面，如图3-10所示。

图3-10

转 【 | 星期一 | 转.MPG】转镜头，沿摄像机镜头垂直轴旋转拍摄的画面，如图3-11所示。

图3-11

虚 【 | 星期一 | 虚.MPG】虚镜头，拍摄时将聚焦的过程拍摄下来，从虚变实或从实变虚，一般家用DV没有手动功能，无法拍摄这种艺术效果，只有通过后期处理来实现，如图3-12所示。

图3-12

晃 【 I 星期一 I 晃.MPG】晃镜头，拍摄时有意晃动拍摄的画面，在追捕罪犯时常用到这种技巧，以营造一种紧张的气氛，至于颠簸的汽车、战争中的场面等也经常用到，如图3-13所示。

图3-13

3.2 影片的表现形式

无论是剪辑一般的家庭录像或是视频短片、MV等，还是剪辑专业的电视片，不论以什么表现形式来剪辑，都应有一条主线贯穿整个片子，所有的镜头都是围绕这条主线展开，这样才能向观众传达一个清晰、完整的故事情节，所以在剪辑影片之前，应该自问：影片的主题是什么？

在剪辑之前，要对手中的素材有一个全面的了解，这样就可以根据素材确定影片的主题，然后才能考虑用什么表现形式来“讲述”这个故事。

以婚礼摄像为例，绝大多数情况下，都是以事件发展的时间顺序、逻辑关系为主线，从结婚头一天晚上的准备→结婚当天的接亲→回娘家→晚上的酒席→闹新房，以时间顺序为脉络平铺直叙，这是最常用的表现手法，简单明了，事件清晰，很多纪实类的专题片也经常采用。

同样是婚礼摄像，如果想制作一个与众不同的影片，可以给两位新人拍一段表现谈恋爱的外景，在片子的开头先安排酒席上喝交杯酒的场景，然后通过配音或字幕提示，以倒叙的手法将谈恋爱的外景加进来，再接着按时间顺序把刚才的那些场景组接进来，也是一种表现形式。

如果你嫌前面两种方式剪辑的片子过于冗长，甚至可以找一首具有喜庆韵味或者温馨的歌曲，根据音乐节奏和歌词把其中的精华镜头剪辑进去，不必考虑什么时间顺序、逻辑关系，以歌词的词意为主线来决定镜头的内容，以音乐决定镜头的组接方式，制作出一个与众不同的MV。

还有一类是以事件发展的空间为顺序，以剪辑介绍游乐园的节目为例，可以以游玩主角的活动为主线，从进园开始，跟随主角的足迹带领观众一步步领略游乐园的风采，使观众对游乐园的游乐设施、游玩路线有一个明晰的认识。也可以将游乐设施的刺激程度、玩乐方式等进行分类，并以此为主线分类进行介绍。

总之，影片的表现形式非常丰富，对不同的影片适用不同的方式，形式服务于内容，内容决定形式，两者的完美结合，才能制作出与众不同的、具有观赏性的片子，所以一个影片该如何剪辑，起重要作用的是剪辑的主体——人，他的艺术修养、经验、想象力等都是决定性因素。

3.3 镜头的组接

确定了影片的主题和表现形式，接下来要面对的就是将一个个镜头有机地组合起来的问题了。

前面介绍了种类繁多的镜头，对这些镜头的组接是有一定规律可循的，而不是简单的堆砌，主要是根据画面的景别和画面的运动来决定。

3.3.1 根据景别进行组接

其组接顺序一般为：**全景＋中景＋近景＋特写**。

如婚礼摄像中，表现酒席上喝交杯酒的场景。

① 现场远景：将新人的位置和坐着的宾客表现出来，用以交代新人和宾客所处的环境。

② 新人、主持人全景：将新人和主持人的互动表现出来，可看到整个肢体的动作。

③ 新人中景：表现新人已经端起酒杯，同时主持人“强行”将两者的手交叉等镜头。

④ 新人、观众近景：新人交叉的手将酒杯互相敬向对方，这时可看到晃动的酒杯和新人丰富的面部表情，接着来一个观众的近景，以表现其期待的眼神。

⑤ 新人特写：新人开始对饮交杯酒，这时以特写镜头来表现，视觉冲击力达到高潮。

这种方式使现场氛围随着景别的放大一步步增强，对观众的感染力也同步变大。

如果是按相反的顺序来剪辑，则会先以特写吸引观众，最后再以全景交代整个环境和氛围。

如婚礼摄像中，闹洞房时的场景。

① 新郎脸上图案的特写：表现新郎脸的一侧正被人用眉笔进行涂抹，引起观众的好奇。

② 新郎脸的近景：表现新郎脸的正面以及涂抹人的手和脸，交待出是谁在乱画新郎。

③ 现场的中景：将摁住新郎的其他人也表现出来，表现出热闹的场面。

④ 现场的全景：将参与整人的人和看热闹起哄的人都表现出来，使观众随着镜头的变化，感受到闹新房的气氛一步步达到高潮。

上面介绍的组接顺序只是正常情况下通用的技巧，不必呆板地完全遵循这样的节奏来剪辑，可以根据剧情的发展来安排镜头，有时组接顺序甚至可以是跳跃式的，只要传达给观众的视觉感受是顺畅的就行。

如酒席上喝交杯酒的场景，完全可以在多个关键镜头之间插入观众镜头，如鼓掌、起哄等，以渲染现场的气氛。

3.3.2 根据动作进行组接

其组接规律一般为：**动接动**、**静接静**。

影视行业的编导都会这句口头禅。

动、静之分有两层含义：“**动**”，一层是指拍摄时采用推、拉、摇、移、跟等技巧，这时你所看到的是一个移动的画面；另一层是指摄像机不动，而画面上的主体自己在移动。“**静**”则相反，摄像机不移动、画面上的主体也不移动。

1.从摄像机的动作来判断

如果摄像机采用了推、拉、摇、移、跟等技巧，这就是动画面，相反则是静画面。

以“摇”镜头和“推”镜头为例，正确的拍摄手法应有起幅和落幅，即在开始点静拍三秒钟以上再开始摇或推，移到结束点应静拍三秒钟以上才算结束一个完整的拍摄，静中有动，动中有静，便于后期根据需要剪辑。

如果将这两个镜头“摇镜头＋推镜头”组接在一起，通常的做法应该是如图3-14所示。

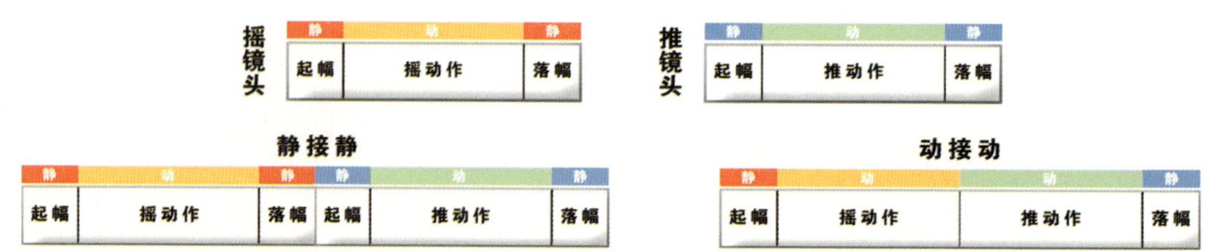

图3-14

其中**动接动**时，可以是动作中的任何位置。

2.从画面中主体的动作来判断

如果摄像机静拍，主体在运动，这也属于动画面，相反则是静画面。

在拍摄时，最好从主体运动前开始拍，即开头至少有三秒钟的静画面，运动结束后也应继续拍三秒钟以上，确保结尾也有静画面，便于后期根据需要剪辑。

这种镜头的组接方法同样也是动接动，静接静。

虽说“动接动，静接静”是一个普遍性的原则，但在剪辑过程中不必完全拘泥于既有的规则，可以根据画面之间的内在联系以及跟解说、音乐等的配合，进行动接静、静接动等的组合，有时也会产生富有冲击力的效果。

总之，影片的剪辑是一门深奥的学问，不是记住一两个规则就可以成为剪辑大师的，怎样对手中的素材进行分解、组合，以完美地表现主题，不但需要在实践中慢慢体会，还得多琢磨琢磨好的作品，才能得到更快的提高。

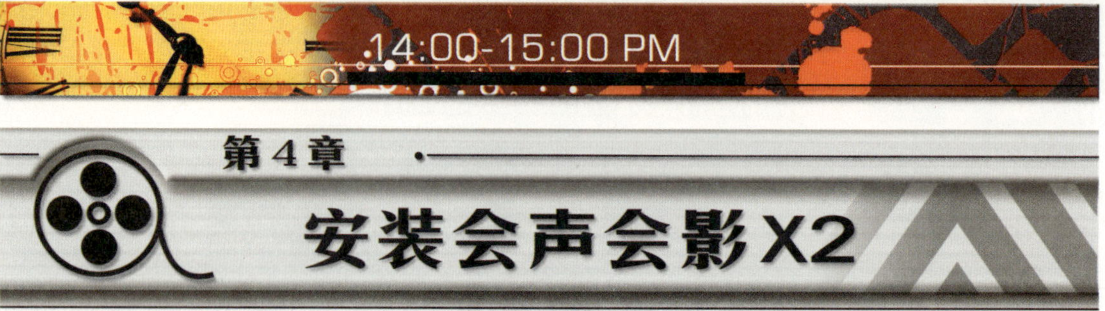

第4章 安装会声会影X2

2008年11月15日，Corel正式发布了会声会影X2简体中文版，从试用版【**官方下载地址：http://www.corel.com.cn/products/vsx2/trial.html**】到盒装版，会声会影X2的安装步骤虽然有所区别，但大同小异，不过在盒装版中除了附送工具软件，还赠送了视、音频素材和图像素材，对影片的剪辑很有帮助，其安装初始界面如图4-1所示。

图4-1

其中**安装工具软件**、**赠送程序**和**赠送内容**中的软件或素材可根据需要选择安装，这些工具软件或程序有的可能已经出了新版本，最好找更新的版本来安装，以获得更好的支持。

※Adobe Acrobat Reader 8 ——是Adobe公司开发的可阅读、创建PDF文件格式的工具，安装后可用于查看会声会影的帮助文件。

※Microsoft DirectX ——是微软公司开发的为游戏和多媒体应用提供更好支持的驱动程序。在安装主程序时将自动安装。

※Microsoft Windows Media Encoder9 Series ——是微软公司开发的一款功能强大的多媒体工具，安装后可提供对高质量的多声道音频和高清晰的视频编码的支

持。可在安装主程序时选择安装。

※Apple QuickTime ——是苹果公司开发的可播放多媒体文件（如MOV、QT等格式）的程序，安装后可使会声会影中**音频**步骤的**自动音乐**发挥作用。可在安装主程序时选择安装。

※Flash Player 9 ——是Flash文件的播放器，安装后可使会声会影能够调用**素材库**中的Flash动画素材。可在安装主程序时选择安装。

※WinDVD 8 ——是Corel公司开发的影音播放软件，最新版是9.0，可用于播放DVD光盘、蓝光光盘等高、标清影音文件，是暴风影音的有力竞争者，它还提供了去除雪花和马赛克的视频美化功能。

4.1 安装过程

安装软件的过程是很简单的，只要根据提示做就行了，这里不必赘述，有两点要注意，一是安装目录的指定，一是视频模板的选择。

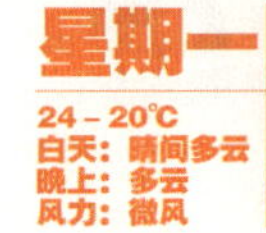

4.1.1 指定安装目录

在安装过程中有一个安装界面会要求指定软件安装的位置，如图4-2所示。

如果系统盘C盘的空间够多，最好安装在软件默认的位置，否则以后无法安装升级补丁。

图4-2

4.1.2 选择视频模板

还有一个安装界面会要求指定视频模板，如图4-3所示。

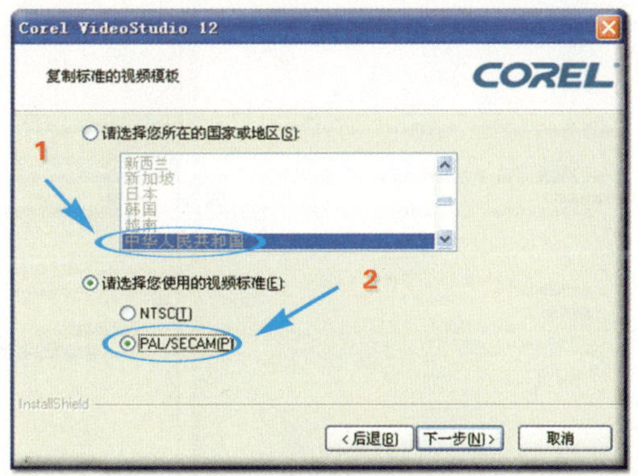

图4-3

勾选**请选择你所在的国家或地区**项，在窗口中选择**中华人民共和国**，这时**请选择您使用的视频标准**才有效，勾选该项，选择**PAL/SECAMP**即可，只有选择了正确的视频标准，在制作影片时才不会出问题，我国的视频制式为PAL制，欧洲为NTSC制。

4.2 正确使用繁体版会声会影X2

Corel不光把Ulead的软件、技术全部收购了，把它的毛病也继承了下来——每次发售新版的会声会影时，英文、繁体中文等等都是第一时间全球同步上市，唯独简体中文版要至少半年后才出现，这种歧视政策可就苦了想尽快用上新功能的广大视频编辑爱好者，有很多朋友通过对英文版或繁体中文版应用汉化补丁的方法来使用，这种方式的缺点是有很多地方汉化不够彻底，让人不知所云，实际上只要解决了繁体中文版在简体中文版Windows中的乱码问题，就可以第一时间用上新版的会声会影了。

虽说现在会声会影X2简体中文版已经发售了，但为了以后能及时用上新发售的版本，还是需要学习一下消除乱码的办法。

解决这个问题其实很简单，只要安装微软提供的内码转换工具**apploc.msi**【**|繁体乱码补丁|apploc.msi**】后，通过此工具运行会声会影即可，首先在**开始**菜单中执行**所有程序|Microsoft Applocale|Applocale**命令，会弹出对话框，用于创建目标软件的快捷方式，其设置方法如图4-4所示。

图4-4

创建好后，如果要运行繁体版会声会影，从**开始**菜单执行**所有程序 | Microsoft Applocale | 会声会影X2**命令即可，用这种方式打开的就是完整的繁体版软件，不会有任何乱码。

胶片库

推而广之，如果你想玩的游戏目前只有繁体版，也完全可以照此方法来做，保证没有乱码。

第5章 初识会声会影X2界面

将会声会影X2安装好后，如果要运行软件，最好将其他软件都关闭，因为捕获和编辑处理视频都会消耗大量的资源，所以尽量减少其他软件对资源的占用。

运行会声会影X2，会弹出对话框，如图5-1所示。

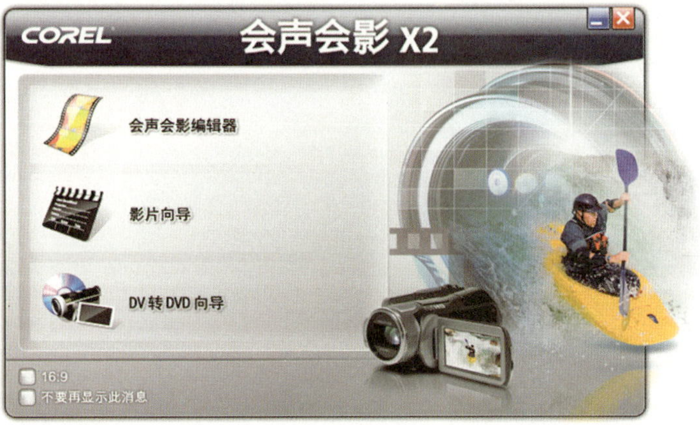

图5-1

会声会影编辑器

这是软件的主体部分，从捕获到剪辑、添加特效、音乐、字幕，以及最终输出等，所有功能都可在这里实现，并可对捕获的素材进行深加工，如图5-2所示。

图5-2

影片向导 相当于会声会影编辑器的简化版，一步一步引领你从各种途径捕

获视频、图片→选择模板→输出或编辑，只需三步即可将素材刻录成DVD光盘，是傻瓜式的操作模式，很容易上手，如图5-3所示。

图5-3

DV转DVD向导 也是傻瓜式的操作模式，专门针对从磁带式DV机直接捕获视、音频，然后选择模板→输出为光盘的制作方式，可在捕获窗口中对DV机里的磁带进行遥控操作，只需两步即可将整盒磁带的内容刻录成DVD光盘，比**影片向导**还简单，如图5-4所示。

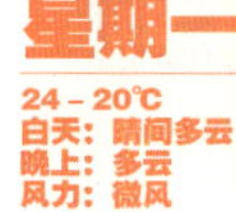

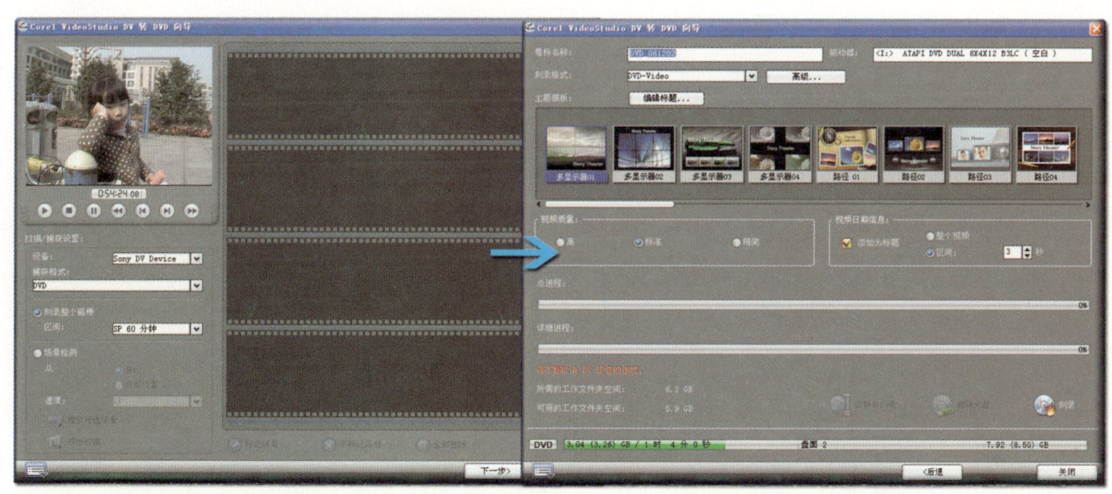

图5-4

16:9 勾选此项，进入会声会影编辑器时，将以16:9的宽高比对视频进行编辑。高清视频都是16:9的宽高比，而标清视频都是4:3的宽高比，要根据最终输出的格式来决定。

不要再显示此消息 勾选此项，以后运行软件时将不再弹出此对话框，而默

认为直接打开会声会影编辑器。如果想恢复显示，需要在会声会影编辑器的文件 | 参数选择命令中进行设置，如图5-5所示。

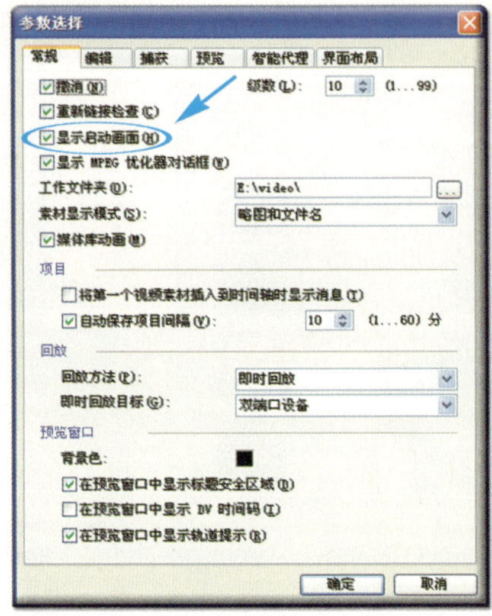

图5-5

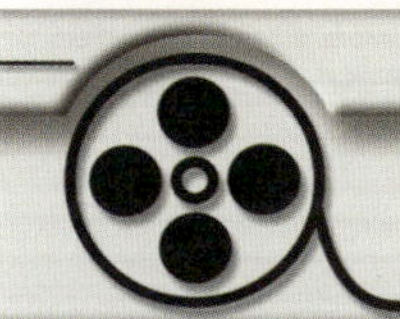

第6章

刻盘直通车

为了提高大家的学习兴趣，也为了照顾偷懒一族不愿动手剪辑，只求快捕（获素材）快刻的需要，特推出**刻盘直通车**章节，旨在让大家在很短的时间内就能掌握通过会声会影将DV机、数码相机和手机等数码设备拍摄的画面刻录成DVD光盘的最简便的方法。

在会声会影的初始界面中（**如图5-1**），有三种编辑方式可供选择，以使用最广泛的磁带式DV机和正在成为主流的闪存（微硬盘）式HDV（AVCHD格式）以及数码相机、手机为例，下面我们就选用最简便的方法将它们拍摄的影像采集并刻录成DVD光盘。

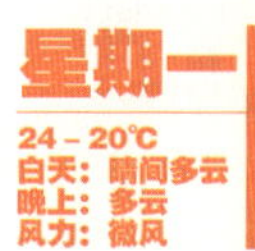

6.1 准备工作

在开始采集之前，要做好如下准备工作。

磁带式DV

① 用1394线（或USB线）将磁带式DV机和电脑上的1394卡（或USB接口）连接起来。

② 将DV带放入DV机中，并打开DV机到播放状态，将磁带倒到开头。

③ 将空白DVD光盘放入DVD刻录机中。

闪存式HDV

①用USB线（或1394线）将HDV机和电脑上的USB接口（或1394卡）连接起来。最方便的还是将闪存取出来，用读卡器通过USB接口和电脑连接。

②打开HDV机到播放状态。

③将空白DVD光盘放入DVD刻录机中。

胶片库

捕获时，如果摄像机处于摄像的状态，那么将实时捕获拍摄的内容；如果摄像机处于播放的状态，那么将捕获磁带上已拍摄的内容。

有一点要注意，不同的机型在捕获时的设置上可能会有所区别，最好参看说明书。

数码相机 手机

①用USB线可将数码相机和手机跟电脑连接起来。最方便的还是将存储卡取出来，用读卡器通过USB接口和电脑连接。

②将空白DVD光盘放入DVD刻录机中。

胶片库

如果用USB线将电脑和数码相机、手机直接相连，有的型号可能无法被会声会影识别，所以最便捷的还是通过读卡器来引入素材。

6.2 磁带式DV转DVD

将磁带式DV拍摄的内容采集到电脑上并刻录成DVD影片，用**DV转DVD向导**无疑是最便捷的。

①设置捕获格式

在初始界面中单击**DV转DVD向导**按钮，将进入新的界面，如图6-1所示，单击**捕获格式**下方的按钮，将格式指定为**DVD**，并单击**刻录整个磁带**左侧的按钮，以将其勾选。

②设置刻录的参数

单击下一步>按钮，进入新的界面，如图6-2所示，在**主题模板**下方单击>按钮，直到显示**无变化**缩略图，单击该缩略图将其选中，在**视频质量**下方勾选**高**，然后单击**刻录**按钮即可开始将磁带上的内容刻录到DVD光盘中。

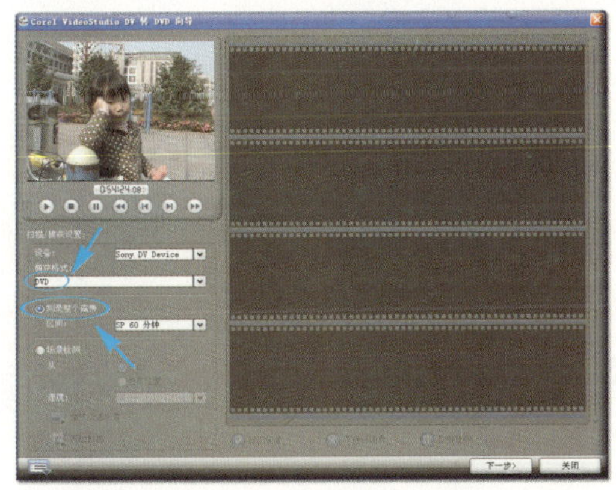
图6-1

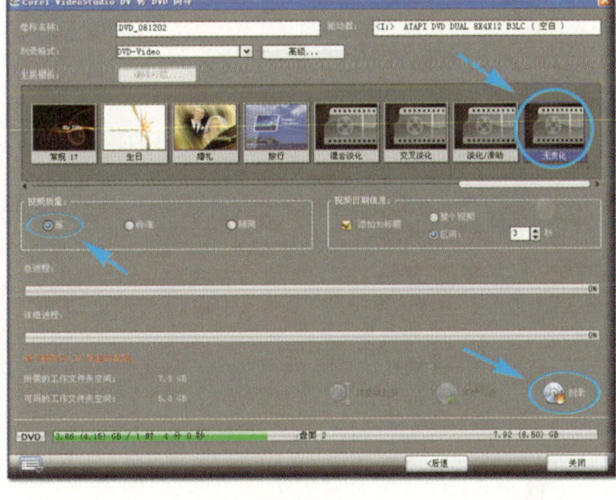
图6-2

剩下的就是等待了，够简单吧。

6.3 闪存（微硬盘）式AVCHD转DVD

将闪存（微硬盘）式HDV（AVCHD）拍摄的内容采集到电脑上并刻录成DVD影片，用**影片向导**无疑是最便捷的。实际上，光盘式DV也可采用此方法。

①进入影片向导界面

在初始界面中单击**影片向导**按钮，进入新的界面，如图6-3所示。

②进入插入数字媒体界面

单击**插入数字媒体**按钮，进入新的界面，如图6-4所示。

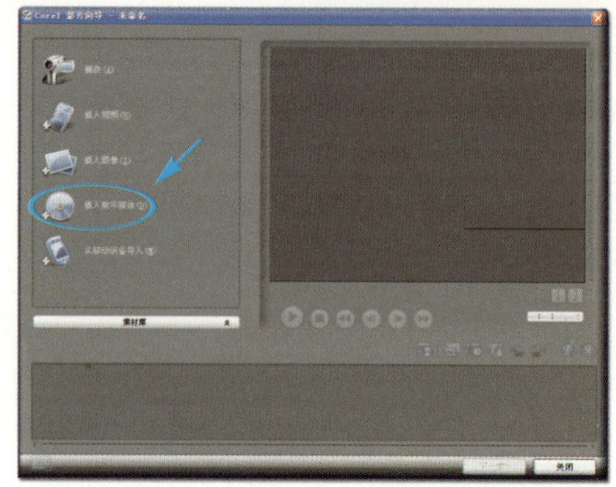

图6-3

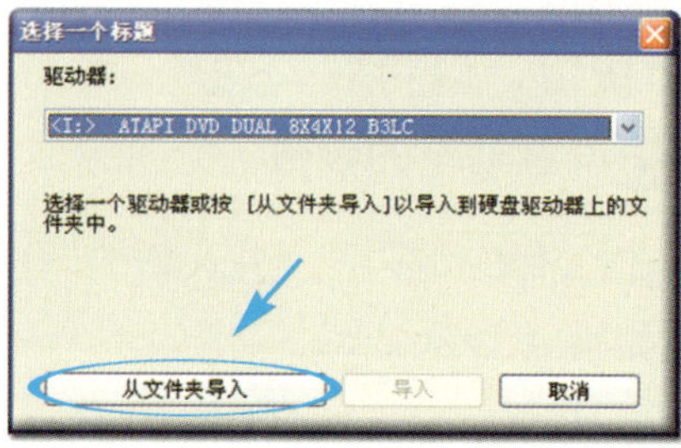

图6-4

③ 选择摄像机上的文件夹

单击［从文件夹导入］按钮，进入新的界面，如图6-5所示，选择摄像机上的文件夹。

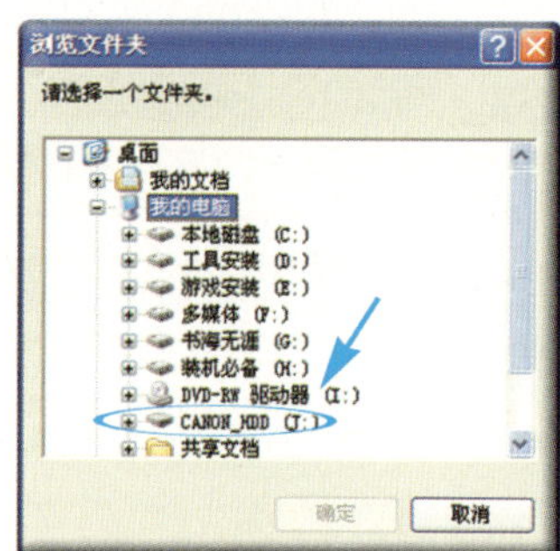

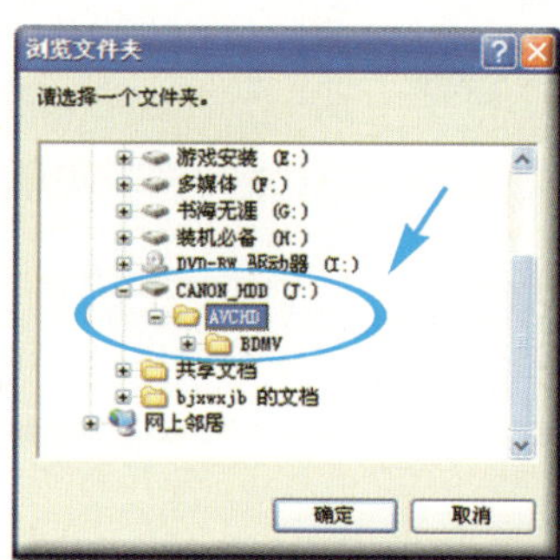

图6-5

④ 选择需要导入的视频

单击［确定］按钮，进入新的界面，如图6-6所示，在**光盘卷标**窗口中单击卷标名，可在右下方的预览窗口中预览，单击卷标名前方的勾选框，可将其选中。

图6-6

⑤ 导入到媒体素材列表中

单击 导入 按钮，进入新的界面，选中的素材都会被导入到**媒体素材列表**中，如图6-7所示。

⑥ 选择主题模板

单击 下一步> 按钮，将进入新的界面，如图6-8所示，在**主题模板**下方单击∨按钮，直到显示**无变化**缩略图，单击该缩略图将其选中，另外在右下方不要勾选**背景音乐**。

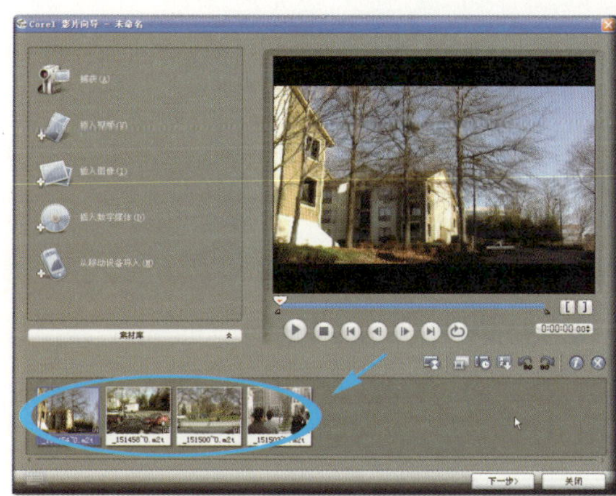

图6-7

图6-8

⑦ 选择输出方式

设置完成后，单击 下一步> 按钮，进入新的界面，可选择输出的方式，如图6-9所示。

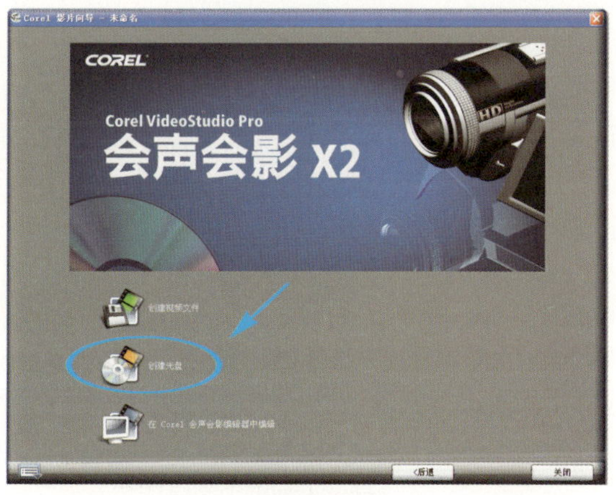

图6-9

⑧ 选择创建光盘

单击 **创建光盘**按钮，会弹出下拉式菜单，如图6-10所示。

执行**AVCHD**命令，进入新的界面，如图6-11所示，单击**创建菜单**前方的勾选框，以取消勾选。

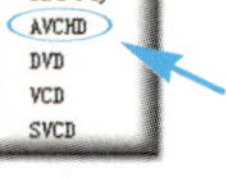

图6-10

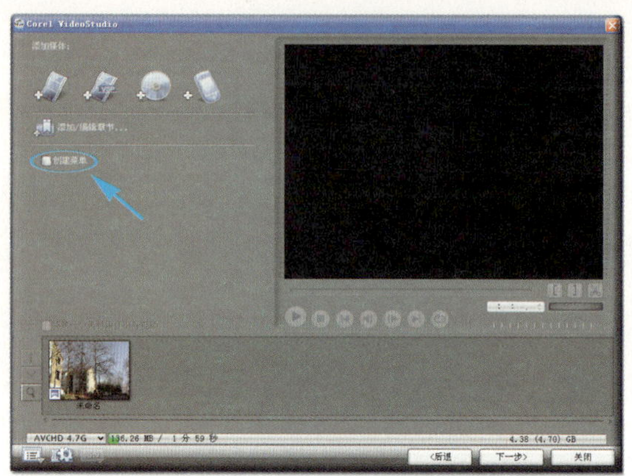

图6-11

⑨ 预览刻录的内容

单击下一步>按钮，进入新的界面，可预览即将刻录的内容，如图6-12所示。

⑩ 进入刻录界面

继续单击下一步>按钮，进入新的界面，如图6-13所示，在**驱动器**项选择DVD刻录机。

⑪ 最终刻录

在DVD刻录机中放入普通DVD光盘，单击**刻录**按钮，即可开始刻录AVCHD影片，这种光盘在普通DVD机上也能播放。

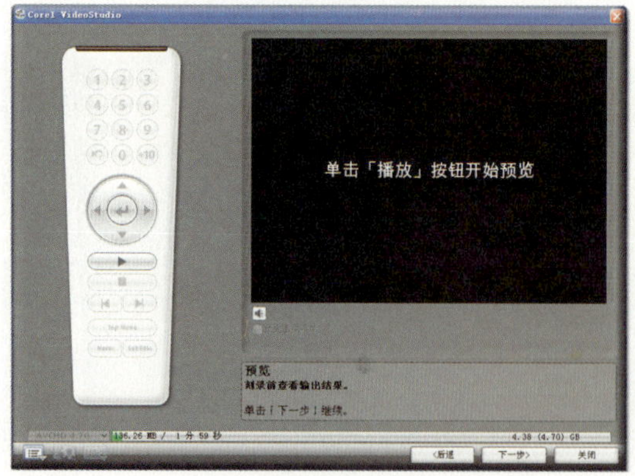

图6-12

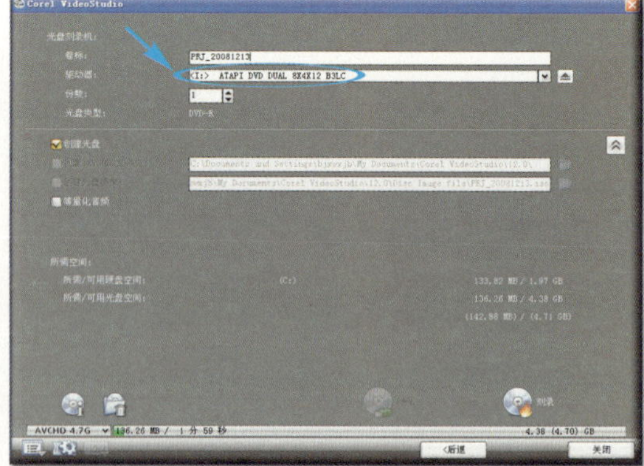

图6-13

6.4 数码相机和手机转DVD

会声会影对数码相机和手机拍摄的照片和视频短片格式提供了很好的支持，可将数码相机和手机等拍摄的视频或照片采集到电脑上并刻录成DVD影片或动感相册，用**影片向导**无疑也是最便捷的。

6.4.1 将视频刻录成DVD影片

① 进入从移动设备导入对话框

单击**从移动设备导入**按钮，会弹出对话框，如图6-14所示，**设备窗口**中将显示存储卡的路径。

② 选择存储卡

单击**图像**前方的勾选框，取消勾选，然后单击**Memory Card**图标，软件将自动扫描卡上的视频，如图6-15所示。

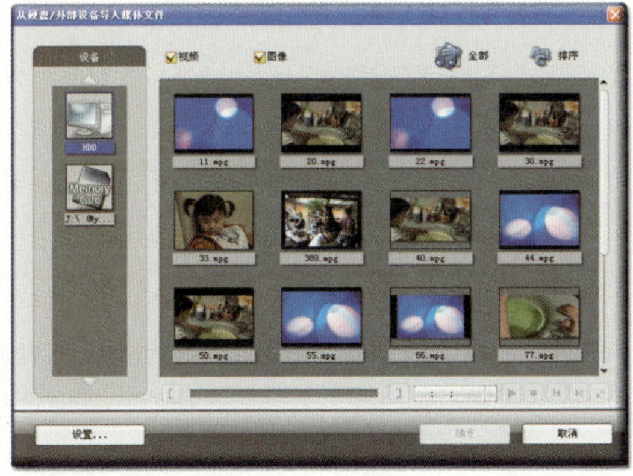

图6-14

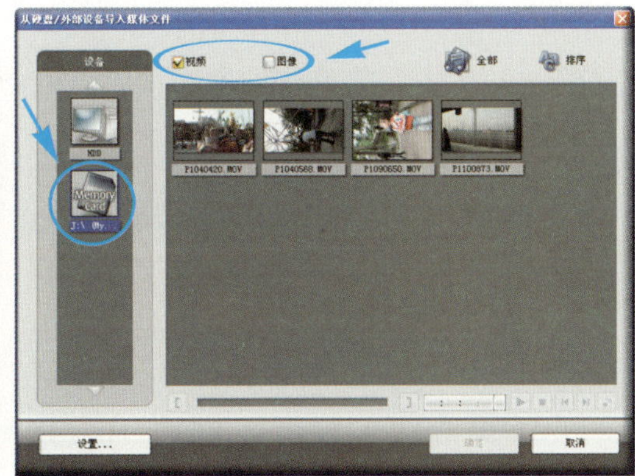

图6-15

③ 选择视频

如果要将卡上的视频都刻录成DVD，在按Shift键的同时，分别单击**素材窗口**中第一个视频的缩略图和最后一个视频的缩略图，即可将两者间的所有视频都选中，如图6-16所示。

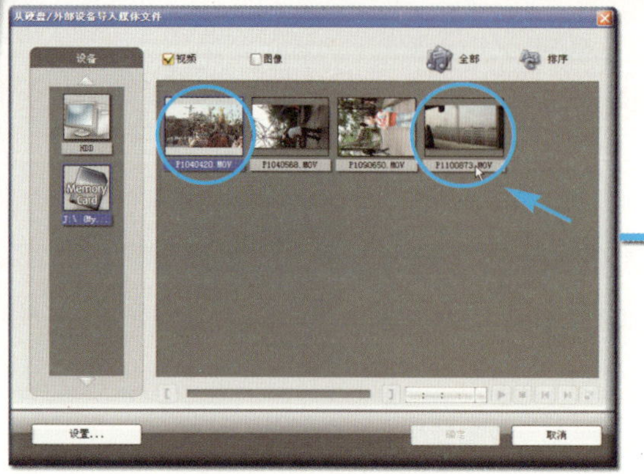

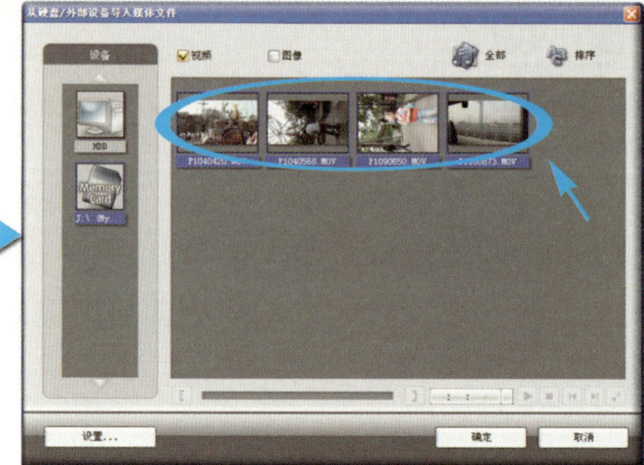

图6-16

胶片库

如果只想将部分视频刻录成DVD，按Ctrl键的同时，分别单击目标视频，即可有选择地将需要的部分选中。

④ 刻录影片

单击 确定 按钮，进入新的界面，后面的步骤同33页的第⑤到⑪的步骤一样。不同之处是，在第⑧步时执行**DVD**命令，以刻录DVD影碟。

6.4.2 将照片刻录成DVD动感相册

① 进入从移动设备导入对话框

同**35页**的第①步，然后单击**视频**前方的勾选框，取消勾选，接着单击**图像**前方的勾选框，以将其勾选，最后单击**Memory Card**图标，软件将自动扫描卡上的图像，如图6-17所示。

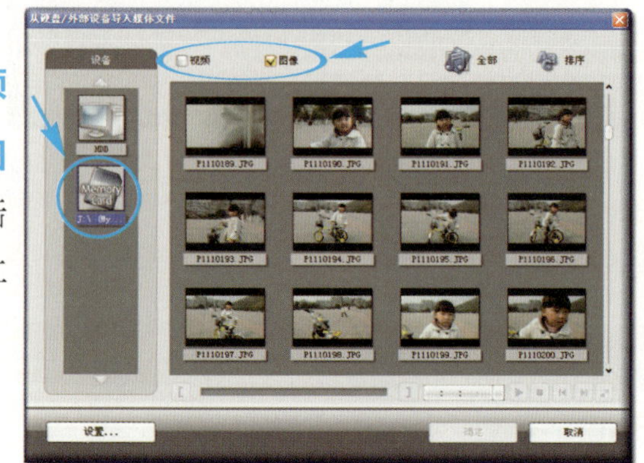

图6-17

② 选择图像

如果要将卡上的图像都刻录成DVD动感相册，将鼠标移到右侧的滚动条▯上按左键不动并往上方或下方拖移，可浏览全部的图像，在按Shift键的同时，分别单击**素材窗口**中第一幅图像的缩略图和最后一幅图像的缩略图，即可将两者间的所有图像都选中，如图6-18所示。

③ 进入影片向导界面

单击确定按钮，进入新的界面，如图6-19所示。

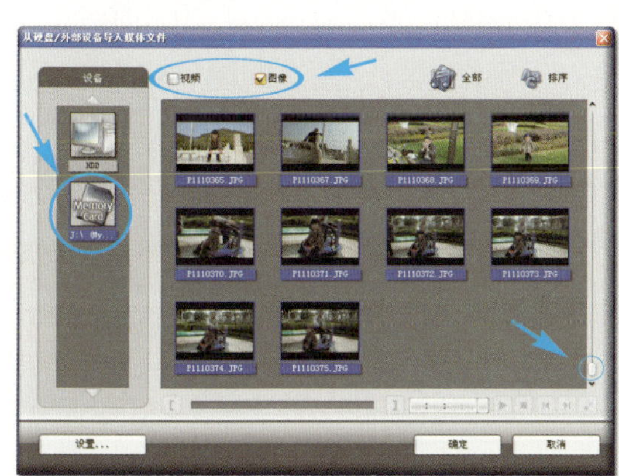

图6−18

图6−19

④ 选择主题模板

单击下一步>按钮，进入新的界面，如图6-20所示，在**主题模板**中单击任意一个模板，以将其选中。

图6−20

星期一
24－20℃
白天：晴间多云
晚上：多云
风力：微风

⑤ 刻录DVD动感相册

设置完成后单击[下一步>]按钮，进入新的界面，后面的步骤同33页的第⑧到⑪的步骤一样。不同之处是，在第⑧步时执行**DVD**命令，以刻录成DVD动感相册。

体会了一把会声会影最简单直接地制作输出影片的方式，对于喜欢偷懒的朋友来说无疑会觉得很方便，学到这一步已经足够了。而对于很多DV发烧友而言，显然不会仅仅满足于此，将自己拍摄的录像DIY一番，甚至折腾出一个MV之类的，然后在亲朋好友面前或是上传到网上晒一晒，还是很有成就感的，如果一不小心也弄出个“馒头血案”之类的，那动静就更大了……特别是对于影楼这类经营性的用户来说，更需要对素材进行深加工，才能满足客户多样化的需求。

从前面的实例可以知道，**影片向导**和**DV转DVD向导**适合不需要对素材作更多处理的情形，如果要对素材进行深加工，就得选择**会声会影编辑器**，只要跟着本书从这里入手，一层层地抽丝剥茧，就能让你在短时间内成为视频剪辑的高手，把自己的影片打造出好莱坞的效果。

星期一

- ⊙会声会影界面总览；
- ⊙影片的剪辑要从素材的捕获开始，将DV、HDV到DVD光盘、手机等的影音内容一网打尽；
- ⊙体验将视频处理成快慢动作、漫画效果、老电影效果、倒放、定格等。

08:00-08:30 AM

第7章 会声会影编辑器之界面总览

会声会影编辑器是会声会影的主界面，在这里可调用所有的功能（如**捕获**、**编辑**、**效果**、**标题**和**音频**等步骤）对视、音频或图像等素材进行编辑处理，最后通过**分享**步骤还可输出为DVD光盘、蓝光光盘或MPEG-4、FLV等影音文件，甚至通过菜单命令也可跳转到**影片向导**等快捷处理步骤。

首先来认识一下**会声会影编辑器**的界面结构，在初始界面中（**如图5-1**）单击**会声会影编辑器**按钮，将进入编辑界面，如图7-1所示。

图7-1

※菜单栏——放置有关**文件**、**编辑**、**素材**和**工具**方面的各种命令。如**智能包**命令、**参数选择**命令和**保存**命令等，其中大多数命令可在界面上的其他位置调用，如图7-2所示。

文件

新建项目 Ctrl+N
打开项目... Ctrl+O
保存 Ctrl+S
另存为...
智能包...
项目属性... Alt+Enter
参数选择... F6
重新链接...
将媒体文件插入到时间轴
将媒体文件插入到素材库
标准DVD.VSP
E:\video\777.VSP
退出

编辑

撤消(U) Ctrl+Z
重复(R) Ctrl+Y
复制(C) Ctrl+C
粘贴(P) Ctrl+V
删除(D)

素材

静音
淡入
淡出
剪辑素材 Ctrl+I
分割音频...
回放速度...
多重修整视频...
按场景分割...
更改图像/色彩区间...
自动摇动和缩放
保存修整后的视频
保存为静态图像
导出
属性...

工具

DV 转 DVD 向导...
影片向导...
创建光盘
绘图创建器...
选取设备控制...
改变捕获外挂程序...
成批转换...
修复 DVB-T 视频...
全屏幕预览
将当前帧保存为图像
打印选项...
智能代理管理器...
智能代理队列管理器...
制作影片模板管理器...
预览文件管理器...
素材库管理器...
章节点管理器...
提示点管理器...
轨道管理器...

图7-2

※**步骤面板**——放置了编辑处理素材的八大步骤，新版本还特意在**捕获**、**编辑**和**分享**步骤前注明了通常的制作顺序，这是从捕获素材到刻盘的最基本的三个步骤。

※**预览窗口**——可预看视频素材、标题、字幕和预听音频素材等。

※**预览工具栏**——放置了控制视、音频播放、快进或快退等的功能按钮。

※**素材库**——放置视频、音频等素材，还有标题和滤镜等预置的效果。

※**选项面板**——随着当前所选项目的不同而发生相应变化，放置相关的功能按钮、属性设置等。

※**时间轴工具栏**——放置与下方的**时间轴**密切相关的功能按钮，便于快速选择。

※**时间轴**——用于放置和编辑素材，并可叠加标题和特效等，是对素材进行深加工的平台，新版本将可编辑轨道增加到了7个，使我们拥有更加广阔的创作空间。

对影片的制作，一般要经过**捕获**→**编辑**→**效果**（或**覆叠**）→**标题**→**音频**→**输出**几个步骤，后面几天的教程就按这个顺序进行讲解，便于读者学习和理解。

对每个步骤的讲解又分为**体验馆**和**深造馆**两大部分，**体验馆**将通过实例使读者了解当前步骤的功能，而在**深造馆**则会详解当前步骤的每一个功能和参数设置，使读者全面掌握其使用方法。

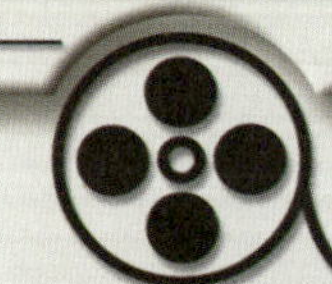

08:30-10:00 AM

第8章

捕获之体验馆

俗话说，巧妇难为无米之炊，没有素材何以剪辑？所以捕获视频或图片是制作影片的首要步骤。

会声会影X2对更多的数码装备和视、音频格式提供了支持，通过这一步，可从DV机、HDV机、DVD影碟、电视卡、数码相机、手机等各种渠道将视频和图片等采集到软件中进行编辑处理，几乎涵盖了我们的数码生活领域。

单击**步骤面板**的**捕获**项，即可跳转到相应的界面，如图8-1所示。

图8-1

8.1 将DV带捕获到素材库中

在星期一（**30页**），我们通过**DV转DVD向导**将DV带中的视、音频直接捕获并刻录成DVD光盘，那种方式适合不需要对素材作进一步编辑处理的情况，否则还是应该在**捕获**步骤中将DV带捕获到**素材库**中，以便调用。

① 跳转到捕获界面

单击**步骤面板**的**捕获**项，以进入相应的界面。

② 连接DV机和电脑

通过1394线或USB线将DV机和电脑连接起来，打开DV机，将其设置为播放状态。

③ 进入捕获状态

图8-2

单击捕获视频按钮，进入捕获状态，如图8-2所示。

④ 设置捕获格式

单击**格式**项的按钮，在弹出的下拉式菜单中执行**DVD**项，将其设为DVD格式。

⑤ 设置捕获文件夹

要将**捕获文件夹**设置在空间较多的分区上，单击**捕获文件夹**项的按钮，可指定用于存储素材的文件夹。

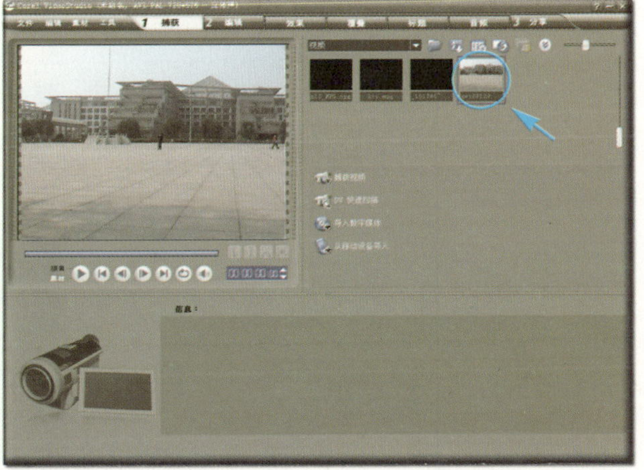

图8-3

⑥ 搜索磁带

单击**预览工具栏**的按钮，将磁带倒到开始位置。

⑦ 开始捕获

单击**捕获视频**按钮，即可开始捕获磁带上的内容，这时按钮变为，捕获完后再次单击即可结束采集，在**素材库**中可看到其缩略图，如图8-3所示。

这次采集就算完成了。

星期二
33－19℃
白天：多云转晴
晚上：晴转多云
风力：1级

8.2 将DVD影碟捕获到素材库中

如果想把电影光盘中精美的镜头截取下来用到自己的影片中，或者把家庭DVD影碟重新捕获到**素材库**中剪辑一个经典回顾之类的，**捕获**步骤都能做到。

① 跳转到捕获界面

单击**步骤面板**的**捕获**项，以进入相应的界面。

② 将DVD影碟放入DVD光驱中

将DVD影碟放入DVD光驱中，准备导入。

③ 进入导入状态

单击**导入数字媒体**按钮，会弹出对话框，如图8-4所示。

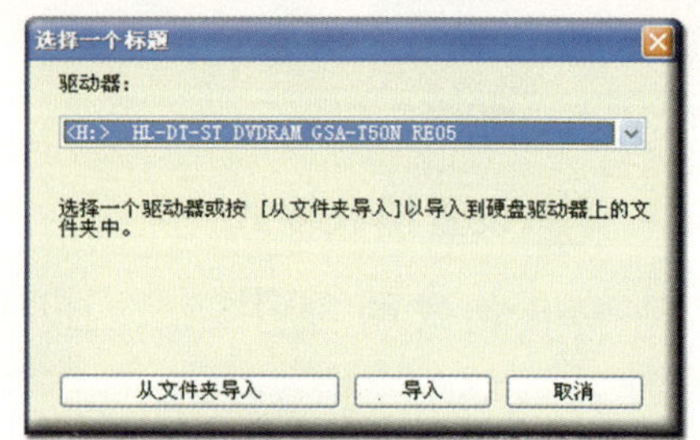

图8-4

④ 选择驱动器并导入

在**驱动器**项选择放入影碟的光驱，然后单击 导入 按钮，会弹出对话框，如图8-5所示。

图8-5

⑤ 选择要导入的内容

在**光盘卷标**窗口中勾选**主题0**项，表示将影碟中的所有章节都导入，如图8-6所示。

图8-6

⑥ 开始捕获

单击[导入]按钮，即可将选定的内容捕获到**素材库**中。

第9章 捕获之深造馆

将素材导入到**素材库**中或**时间轴**上，除了**捕获**步骤中的**捕获视频**、**DV快速扫描**、**导入数字媒体**和**从移动设备导入**等4种方式外，还可通过菜单命令中的**将媒体文件插入到时间轴/素材库**命令从硬盘、U盘等设备中将视、音频及图像等素材文件导入。

9.1 开始前的准备

为了更好地使用**捕获**功能，应对一些默认参数进行设置，如捕获静态图像的存储格式、图像品质等。

9.1.1 参数选择中的常规项

执行**文件｜参数选择**命令，会弹出对话框，单击**常规**项，将进入相应的界面，如图9-1所示。

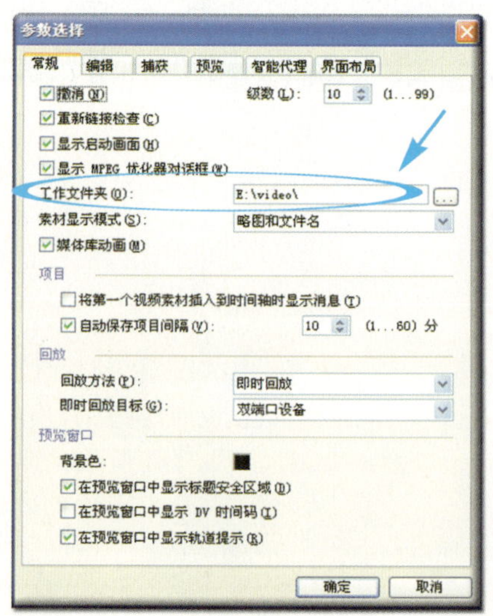

图9-1

工作文件夹 用于设置捕获素材和创建视频文件时软件默认的文件夹，应该选择空间较多的NTFS格式的分区作为存储盘。

9.1.2 参数选择中的捕获项

执行**文件 | 参数选择**命令，会弹出对话框，单击**捕获**项，将进入相应的界面，如图9-2所示。

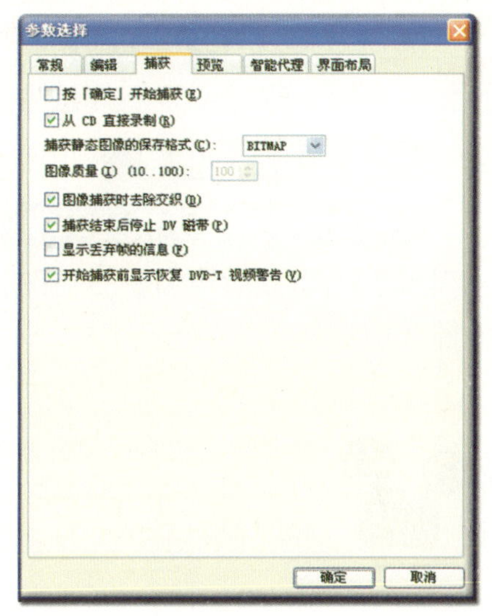

图9-2

按“确定”开始捕获 勾选此项，在捕获视频时，会弹出对话框，需要单击 确定 按钮后才能开始采集，否则将直接开始捕获，如图9-3所示。

从CD直接录制 勾选此项，可直接从CD录制音频，需要将光驱的音频输出接口跟主板上的音频输入接口连接，此项才有作用。

捕获静态图像的保存格式 指定执行**工具 | 将当前帧保存为图像**命令时存储静态图像的格式，单击按钮，会弹出下拉式菜单，如图9-4所示。

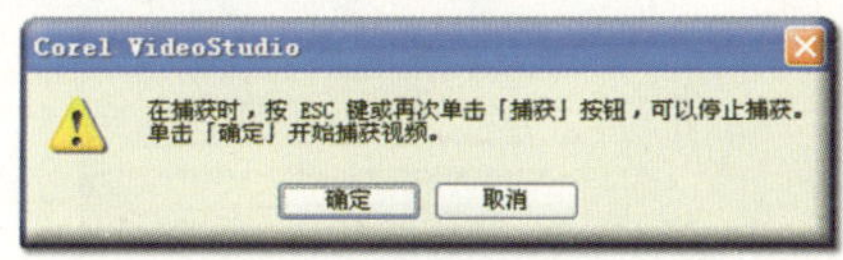

图9-3

图9-4

BITMAP：就是大家熟悉的BMP位图文件格式，其后缀为*.bmp，在存储时不进行任何压缩，所以品质损耗很小，但文件较大。

JPEG：是最流行的文件格式，其后缀为*.jpg，在存储时会进行压缩，是有损压缩，压缩比越高，品质损耗越大，但文件越小，一般情况下都选择此格式。

图像质量 当**捕获静态图像的保存格式**项指定为**JPEG**时，此项才有效，可设置存储为*.jpg时图像的品质高低，值越大，压缩率越低，品质越好，文件体积也越大，取值范围从10 ~ 100。

图像捕获时去除交织 这是针对所捕获的图像用于在网上提供下载而设，勾

选此项，放到网上供下载时将以固定的分辨率显示，否则将从模糊逐渐变清晰。

捕获结束后停止DV磁带 勾选此项，在对DV摄像机进行捕获时，单击**停止捕获**按钮，将同步停止DV磁带的播放，否则停止捕获后，DV磁带仍照常播放。

显示丢弃帧的信息 勾选此项，在捕获素材时将会显示有多少丢帧的发生。

开始捕获前显示恢复DVB－T视频警告 勾选此项，在捕获DVB－T视频（数字电视）前将显示恢复DVB－T视频的警告，以便在捕获时自动恢复有缺陷的部分，使捕获更顺畅。

9.2 捕获视频

捕获视频功能可以捕获从模拟DV机、数字DV机和HDV机，以及摄像头、数字电视等设备通过视频采集卡、1394卡或USB传来的视、音频素材，支持的来源比较广泛，所以经常会用到此功能。

单击此按钮，界面会发生相应变化，如图9-5所示。

图9-5

9.2.1 预览窗口

预览视频设备输入的视、音频。

9.2.2 预览工具栏

如果当前的输入设备是DV机，此工具栏才有效，可遥控DV机对素材的浏览和搜索，如图9-6所示。

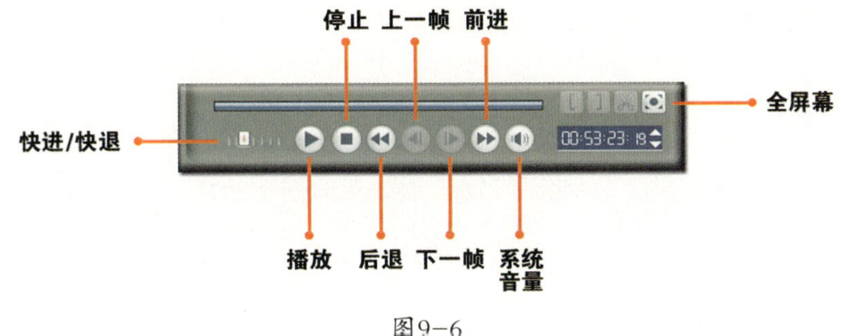

图9-6

快进/快退 将鼠标移到滑块上按左键不动往左拖移，可按 - 1x至 - 4x倍的速度快退；按左键不动往右拖移，可按0.5x至4x倍的速度快进。

播放 按正常速度浏览素材，此时按钮变为⏸，单击此按钮，可将当前画面暂停。

停止 将播放停止。跟暂停不同的是，暂停时会显示当前画面，而停止时则不会。

后退 往左快退磁带。

上一帧 往左逐帧后退。

胶片库

视频实际上是由一幅一幅的连续图片串接起来的，这也是动画片的设计原理，其中一幅图片就称为一帧。

下一帧 往右逐帧前进。

前进 往右快进磁带。

系统音量 可调整预览时素材音量的大小，不会影响捕获的素材音量的大小，单击此按钮，会弹出对话框，如图9-7所示。

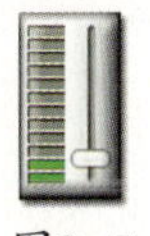

图9-7

将鼠标移到滑块上按左键不动并往上方或下方拖移，可将音量调大或调小。

全屏幕 将预览窗口全屏显示，按Esc键可恢复显示。

9.2.3 素材库

捕获的视、音频或图像将放置在此处。※详细介绍参见星期三97页※

9.2.4 选项面板

放置捕获视频的更多功能按钮和选项。

区间 设置捕获视、音频的时间长度，如图9-8所示，如设置为20分钟，表示捕获从素材当前位置开始到之后20分钟长度的视、音频。

设置时间长度时，单击相应的位置，这时该数字会闪动，输入新的数字即可，也可单击右侧的▲或▼按钮，以增大或减小数字。

来源 选择需要捕获视、音频的设备，单击后面的按钮，会弹出下拉式菜单，如图9-9所示。

根据连接设备的不同，显示的选项会相应改变。

格式 指定捕获视、音频的存储格式，单击后面的按钮，会弹出下拉式菜单，如图9-10所示。

图9-8　　图9-9　　图9-10

对格式的选择是很重要的，因为格式的不同，获得的视频质量是不同的，从视频质量的角度来看，**DV > MPEG（DVD）> SVCD > VCD**，一定要根据自己的输出需要来选择，如果要刻录VCD，直接选择**VCD**格式即可，这时如果选择**DV**，在刻录成VCD时还需要转码，而且视频质量也会被降低；同样，如果要刻录DVD，直接选择**DVD**即可，如果选择VCD，那么在刻录成DVD时也需要转码，更重要的是视频质量已经不可能提高到DVD的水平。这些格式的介绍如图9-11所示。

格式	后缀	质量	简　　介
DV	*.avi	最好	AVI是微软公司推出的一种将视频和音频交织在一起进行同步播放的格式，索尼、佳能和松下等厂商在此基础上提出了DV-AVI的格式，专门针对数码摄像机的应用。
MPEG	*.mpg	较好	此格式又称为运动图像专家组格式，分为MPEG-1、MPEG-2和MPEG-4等，其压缩率比DV格式大得多，VCD、DVD等都是用的这种算法，所以可任意设置视频质量。
DVD	*.mpg	较好	采用的是MPEG-2算法，跟MPEG的同等设置相当，可直接刻录DVD。其标准视频为：PAL制，分辨率720×576像素，码率9000k，帧速率25fps。
SVCD	*.mpg	较差	采用的是MPEG-2算法，可直接刻录SVCD。其标准视频为：PAL制，分辨率480×560像素，码率2800k，帧速率25fps。
VCD	*.mpg	最差	采用的是MPEG-1算法，可直接刻录VCD。其标准视频为：PAL制，分辨率352×288像素，码率1150k，帧速率25fps。

图9-11

捕获文件夹 单击后面的📁按钮，可指定捕获的视、音频存储的位置。

按场景分割 拍摄时从开始拍摄到停止拍摄的一个时间段称为一个场景，勾选此项，在捕获时将自动按场景对素材进行存储，有多少个场景，就存储为多少个相应的素材；否则只存储为一个素材。

选项 对**捕获选项**和**视频属性**进行设置，单击此按钮，会弹出下拉式菜单，如图9-12所示。

捕获选项：设置捕获的方式，执行此命令，会弹出对话框，如图9-13所示。

捕获选项...
视频属性...

图9-12

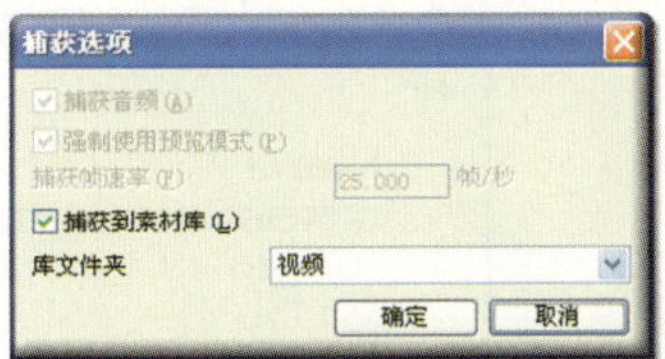

图9-13

捕获音频：此项不可选，表示强制捕获音频。

强制使用预览模式：此项不可选，表示强制使用**预览窗口**预览图像。

捕获帧速率：此项不可选，软件自动根据选择的电视制式来确定相应的帧速率，对PAL制视频来说，是25帧/秒。

捕获到素材库：勾选此项，将把捕获的素材缩略图放置到**素材库**中，以便调用；否则**素材库**中将不显示此缩略图，需通过**插入视频**命令等从**捕获文件夹**中将其引入。

库文件夹：只有勾选了**捕获到素材库**项，此项才有效，可指定捕获的素材放置到**素材库**中的位置，单击后面的⌄按钮，会弹出对话框，如图9-14所示。

其中，**视频**表示放置到**视频库**中，**库创建者**则表示新创建库。※库创建者的详细介绍参见星期三102页※

视频属性：对选定的捕获格式作进一步设置，执行此命令，会弹出对话框，不同的格式，其对话框会发生相应变化。

※**格式**为**DV**时，其对话框如图9-15所示。

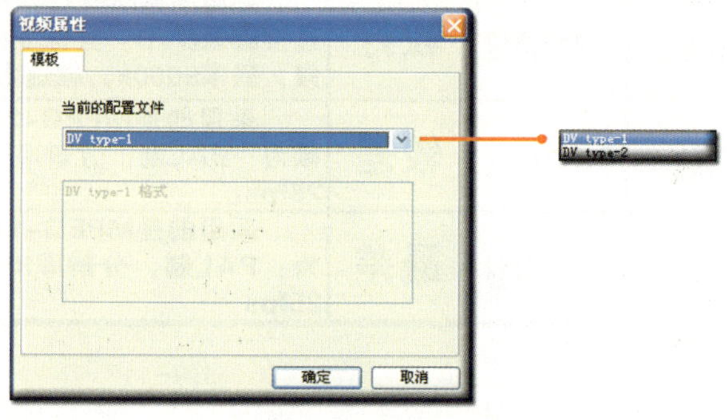

视频
库创建者

图9-14

图9-15

DV type-1：选择此项，视频和音频在AVI中存储为单个的交织流，其优点是存储时不需要进行处理，对系统资源的占用小，一般选择此项。

DV type-2：选择此项，视频和音频在AVI中存储为两个单独的流，其优点是兼容性较好，但文件体积较大。

※**格式**为**MPEG**时，其对话框如图9-16所示。

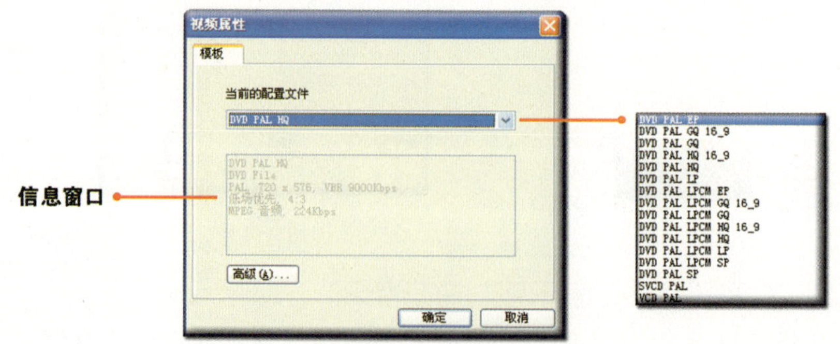

图9-16

由于**MPEG**含有多种算法，每种算法还可设置不同的码率，所以可获得品质不同的各种素材，在**当前的配置文件**项中软件预置了很多常用的配置，选择一个配置文件，会在下方的**信息窗口**显示相应的设置，部分预置项的属性如图9-17所示。

预置项	质量	分辨率（像素）	码率（kbps）	文件大小（M/分钟）
DVD PAL HQ（High Quality）	最好	720×576	9000	61.2
DVD PAL GQ（Good Quality）	较好	720×576	8000	50.5
DVD PAL SP（Standard Quality）	标准	352×576	6750	35.1
DVD PAL LP（Long Play Quality）	较差	352×576	4500	24.2
DVD PAL EP（Extend Play Quality）	差	352×288	3000	16.8
DVD PAL HQ 16_9（High Quality）	最好	720×576	9000	60.1

图9-17

另外，还有VCD、SVCD项，表示其编码质量是按VCD、SVCD的标准设置。

单击[高级(A)...]按钮，会弹出对话框，还可根据需要自定义预置项，如图9-18所示。

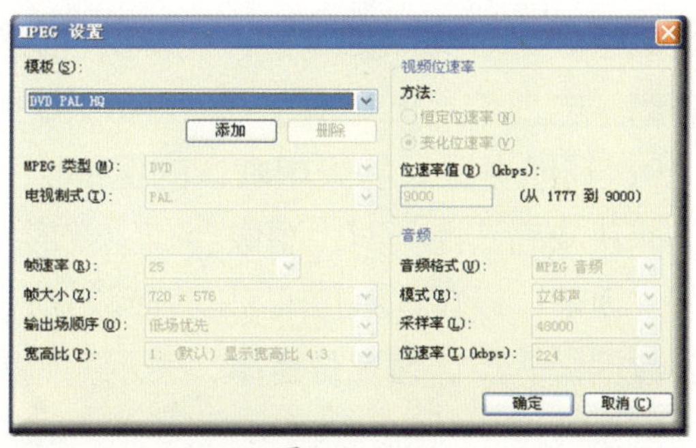

图9-18

对于软件预置的项目，可在这里查看详细的设置，但不能作任何编辑修改。单击[添加]按钮，会弹出对话框，输入预置项名称，单击[确定]按钮后，可自行设定各种参数，如图9-19所示。

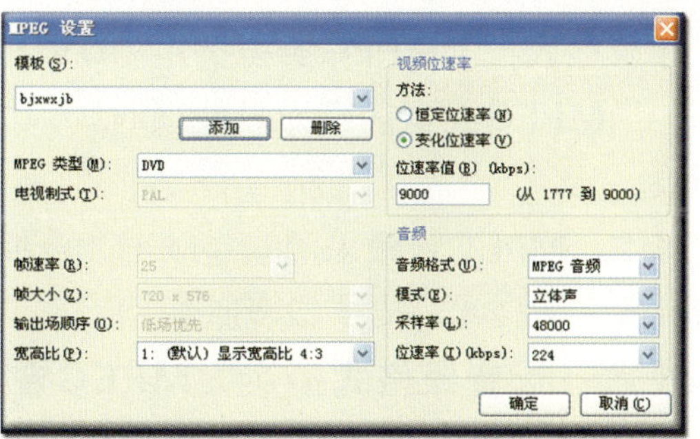

图9-19

MPEG类型：选择编码类型，单击后面的按钮，会弹出下拉式菜单，如图9-20所示。

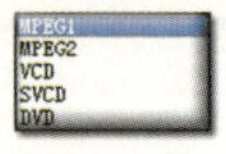

图9-20

电视制式：此项是在安装软件时选定的，不可更改。国际上有三种电视制式，中国、英国等国的制式是PAL制，而美国、日本等国的制式是NTSC制，还有俄罗斯、埃及等国的制式是SECAM制。

帧速率：每秒钟播放的帧数称为帧速率，PAL制的帧速率为25帧/秒，此项不可更改，NTSC制的帧速率为30帧/秒。

帧大小：帧的大小又称为分辨率，不同的**MPEG类型**，默认的分辨率是不一样的，此项不可更改。

输出场顺序：电视采用的是隔行扫描，每帧分两场扫描，第一场扫出1帧中的奇数行，第二场再扫出剩下的偶数行，在编码时以哪一场优先或基于帧，不同的**MPEG类型**，默认的场顺序是不一样的，此项不可更改。

宽高比：设置视频或图片的宽度与高度的比例，我们现在看的电视节目的宽高比就是4:3，而未来即将推广的高清视频的宽高比则为16:9，市场上销售的液晶电视或等离子电视都是16:9的。只有在**MPEG类型**选择**MPEG2**和**DVD**时可自由指定为4:3或16:9，其他类型只能采用默认的宽高比，不可更改。有一点要注意，如果设为16:9，在捕获非高清视频时，图像会产生变形。

方法：设置视频位速率的编码方法，视频位速率又称为码率，即每秒钟处理的视频数据量。点选**恒定位速率**，表示编码时按指定的**位速率值**进行处理，而不理会画面的复杂程度，缺点是文件较大，简称CBR；点选**变化位速率**，表示编码时会根据画面的复杂程度决定瞬间位速率值，最大不超过指定的**位速率值**，优点是文件较小，而视频质量损失不大，简称VBR。

位速率值：值越大，表示每秒钟处理的信息量越大，视频质量越好，但文件也越大。后面括号中的数字表示取值范围。

音频格式：当**MPEG类型**指定为**DVD**时，此项才可选，如图9-21所示，当**MPEG类型**指定为其他项时，只能采用默认的音频格式，不可更改。

MPEG 音频
LPCM 音频

图9-21

其中，**MPEG音频**采用的是MPEG2压缩算法，支持5.1声道；**LPCM**是一种非压缩的音频数字化技术，支持5.1声道。

模式：当**音频格式**指定为**MPEG音频**时，此项才可选，如图9-22所示，当**音频格式**指定为其他项时，只能采用默认的模式，不可更改。

图9-22

其中，**单声道**表示只有一个声道发声；**立体声**可使多个声道发声；**联合立体声**也可使多个声道发声，但其与**立体声**不同之处是，编码时会对左右声道进行比较，相同的部分不再重复编码，文件较小，但音质会有一定的损失。

采样率：每秒钟采样的次数称为**采样率**。当**音频格式**指定为**MPEG音频**或**LPCM音频**时，此项才可选，值越大，音质越好，但文件也越大。

位速率：每秒钟处理的音频数据量称为**位速率**，**音频格式**指定为**MPEG音频**或**杜比数码音频**时，此项才可选，值越大，音质越好，但文件也越大。

※**格式为VCD**时，不必转码就可直接刻录为VCD，其对话框如图9-23所示。

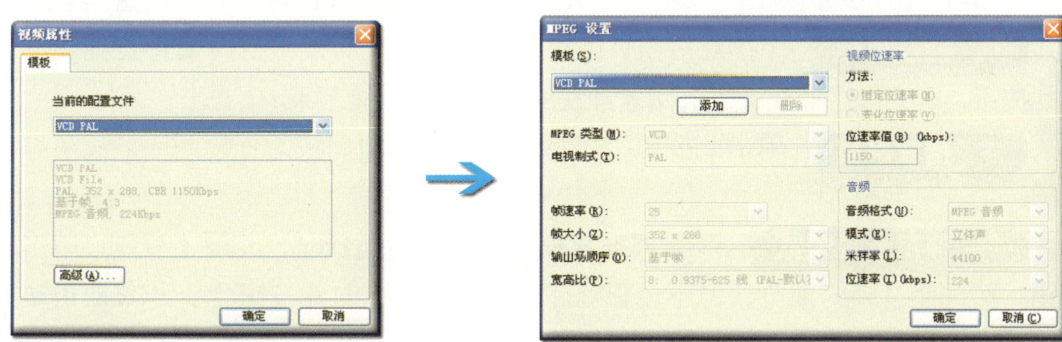

图9－23

※**格式为SVCD**时，不必转码就可直接刻录为SVCD，其对话框如图9-24所示。

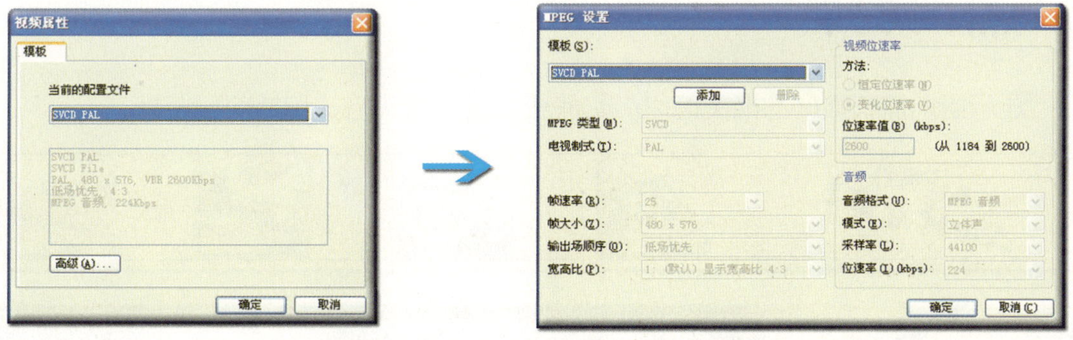

图9－24

※**格式为DVD**时，不必转码就可直接刻录为DVD，其对话框如图9-25所示。

视频属性
模板
当前的配置文件
DVD PAL HQ
DVD PAL HQ
DVD File
PAL, 720 x 576, VBR 9000Kbps
低场优先, 4:3
MPEG 音频, 224Kbps
高级(A)...
确定 取消

DVD PAL EP
DVD PAL GQ 16_9
DVD PAL GQ
DVD PAL HQ 16_9
DVD PAL HQ
DVD PAL LP
DVD PAL LPCM EP
DVD PAL LPCM GQ 16_9
DVD PAL LPCM GQ
DVD PAL LPCM HQ 16_9
DVD PAL LPCM HQ
DVD PAL LPCM LP
DVD PAL LPCM SP
DVD PAL SP
SVCD PAL
VCD PAL

图9-25

其预置的配置跟选择**MPEG**时相同，在**MPEG**中自定义的配置也可在这里选择。

捕获视频 单击此按钮，即可开始捕获。此时按钮变为**停止捕获**，单击此按钮，则会停止捕获，同时刚才捕获的素材则会存储下来。

捕获影像 单击此按钮，可将当前视频画面捕获为一幅图片，通常称为截图。

停用音频预览 单击**捕获视频**按钮开始捕获时，此项才有效，单击此按钮，可关闭音频的预览，但不会影响捕获的音频。这时此按钮会变为**启用音频预览**，再次单击，将重新启用音频预览。

返回 单击此按钮，将返回**捕获**步骤的初始界面。

9.2.5 信息窗口

显示当前捕获素材的相关信息，如捕获设备、捕获格式和捕获日期等。

9.3 DV快速扫描

DV快速扫描功能只针对DV机而设，通过1394卡或USB接口进行连接，可以快进的方式对DV机中的磁带、光盘等介质进行扫描，并按拍摄的场景进行分段，便于选择，相当于在捕获前就可进行一次粗剪，大大提高了从DV机捕获素材的效率。

以磁带DV机为例，单击此按钮，会弹出对话框，如图9-26所示。

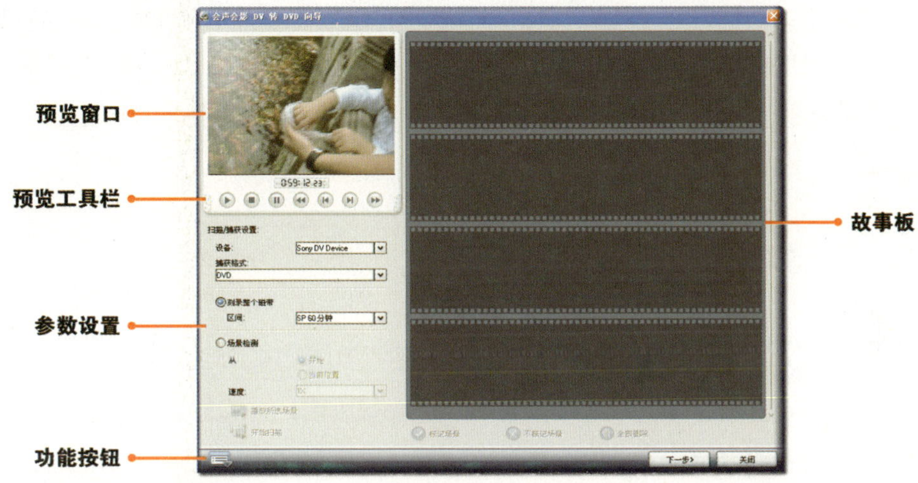

图9-26

9.3.1 预览窗口

预览DV机或**故事板**上的素材。

9.3.2 预览工具栏

可遥控DV机或**故事板**上素材的搜索或播放。

9.3.3 参数设置

对扫描磁带和捕获视、音频的方式进行设置。

设备 显示当前连接的DV机品牌。

捕获格式 指定捕获视、音频的存储格式，比**捕获视频**功能少了一个**SVCD**格式，单击后面的按钮，会弹出下拉式菜单，如图9-27所示。

DV AVI
DVD
VCD
MPEG

图9-27

捕获文件夹 单击后面的按钮，可指定捕获的视、音频存储的位置。

扫描场景 设置扫描场景的方式。

从…：指定开始扫描磁带的位置。

开始：勾选此项，表示将从磁带的开头位置开始扫描，如果当前磁带不在开头位置，在扫描时会自动将磁带倒回到开头位置才开始。

当前位置：勾选此项，表示将从磁带当前位置开始扫描，可在**预览窗口**中定位磁带的位置。

速度：指定扫描磁带的速度，单击后面的按钮，会弹出下拉式菜单，如图9-28所示。

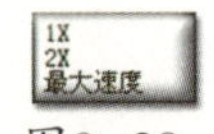

图9-28

1X：表示以正常的速度来扫描。

2X：表示以2倍的速度进行快速扫描。

最大速度：表示以最快的速度进行扫描。

播放所选场景 用鼠标在**故事板**中单击目标场景，以将其选中，此功能才有效，单击此按钮，即可在**预览窗口**中预览磁带上的这段场景。这时此按钮变为**停止回放**，再次单击，则可停止预览。

开始扫描 一切准备就绪，单击此按钮，即可开始对磁带进行扫描，这时此按钮会变为**停止扫描**，再次单击，则可停止扫描。扫描到新的场景，其缩略图就会出现在**故事板**中，如图9-29所示。

图9-29

要注意的是，这些场景缩略图只是快捷方式，还没有实际捕获到硬盘中。

9.3.4 故事板

放置扫描出的场景缩略图。

标记场景 在**故事板**中标记需要编辑处理的场景，以便下一步将其捕获到硬盘中。将场景扫描出来后，默认为全标记，缩略图右下方有☑标志表示该场景被标记，如图9-30所示。

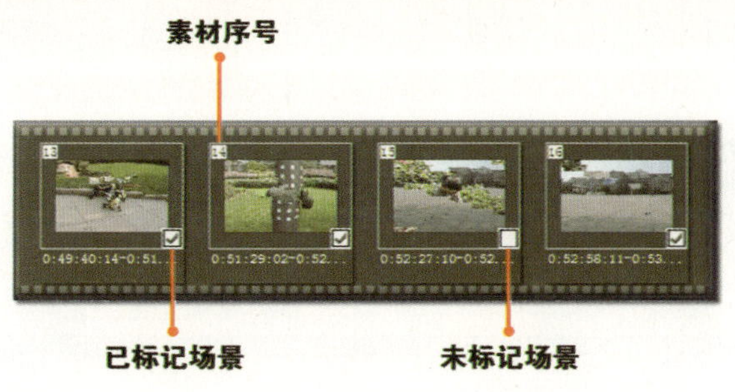

图9-30

如果单击未标记场景，或在多选场景时，此按钮才有效，单击此按钮，可将目标场景标记。

对场景的选择可单选，也可多选，如果直接单击目标场景（14号），只可单选；如果在按Ctrl键的同时，单击不同的目标场景（先13号，后16号），可将两者都选中；如果在按Shift键的同时，单击不同的目标场景（先13号，后16号），会将两者间的场景全部选中，如图2-39所示，如果按Ctrl+A键，则可全选所有场景。

图9-31

不标记场景 如果单击已标记场景，或在多选场景时，此按钮才有效，单击此按钮，可将目标场景取消标记。

全部删除 单击此按钮，会将**故事板**中的所有场景全部删除。

星期二
33 - 19℃
白天：多云转晴
晚上：晴转多云
风力：1级

9.3.5 功能按钮

单击按钮，会弹出下拉式菜单，如图9-32所示。

打开 DV 快速扫描摘要...
保存 DV 快速扫描摘要...
以 HTML 格式保存 DV 快速扫描摘要...

图9-32

打开DV快速扫描摘要 将存储的DV快速扫描摘要打开。但要确保DV机当前播放的是相应的磁带。

保存DV快速扫描摘要 如果当前的DV扫描状态以后还会再次调用，则执行

此命令，可将其存储下来，以后只需通过**打开DV快速扫描摘要**命令打开即可，不必再重新进行扫描。

以HTML格式保存DV快速扫描摘要 以这种格式保存摘要，可通过IE等浏览器查看，相当于为该盘磁带编目，还可将其打印下来附在相应的磁带盒中，方便查找，如图9-33所示。

		内容	时间码	录制时间	注释	捕获文件名
V	1		入点:0:59:21:19 出点:1:02:12:03 (0:02:50:09) ATN 2121288 - 2224630	2008/11/30 15:01:59		
V	2		入点:1:02:12:20 出点:1:02:31:08 (0:00:18:13) ATN 2224906 - 2250790	2008/11/30 15:05:23		
V	3		入点:0:52:30:10 出点:0:52:57:20 (0:00:27:10) ATN 1874472 - 1892130	2008/11/30 12:55:57		
V	4		入点:0:52:58:15 出点:0:53:41:01 (0:00:42:11) ATN 1892406 - 1918004	2008/11/30 12:56:36		
V	5		入点:0:53:41:20 出点:0:54:16:10	2008/11/30		

图9-33

在**故事板**中将场景标记后，单击 下一步> 按钮，会弹出对话框，如图9-34所示。

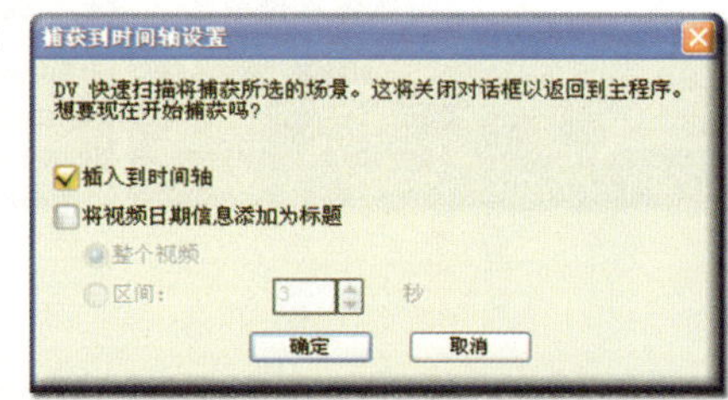

图9-34

插入到时间轴 勾选此项，将把标记的场景捕获并直接按顺序拼接在时间轴上，如图2-43左所示，否则只把标记的场景捕获并放置在**素材库**，如图9-35右所示。

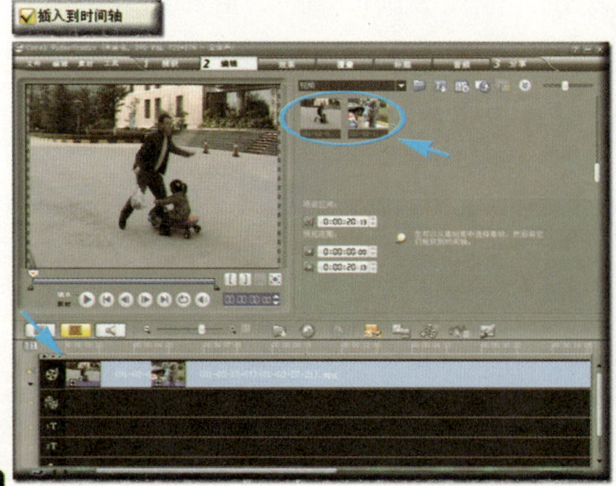

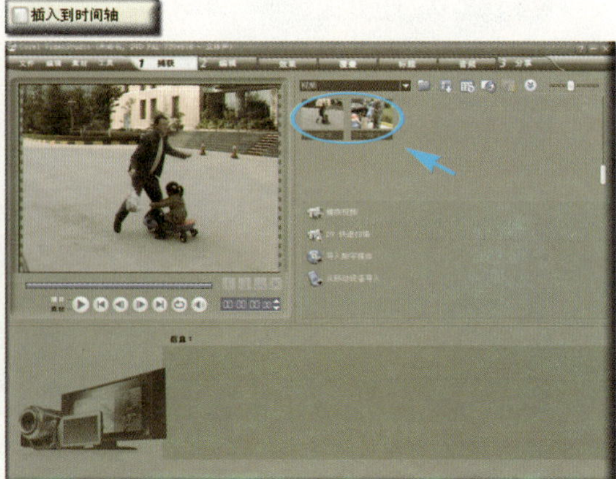

图9-35

图9-36

将视频日期信息添加为标题 只有在勾选**插入到时间轴**时，此项才有效，勾选此项，将在视频中自动叠加拍摄的日期信息，如图9-36所示，否则将不会叠加。

整个视频：勾选此项，整个视频都会叠加日期信息。

时间长度：勾选此项，可在后面的文本框中输入时长，以控制在视频上叠加日期信息的持续时间。

最后单击[确定]按钮，即可开始捕获。

9.4 导入数字媒体

导入数字媒体功能可从DVD影片光盘、蓝光光盘（BDMV）或闪存（微硬盘）式HDV（AVCHD格式）等介质上导入***.VOB**、***.mts**等类的素材，这比从磁带等介质上捕获素材方便、快捷得多，1个小时的素材10多分钟就导入成功了。

这里以从DVD影碟导入素材为例，单击此按钮，会弹出对话框，如图9-37所示。

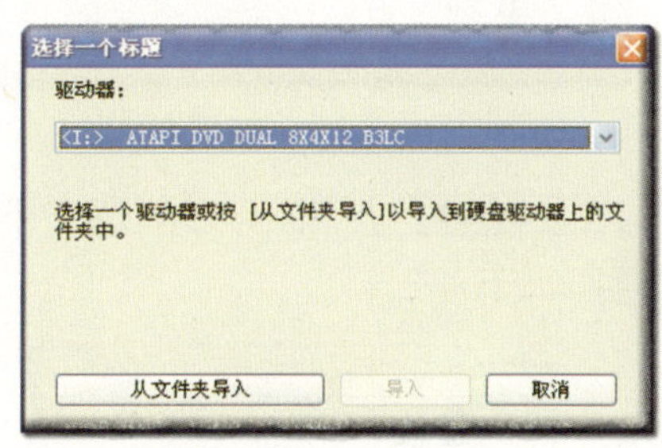

图9-37

驱动器 如果电脑主机上挂接了多个光驱或刻录机，单击下方的⌄按钮，会弹出下拉式菜单，选择放置DVD影片光盘的光驱，这时[导入]按钮才有效，单击此按钮，会弹出对话框，如图9-38所示。

光盘卷标：显示光盘中影片的片段和章节。

主题：表示这张光盘拥有的影片片段，勾选此项，表示将把该段影片所含的章节全部导入。

章节0、1…：表示在**主题**中又进行了分段，可选择性地导入相应的章节。

信息：显示当前选中的**主题**或**章节**的时间长度、帧速率等方面的信息。

音频： 显示当前选中的**主题**或**章节**中有关音频的信息。

字幕： 显示当前选中的**主题**或**章节**中有关字幕的信息。

角度： 显示当前选中的**主题**或**章节**中是否含有多个角度。多个角度是指有的影片对同一场景拍摄了多种角度，可供观众从不同的角度来观赏。

预览窗口： 可预览当前选中的**主题**或**章节**的内容，将鼠标移到滑块上按左键不动往左边或右边拖移，可快速搜索当前**主题**或**章节**的内容。

全部选取：将把所有**主题**（包括**章节**）全部选中，如图9-39所示。

图9-38

图9-39

翻转选取：取消当前选中的**主题**及**章节**的选取，转而将原来未选中部分选取，如图9-40所示。

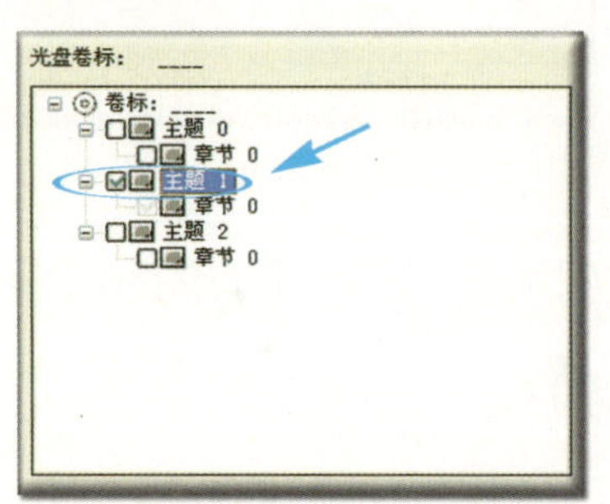

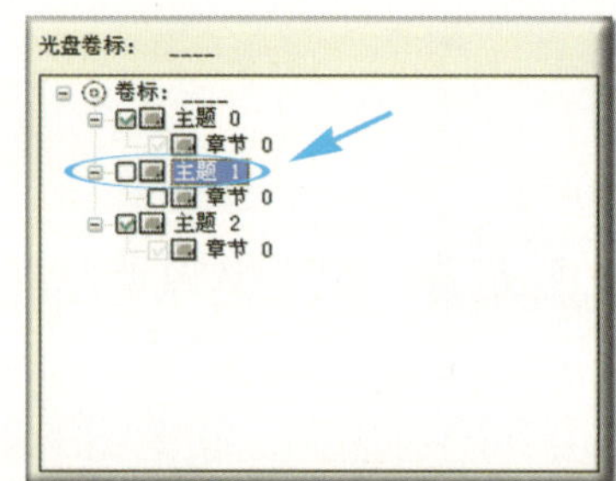

图9-40

停止导入：在导入时，此功能才有效，单击此按钮，将停止导入。

导入：在选取**主题**或**章节**后，此功能才有效，单击此按钮，即可开始导入，导入完毕将自动回到初始界面，可在**素材库**中看到刚才导入的素材。

关闭：将关闭当前对话框，返回到初始界面。

从文件夹导入 用于从硬盘或闪存式HDV机（AVCHD格式）等设备中导入素材。支持AVCHD的*.m2ts或*.mts等。

9.5 从移动设备导入

从移动设备导入功能主要是方便从手机、移动硬盘、U盘和读卡器等移动设备中导入视、音频及图像等素材。

单击此按钮，会弹出对话框，如图9-41所示。

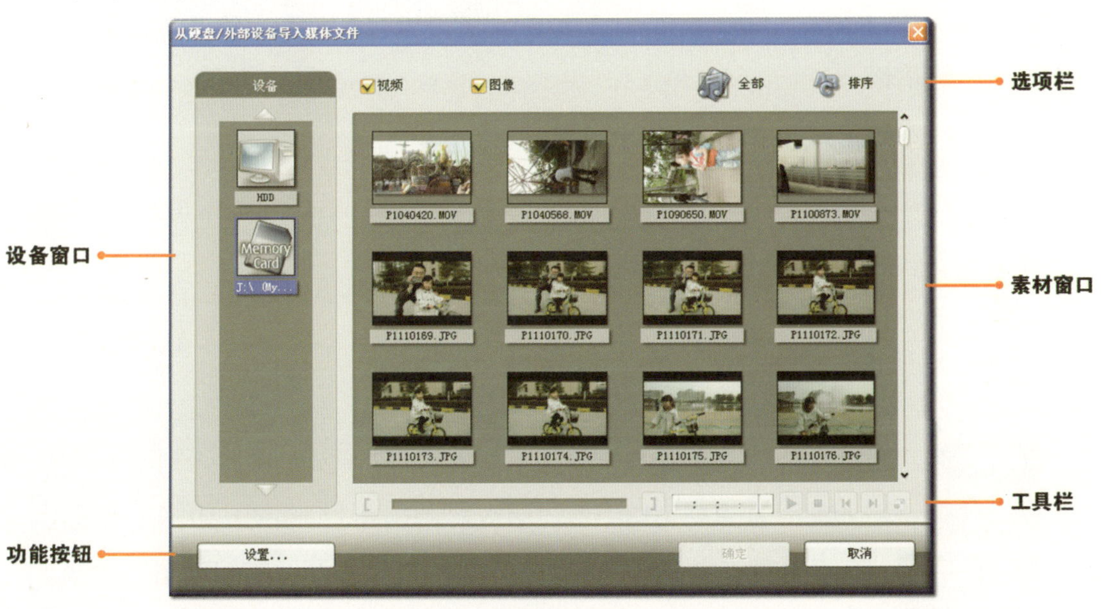

图9-41

星期二
33 19℃
白天：多云转晴
晚上：晴转多云
风力：1级

9.5.1 预设备窗口

显示可供导入素材的设备，软件默认为HDD，即本地硬盘上的路径，可由功能按钮 设置... 指定。这时如果连接USB设备，如手机、U盘等，就会自动在此处显示相应的路径，并自动对其进行搜索，在素材窗口中将显示搜索到的视频和图片的缩略图。

9.5.2 功能按钮

设置... 可在**设备**窗口中预置需要搜索素材的路径。单击此按钮，会弹出对话框，如图9-42所示。

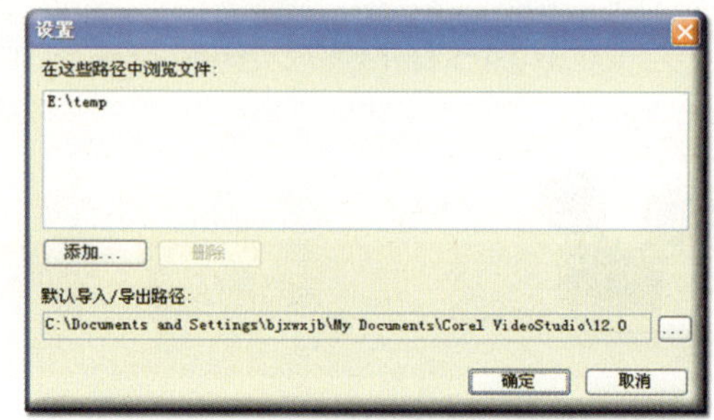

图9-42

在这些路径中浏览文件：单击 添加... 按钮，可将需要搜索素材的路径添加到**设备窗口**中，以便随时调用，可以是无数多个。

默认导入/导出路径：单击后面的 ... 按钮，可设置导入和导出的路径，用于存放导入和导出的素材。

9.5.3 素材窗口

显示搜索到的视频和图像的缩略图。

9.5.4 选项栏

视频 勾选此项，在**素材窗口**中将显示搜索到的视频缩略图；否则不予显示。

图像 勾选此项，在**素材窗口**中将显示搜索到的图片缩略图；否则不予显示。

全部 在**素材窗口**中将同时显示搜索到的视频和图片的缩略图。

排序 对搜索到的视频和图片的缩略图按指定的方式进行排序，单击此按钮，会弹出下拉式菜单，如图9-43所示。

✔按名称
按大小
按日期

图9-43

按名称：按文件的名称排序。

按大小：按文件的大小排序。

按日期：按文件的创建日期排序。

9.5.5 工具栏

如果对导入的视频想简单地剪辑一下，可在这里设置其入、出点，即使去浏览别

的素材再回来，刚才设置的入出点仍然存在。

其中，按钮跟按钮不同的是，前者是将当前选中素材在**素材窗口**中最大化显示，而后者则是全屏显示。

在**素材窗口**中选择需要导入的素材，然后单击 确定 按钮，即可将选定的内容导入到**素材库**中。

9.6 将媒体文件插入到时间轴/素材库

这是**文件**菜单中的两个菜单命令，其位置如图9-44所示，这种捕获方式跟**从移动设备导入**相似，主要用于从硬盘、U盘等介质上导入素材文件到**素材库**中或直接放置到**时间轴**上。

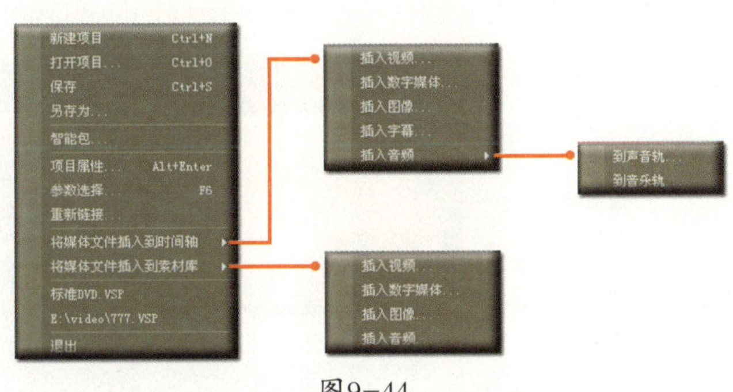

图9-44

9.6.1 将媒体文件插入到时间轴

执行**文件 | 将媒体文件插入到时间轴 | 视频**等命令，可将相应的素材直接放置到**时间轴**的轨道上。

9.6.2 将媒体文件插入到素材库

执行**文件 | 将媒体文件插入到素材库 | 视频**等命令，可将相应的素材直接导入到**素材库**中。

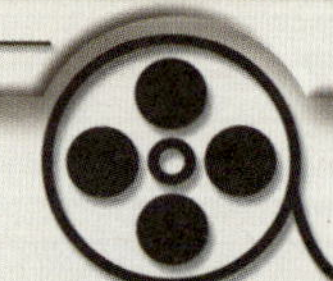

第10章 编辑之体验馆

将视、音频和图像等素材捕获到电脑上后，接着就可以开始对它们进行编辑处理了。这个步骤主要是在**时间轴**的**视频轨**上对**视频**、**图像**、**色彩**等类的素材进行剪辑，也可通过**视频滤镜**对素材进行调色、变形等处理，至于叠加视频、配音、添加字幕等则需要在其他相应的步骤下进行处理。

单击**步骤面板**的**编辑**项即可跳转到相应的界面，如图10-1所示。

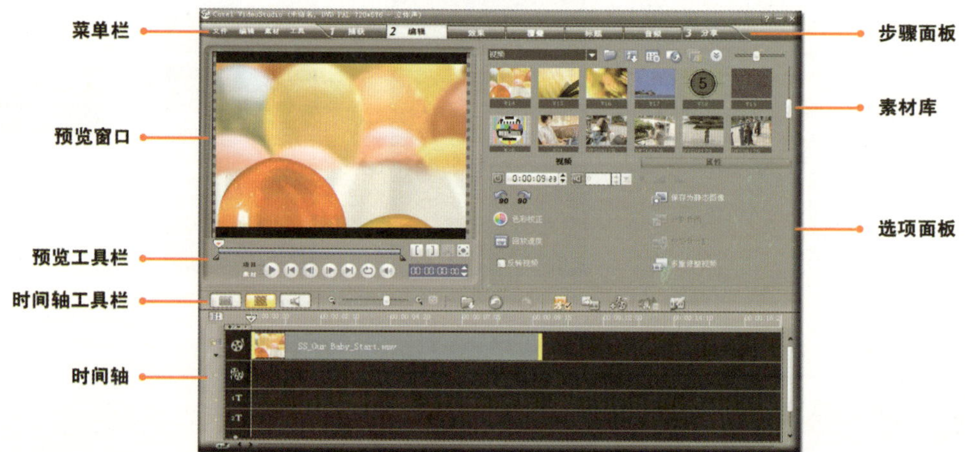

图10-1

10.1 将视频剪辑后放置到视频轨上

【**I 星期二 I 剪辑.VSP** 视频重新链接路径：\会声会影安装目录\Samples\Video\V10.wmv】

剪辑影片的步骤，一般是在**素材库**中选择素材，在**预览窗口**中设置入、出点，然后再放置到**视频轨**上，下面以会声会影自带的**V18**（**V10.wmv**）和**V01**（**HM_General 04_Start.wmv**）视频为例进行编辑处理。

胶片库

会声会影素材库中软件预置的素材名称跟其实际名称不同，将这样的素材放置到时间轴上时，缩略图上显示的将是其实际名称，如V18，其实际名称为V10.wmv。

① 跳转到编辑界面

单击**步骤面板**的**编辑**项，进入相应的界面。

② 设置项目的属性

执行**文件｜项目属性**命令，会弹出对话框，如图10-2所示，根据输出的需要进行设置，软件默认是按输出为DVD光盘的标准而设，可将质量设为最高100。

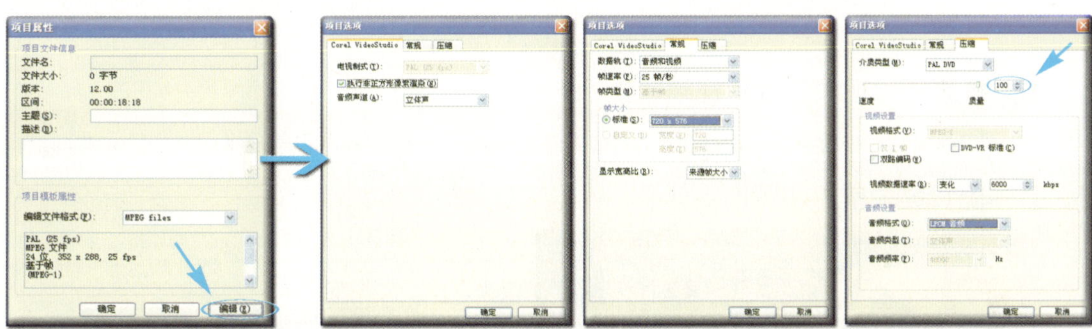

图10-2

③ 将需要的片断框选出来

执行**文件｜新建项目**命令，单击**素材库**中的**V18**缩略图，这时**预览窗口**会显示该素材，将鼠标移到**预览工具栏**的▽**飞梭栏**上按左键不动并往右边拖移，移到第00:00:01:01的位置，单击[按钮，将其设置为入点，如图10-3所示。

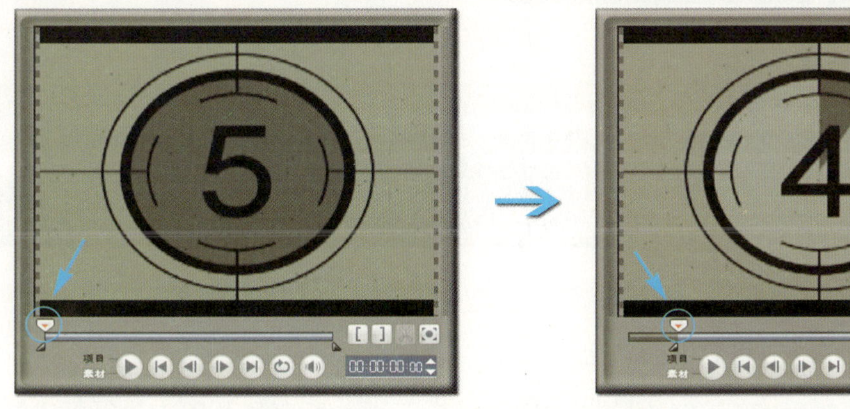

图10-3

星期二
33－19℃
白天：多云转晴
晚上：晴转多云
风力：1级

接着将鼠标移到飞梭栏上按左键不动并往右边拖移，移到第00:00:04:00的位置，单击]按钮，将其设置为出点，如图10-4所示。

图10-4

④ 将剪辑的视频放置到视频轨上

把需要的视频片断框选出来后，将鼠标移到**素材库**中相应素材的上方单击鼠标右键，会弹出右键菜单，如图10-5所示。

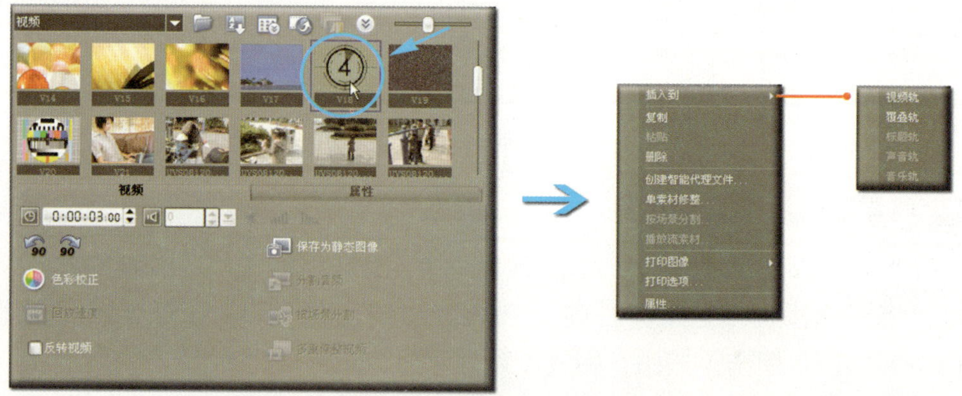

图10-5

执行**插入到 | 视频轨**命令，即可将其放置到**时间轴**的**视频轨**上，如图10-6所示。

图10-6

⑤ 将第二段视频放置到视频轨上

将鼠标移到**素材库**中的**V01**缩略图上单击鼠标右键，在右键菜单中执行**插入到 |**

视频轨命令，这段视频将会自动紧接第一段视频放置，如图10-7所示。

图10-7

10.2 将视频处理成慢动作/快动作

【**I 星期二 I 慢动作.VSP　快动作.VSP**　视频重新链接路径：\会声会影安装目录\Samples\Video\V10.wmv】

① 将视频选中

单击**视频轨**上的**V10.wmv**，以将其选中。

② 设置慢动作

按Shift键不动，将鼠标移到结尾处，当指针变为⇔时，按左键不动并往右边拖移，这时素材的入出点不变，而持续时间延长，所以成了慢动作，如图10-8所示。

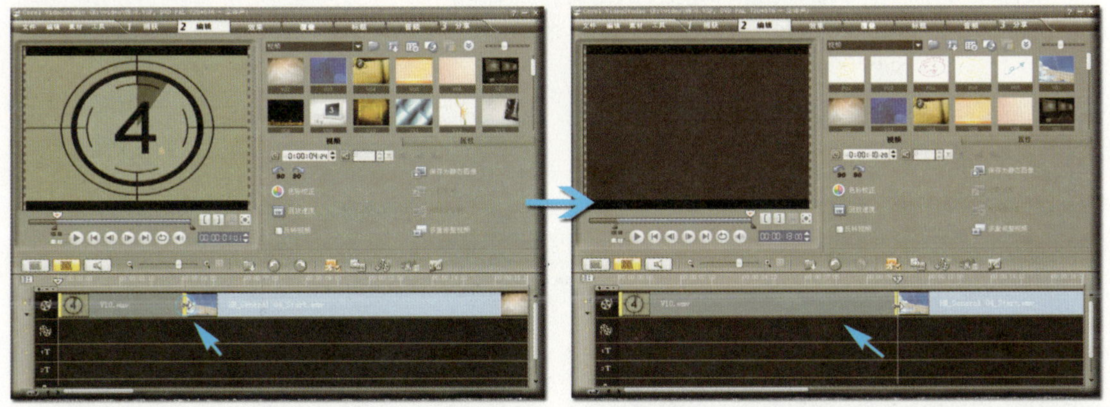

图10-8

拖移得越长，速度越慢。反之，往左边拖移，持续时间越短，则会将视频变成快

动作。

10.3 定格画面

【 I 星期二 I 定格画面.VSP 视频重新链接路径：\会声会影安装目录\Samples\Video\V10.wmv】

① 将尾帧存储为图像

将鼠标移到**时间轴标尺**上按左键不动并往左边或右边拖移，这时**飞梭栏**将随鼠标一起移动，在需要定格的地方如00:00:10:00的位置松开左键，单击**HM_General 04_Start.wmv**，以将其选中，接着单击**选项面板**处的**保存为静态图像**按钮，即可将当前帧存储到**素材库**中，如图10-9所示。

图10-9

② 设置结尾

不要移动**时间轴滑块**，单击按钮，将此处设为该段素材的结尾，如图10-10所示。

图10-10

③ 将存储的图像拖移到结尾处

然后将鼠标移到**素材库**中刚才保存的图像缩略图上方单击鼠标右键，在右键菜单中执行**插入到 | 视频轨**命令，图像将会自动紧接该段素材的结尾放置，这样就得到了运动画面突然定格的效果，如图10-11所示。

图10-11

④ 延长定格时间

如果想延长定格时间，将鼠标移到图像的结尾处，当指针变为↔时，按左键不动并往右边拖移即可，如图10-12所示。

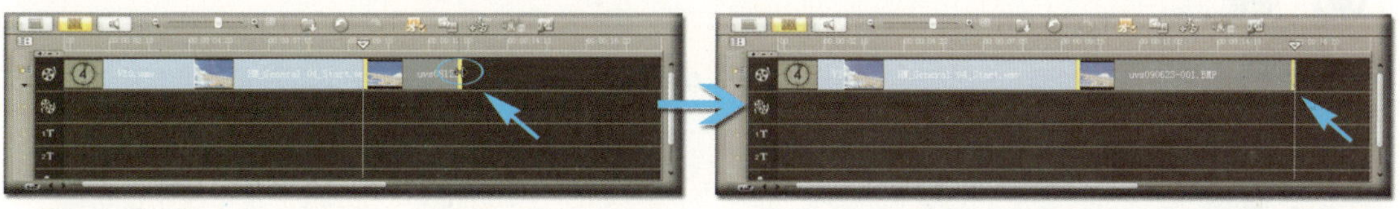

图10-12

10.4 倒放视频

【 **| 星期二 | 倒放视频.VSP** 视频重新链接路径：\会声会影安装目录\Samples\Video\V10.wmv】

大家在电视上经常会看到倒放视频的效果，像人倒着走、车倒着开，甚至水也能倒流，往往会让观众觉得很神奇，其实获得这种效果是很简单的。

① 将视频选中

单击**视频轨**上的**V10.wmv**，以将其选中。

② 设置反向运动

只要勾选**选项面板**上的**反转视频**项，即可将其动作反向，如图10-13所示。

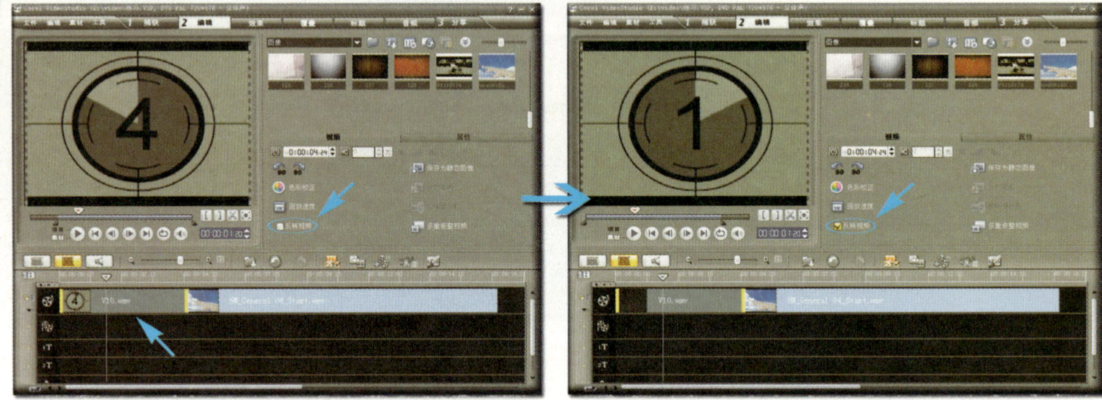

图10-13

10.5 怀旧电影效果

【 | 星期二 | 怀旧电影.VSP 视频重新链接路径：\会声会影安装目录\Samples\Video\V10.wmv】

将视频处理成怀旧电影的效果也是经常会遇到的。

① 进入相机镜头素材库

在**素材库**中单击**画廊**处的按钮，在下拉式菜单中执行**视频滤镜 | 相机镜头**命令，以进入相应的素材库。

② 将老电影效果添加到视频上

将鼠标移到**老电影**缩略图上方按左键不动并往**视频轨**的**HM_General 04_Start.wmv**上拖移，当指针变为时，松开左键即可，如图10-14所示。

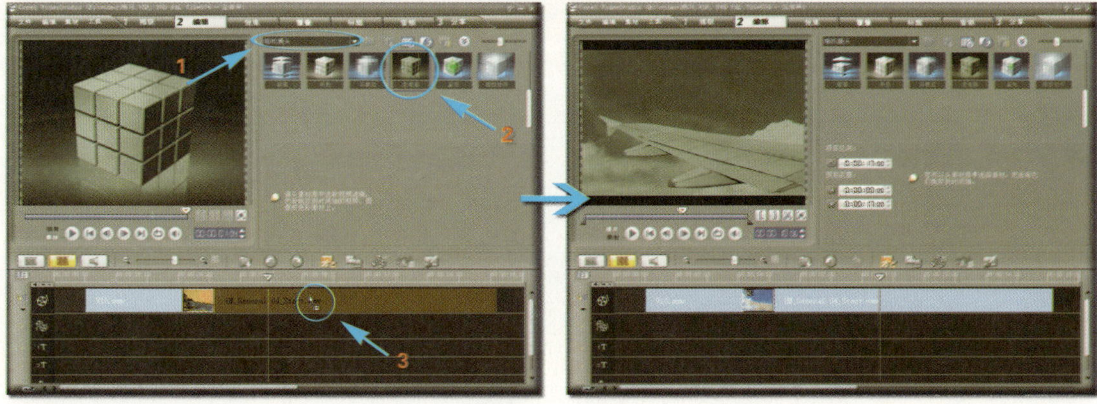

图10-14

10.6 漫画效果

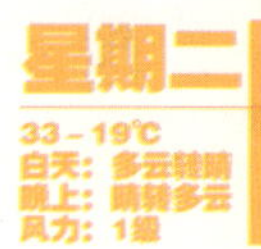

【 | 星期二 | 漫画效果.VSP 视频重新链接路径：\会声会影安装目录\Samples\Video\V10.wmv】

将视频处理成漫画效果。

① 进入自然绘图素材库

在**素材库**中单击**画廊**处的按钮，在下拉式列表中执行**视频滤镜 | 自然绘图**命令，以进入相应的素材库。

② 将漫画效果添加到视频上

将鼠标移到**漫画**缩略图上方按左键不动并往**视频轨**的**HM_General 04_Start.wmv**上拖移，当指针变为时，松开左键即可，如图10-15所示。

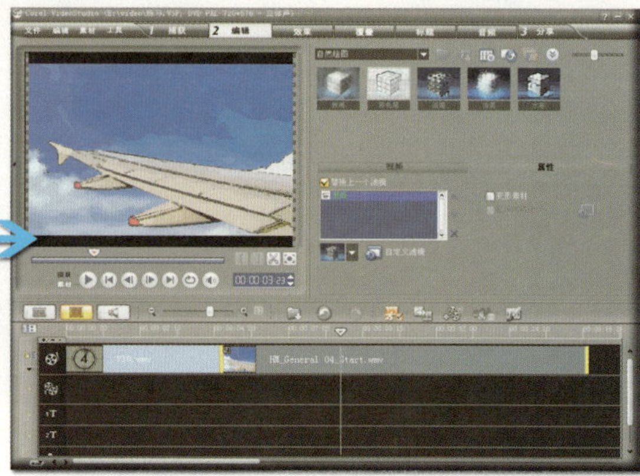

图10-15

10.7 电影胶片效果

【星期二\电影胶片效果.VSP 视频重新链接路径：随书光盘\星期二\公园拍照.mpg】

我们拍的录像，画面的颜色和色调往往不够艳丽，通过会声会影的处理，完全可以让它变得像用电影胶片拍摄的一样，如图10-16所示。

调整前

调整后

图10-16

① 导入视频

在**素材库**中单击**画廊**处的▼按钮，在下拉式列表中执行**视频**命令，以进入相应的

素材库。接着单击📂按钮，会弹出对话框，找到**公园拍照.mpg**文件，以将其导入，如图10-17所示。

② 将其放置到视频轨上

将鼠标移到**素材库**中刚导入的**公园拍照.mpg**缩略图上单击鼠标右键，在右键菜单中执行**插入到 | 视频轨**命令，即可将其放置到视频轨上，如图10-18所示。

图10-17

图10-18

③ 设置白平衡

在**选项面板**的**视频**项单击**色彩校正**按钮，面板会发生变化，如图10-19所示。

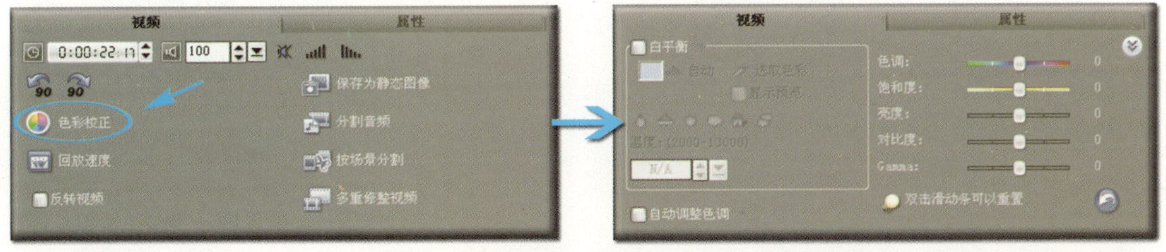

图10-19

勾选**白平衡**，单击按钮，使画面颜色变得鲜艳，如图10-20所示。

图10-20

④ 增强颜色

将鼠标移到**饱和度**项的滑块上按左键不动并向右拖移到10，以增强颜色，如图10-21所示。

图10-21

⑤ 调整色调

将鼠标移到**亮度**项的滑块上按左键不动并向右拖移到12，接着将**对比度**项的滑块向右拖移到16，使画面变得更亮丽，如图10-22所示。

图10-22

星期三

⊙深入学习编辑步骤，对相关参数进行优化设置；

⊙全面认识编辑界面，通过预览工具栏对素材进行预览、剪辑的方法，通过素材库对各种素材进行导入和管理；

⊙调整影片的色调，为影片添加各种特效，学习动画关键帧的设置。

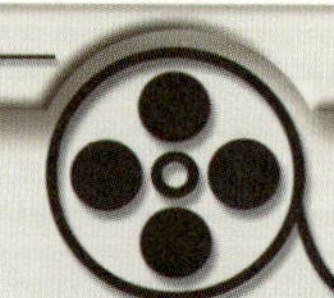

第11章 编辑之深造馆

11.1 开始前的准备

为了更好地使用**编辑**功能，应对一些默认参数进行设置。

11.1.1 参数选择中的常规项

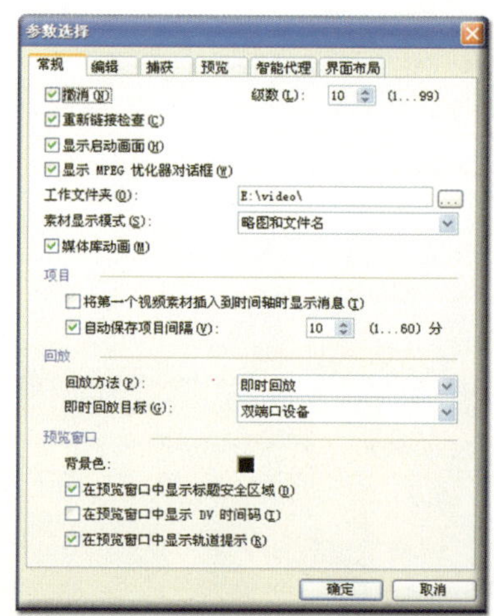

图11-1

可对**撤消**、**重新链接检查**等功能进行设置。

执行**文件 | 参数选择**命令，会弹出对话框，单击**常规**项，将进入相应的界面，如图11-1所示。

撤消 勾选此项，可设置剪辑过程中想恢复的步骤数，相当于给你一颗后悔药吃，在后面的**级数**项指定可后悔的步骤数，从1～99，步骤数越多，对系统资源的占用也相应增大，所以取一个中间值较好。

恢复时最便捷的方法是按Ctrl + Z键，按一次，恢复一步，如将**V10.wmv**拖移成慢动作后，按一次Ctrl + Z键，则恢复正常，如图11-2所示。

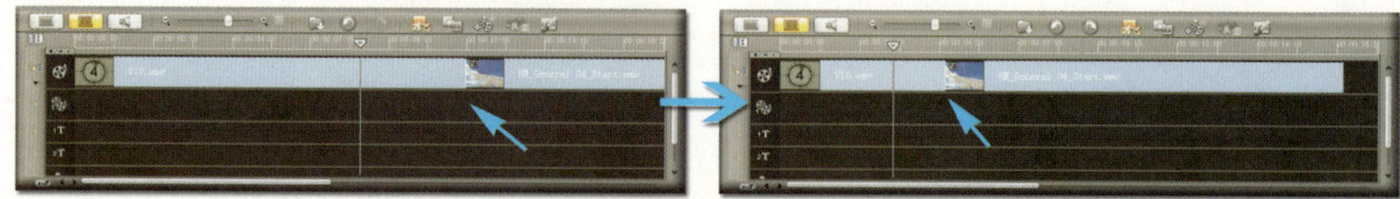

图11-2

这时如果按一次Ctrl + Y键，则又重新恢复慢动作，此功能用于恢复最后一步Ctrl + Z键的操作。

重新链接检查 勾选此项，单击**素材库**中带有标志（表示该素材已经被移

动或删除）的视频、图像等素材时，就会自动弹出提示框，提示可进行重新链接，如图11-3所示，否则，将不会弹出提示框。

图11-3

重新链接检查：同**文件 | 参数选择 | 常规**中的**重新链接检查**项，用于控制提示框的显示与否。

智能搜索：勾选此项，单击[重新链接(R)]按钮，在别的文件夹中重新链接当前选中的素材时，软件将自动为**素材库**中其他需要重新链接的素材在此文件夹中进行搜索并链接，否则，只对当前选中的素材进行重新链接。

[重新链接(R)]：单击此按钮，会弹出对话框，以便在别的文件夹中找到被移动的素材，以重新链接。

[删除(D)]：单击此按钮，即可将当前选中的素材缩略图删除。

素材显示模式 设置**时间轴**上**视频轨**和**覆叠轨**中素材的显示方式，单击后面的按钮，会弹出下拉式菜单，如图11-4所示。

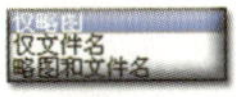

仅略图
仅文件名
略图和文件名

图11-4

仅略图：只显示素材的缩略图，如图11-5所示。

图11-5

仅文件名：只显示素材的名称，如图11-6所示。

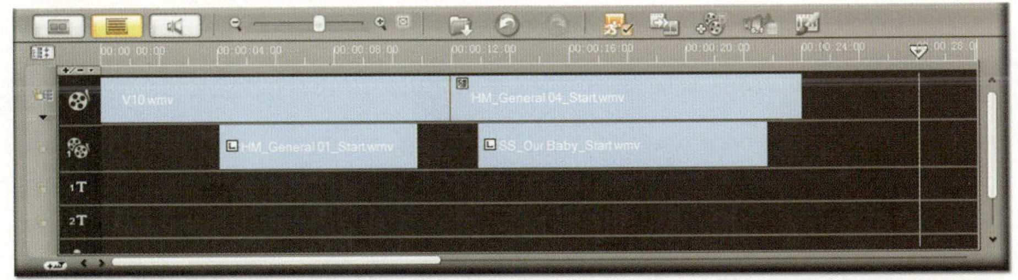

图11-6

略图和文件名：将素材的缩略图和名称同时显示，如图11-7所示。

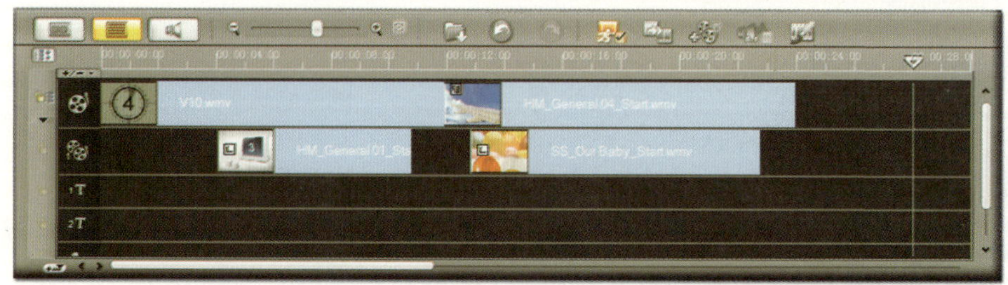

图11-7

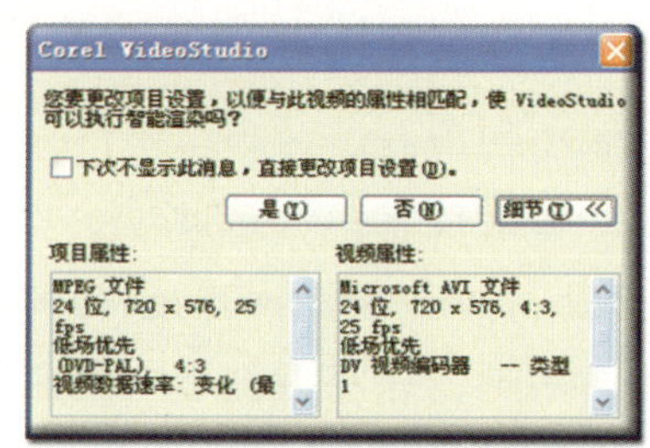

图11-8

将第一个视频素材插入到时间轴时显示消息：勾选此项，如果插入到**视频轨**的第一个视频素材跟项目设置明显不符时，就会弹出对话框，如图11-8所示。

从对话框可以看出，在**文件 | 项目属性**的**编辑文件格式**选择的是**MPEG files**，而插入**视频轨**的视频是**Microsoft AVI文件**（文件后缀为***.AVI**）。

如果单击 是(Y) 按钮，项目内容将自动变更为符合该素材的设置；如果单击 否(N) 按钮，素材将自动匹配项目的设置。

自动保存项目间隔 勾选此项，在剪辑影片时，软件将按指定的时间间隔自动进行存储，可选择从1～60分钟，最好不要设得太短，这样会影响剪辑的效率。

回放方法 对**时间轴**上素材的预览质量进行设置，单击后面的 ˅ 按钮，会弹出下拉式菜单，如图11-9所示。

高质量回放：在预览**时间轴**上的素材时，将会流畅地进行显示，但代价是需要等待一段时间先进行缓存，才能顺畅地播放。

即时回放：在预览**时间轴**上的素材时，不用进行缓存，可立即预览，但代价是不够顺畅，一般选择此项。

即时回放目标 指定预览**时间轴**上素材的设备，单击后面的 ˅ 按钮，会弹出下拉式菜单，如图11-10所示。

图11-9

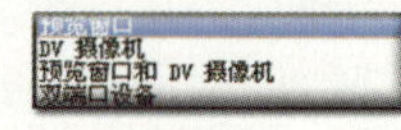

图11-10

预览窗口：播放时只在**预览窗口**显示。

DV摄像机：播放时只在DV摄像机上显示。

预览窗口和DV摄像机：播放时在**预览窗口**和DV摄像机上同时显示。

双端口设备：如果显卡上配置了多路输出，还有一路输给另一个屏幕，选择此项，则可在两个屏幕上同时显示播放的内容。

背景色 设置**预览窗口**的背景颜色，在没有预览素材或素材没有全屏时会显示出来，如图11-11所示。

单击后面的色块，可指定需要的颜色。※有关色彩选择工具的详细介绍参见星期四163页※

图11-11

在预览窗口中显示标题安全区域 勾选此项，在**预览窗口**中编辑标题时，将显示安全区域，如图11-12所示。

图11-12

将标题放置在这一区域内，可确保文字不会超出电视屏幕。

在预览窗口中显示DV时间码 勾选此项，在**预览窗口**中播放从DV摄像机采集的格式为**DV**（***.AVI**）的素材时，才会显示时间码，如图11-13所示。

图11-13

在预览窗口中显示轨道提示 勾选此项，在**时间轴**的**覆叠轨**上选择素材时，将在**预览窗口**中显示该素材所在的**覆叠轨**名称，如图11-14所示。

图11-14

11.1.2 参数选择中的编辑项

可对插入图像的默认长度等进行设置。

执行**文件 | 参数选择**命令，会弹出对话框，单击**编辑**项，将进入相应的界面，如图11-15所示。

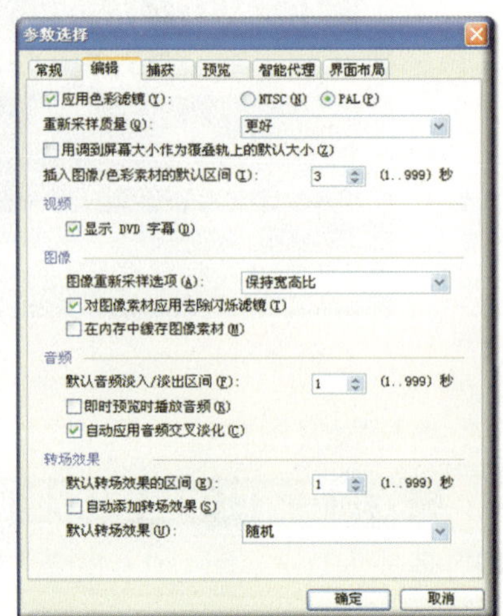

图11-15

应用色彩滤镜 勾选此项，点选**PAL**，可将调色板中的颜色空间或调色滤镜的颜色限制为电视机能够重现的颜色。

重新采样质量 设置预览时素材和特效的显示品质，单击后面的 按钮，会弹出下拉式菜单，如图11-16所示。

好：品质较差，但预览速度最快。

更好：品质较好，但预览速度较慢。

最佳：品质最好，但预览速度最慢。

插入图像/色彩素材的默认区间 设置将**图像**或**色彩**中的素材放置到**视频轨**上的时间长度，可选择从1～999秒，如图11-17所示。

好
更好
最佳

图11-16

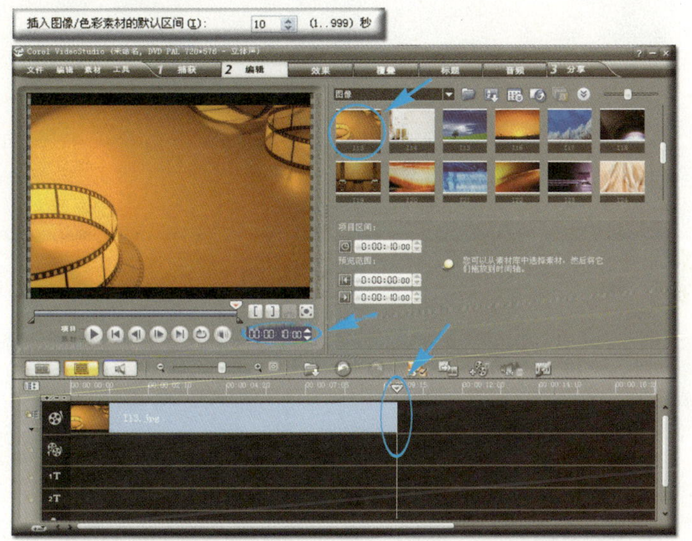

图11-17

在放置到视频轨上后，如果想改变其长度，在选中后，将鼠标移到其开头或结尾，当指针变为↔时，按左键不动往右边或左边拖移即可。

显示DVD字幕 勾选此项，在播放从DVD影片光盘导入的素材时，会显示字幕信息，否则将不显示。

图像重新采样选项 设置导入图像时重新取样的方式，单击后面的按钮，会弹出下拉式菜单，如图11-18所示。

保持宽高比
调到项目大小

图11-18

保持宽高比：按图像本身的宽高比进行取样，单击**画廊**处的按钮，选择**图像**，接着单击按钮，在配套光盘的**星期三**文件夹中导入**我和七仔.jpg**，由于是按自身的宽高比导入，所以不会产生变形，如图11-19所示。

调到项目大小：将图像按项目大小的宽高比进行取样，使其正好充满屏幕，单击按钮，在配套光盘的**星期三**文件夹中导入**我和七仔.jpg**，由于是按项目的大小导入，所以容易产生变形，如图11-20所示。

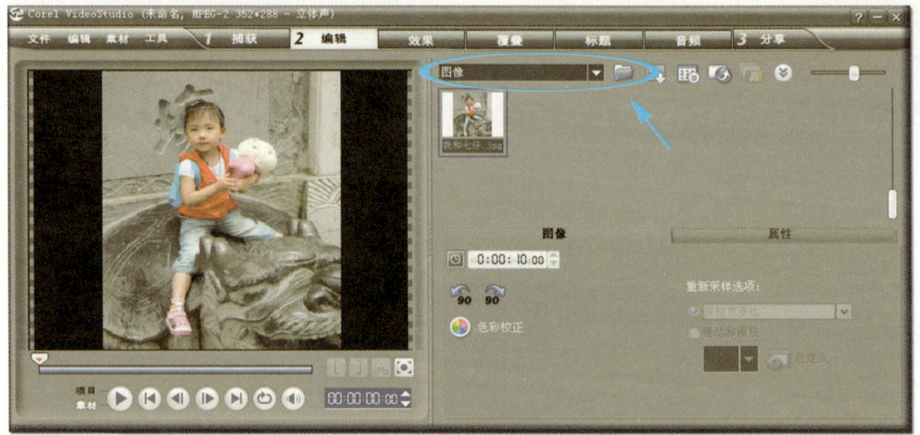

图11-19

图11-20

对图像素材应用去除闪烁滤镜 勾选此项，在导入图像时，将对其应用去除闪烁的滤镜，可有效避免在电视机上观看此图像时出现闪烁现象。

在内存中缓存图像素材 勾选此项，在编辑图像素材时，可利用内存提高对图像的读取速度。

11.1.3 参数选择中的预览项

可对预览项目的临时文件夹、限制硬盘的使用量等进行设置。

执行**文件 | 参数选择**命令，会弹出对话框，单击**预览**项，将进入相应的界面，如图11-21所示。

为预览文件指定附加文件夹 由于预览项目需要占用较大的临时硬盘空间，所以最好选择空闲空间较多的分区，尽量不要选择系统盘即C盘，以免影响系统的正常运行。单击**1**前方的勾选框，以取消勾选，接着将**2**勾选，然后单击其右侧的[...]按钮，在空闲空间较多的分区上指定一个文件夹即可，每次只能指定一个。

硬盘 显示本电脑各个分区空闲的空间，以供选择。

将硬盘使用量限制到 可限定预览项目时所占用的最大临时硬盘空间，勾选此项后，才能在下方的文本框中输入指定的值。

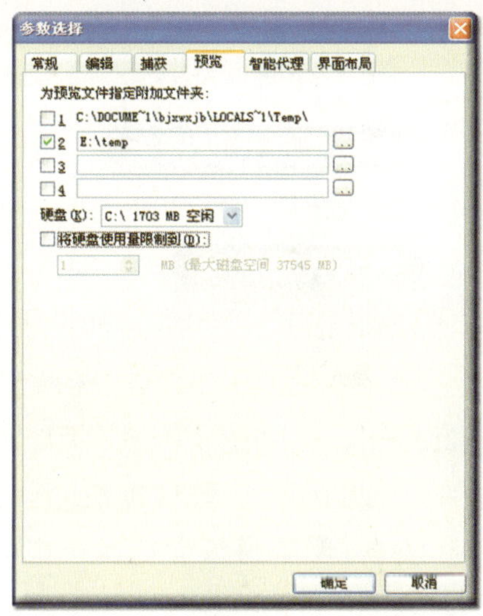

图11-21

11.1.4 参数选择中的智能代理项

这是一个很重要的功能，如果要对高清视频进行编辑，由于其对电脑资源的消耗很大，为了顺畅地进行剪辑，可以通过启用此功能，以较低的分辨率来进行预览和剪辑，而输出时则仍可以高清品质来生成，大大提高了制作效率。实际上不只针对高清视频，只要素材的分辨率较高，而电脑配置又较低，处理起来不够顺畅，就可以启用此功能。

当然如果你的电脑够快，还是建议尽量用原分辨率进行剪辑，这样可预览到最佳质量。

执行**文件 | 参数选择**命令，会弹出对话框，单击**智能代理**项，将进入相应的界面，如图11-22所示。

启用智能代理 勾选此项后，在将素材放置到**时间轴**上时，如果其分辨率大于设定值，就会自动按设置的低分辨率进行剪辑。

当视频大小大于此值时，创建代理 可指定需要建立代理的分辨率，单击[v]按钮，会弹出下拉式菜单，如图11-23所示。

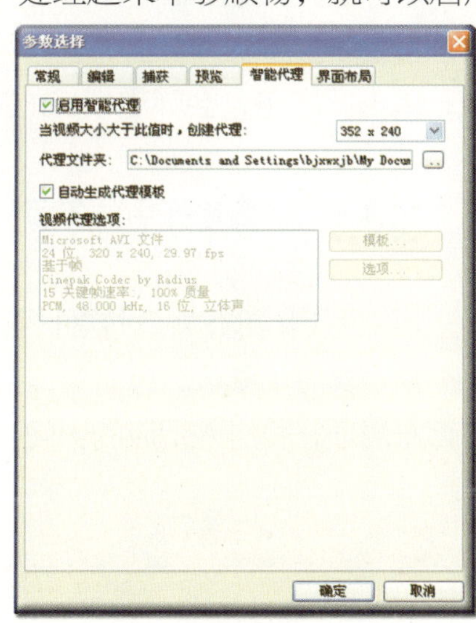

图11-22

代理文件夹 由于在使用**智能代理**功能时，会为高分辨率素材创建相应的低分辨率素材，所以需要指定用于存储代理素材的文件夹，单击后面的[...]按钮，最好指定空闲空间较多的分区。

自动生成代理模板 勾选此项，在使用**智能代理**功能时，将自动创建合适大小的代理素材。

视频代理选项 如果不勾选**自动生成代理模板**，此项才有效，显示自己设置的代理素材的各项参数，在使用**智能代理**功能时，将按此设置创建代理素材。

[模板...]：设置代理素材时可选择软件预置的模板，也可自己创建模板，单击此按钮，会弹出下拉式菜单，如图11-24所示。

一般情况下，软件预置的模板已经可以满足我们的要求。

添加/删除模板管理器：也可按自己的设置创建模板，执行此命令，会弹出对话框，如图11-25所示。

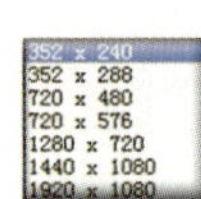

图11-23

图11-24

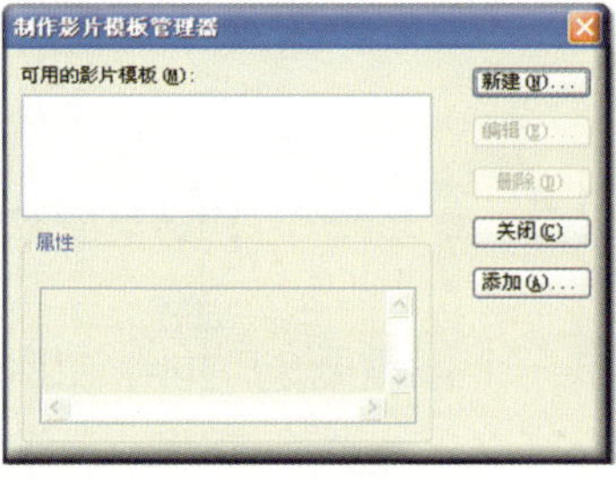

图11-25

单击[新建(N)...]按钮，在弹出的对话框中进行设置即可。

[选项...]：通过[模板...]按钮选择模板后，如果还想改变其中的部分设置，单击此按钮，会弹出相应的对话框，可重新进行设置。

11.1.5 参数选择中的界面布局项

可根据自己的喜好对软件界面进行设置。

执行**文件 | 参数选择**命令，会弹出对话框，单击**界面布局**项，将进入相应的界面，如图11-26所示。

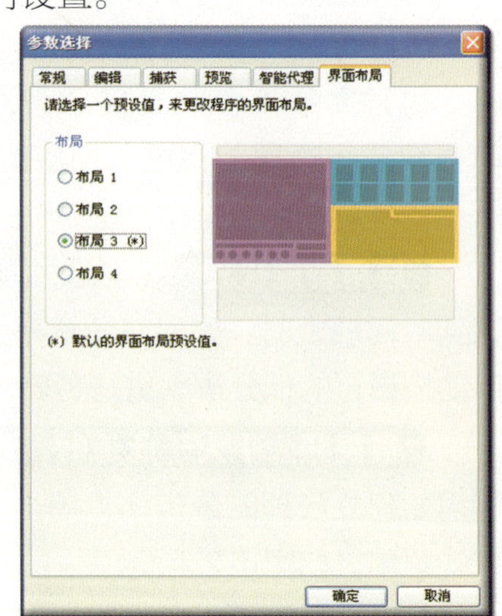

图11-26

布局 软件预置了4种界面布局，至于哪种更好，看个人的使用习惯，如图11-27所示。

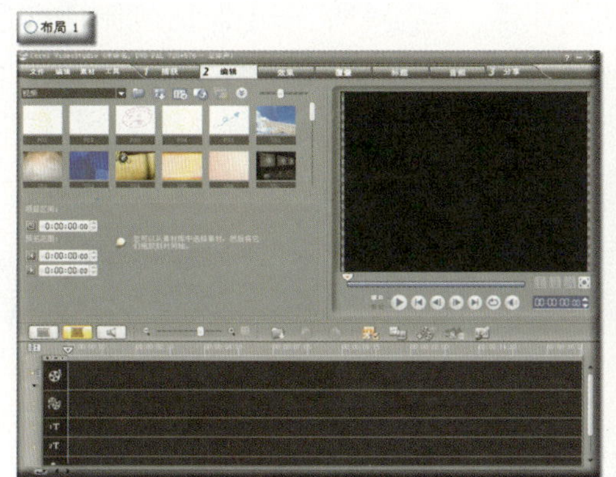

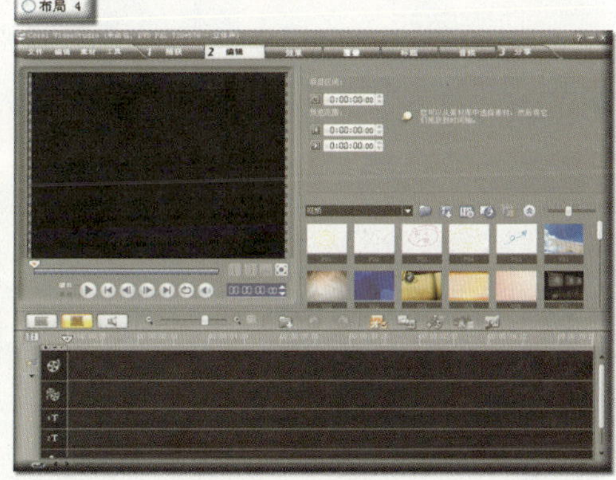

图11-27

在会声会影X2中，还增加了一个新功能，就是可以通过拖移改变**预览窗口**和**时间轴**的界面大小，将鼠标移到有▬▬标志的线上按左键不动并拖移，即可改变其大小，如图11-28所示。

图11-28

11.1.6 设置项目

对**参数选择**的设置，便于我们更好地使用软件，但要开始一个影片的制作，还得对**项目属性**进行设置。首先要明确将来以什么方式输出，根据输出的方式来确定项目的属性，如将来输出为DVD，就应设置为720 × 576、4:3等，输出为AVCHD，就应设置为1920 × 1080，16:9等，这样在剪辑影片时，可以按设置的尺寸和比例调整画面的大小，否则，按DVD设置（4:3）来剪辑影片，输出却为AVCHD（16:9），必定会造成画面的变形，或者按AVCHD的设置来剪辑影片，输出却仅为VCD，同样会造成画面的变形和电脑资源的无谓消耗。

每次进入**会声会影编辑器**，默认的项目是标准的DVD格式，如图11-29所示。

如果编辑的影片要输出为DVD，就在当前项目中进行剪辑即可，如果要输出为别的格式，则需要执行**文件 | 项目属性**命令进行设置，如图11-30所示。

图11-29

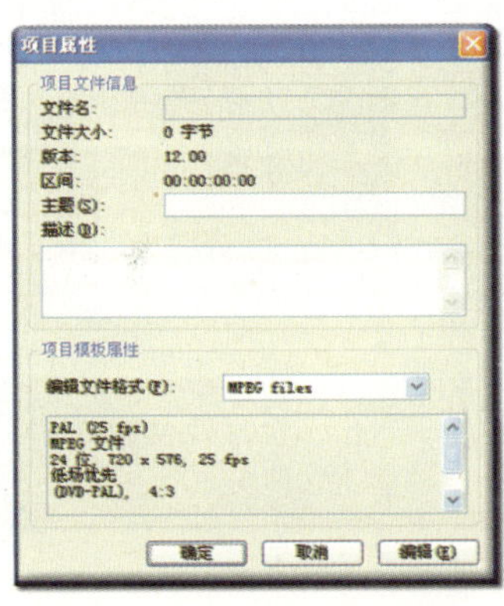

图11-30

文件名 如果执行**文件 | 打开项目**命令，打开了一个项目，这时执行**文件 | 项目属性**命令，此处就会显示该项目的路径，如图11-31所示。

主题 为项目输入关键词。

描述 对项目作详细说明，跟**主题**一样，主要用于在执行**文件 | 打开项目**命令时，单击目标项目，即可看到相应的说明，如图11-32所示。

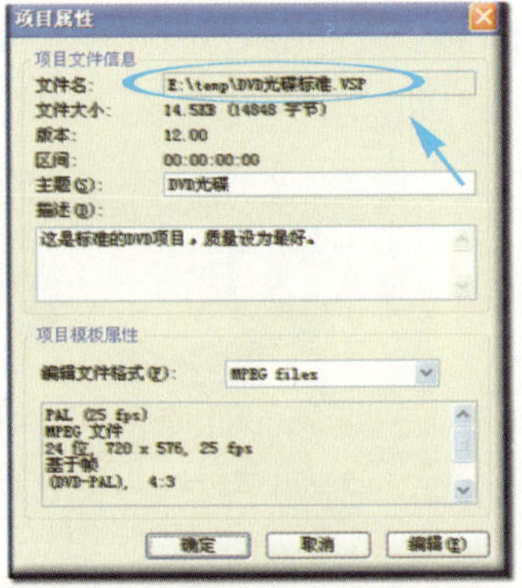

图11-31

编辑文件格式 指定编辑的格式，同样要根据输出的方式来决定文件格式，如果输出为DVD，编辑格式却为**Microsoft AVI files**，就会在输出时增加转码环节，

对视频质量会造成影响，同时也无端地增加了生成时间。

单击后面的 按钮，会弹出下拉式菜单，如图11-33所示。

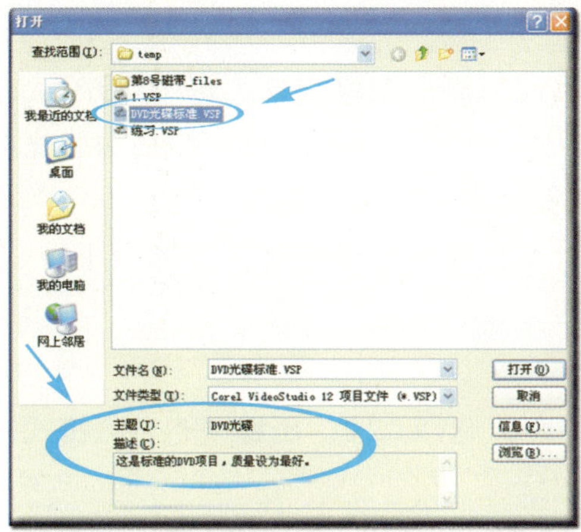

图11-18

Microsoft AVI files
MPEG files

图11-33

Microsoft AVI files：压缩率不高，文件较大，输出为DV等时最好选择此项。

MPEG files：压缩率高，质量好，输出为AVCHD、DVD等时最好选择此项。

※**编辑文件格式**如果选择**MPEG files**，单击 编辑(E) 按钮，会弹出次级对话框，如图11-34所示。

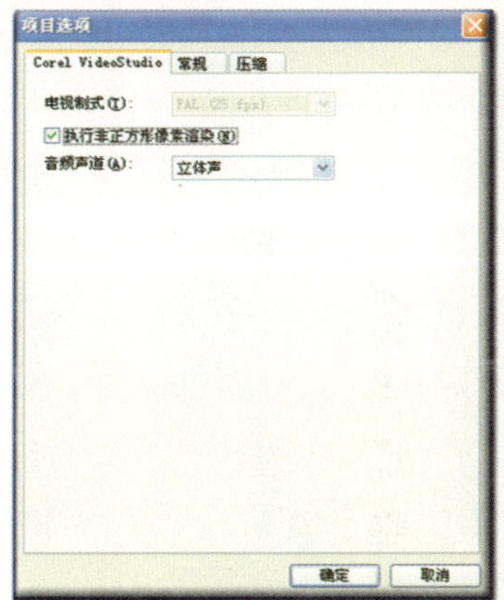

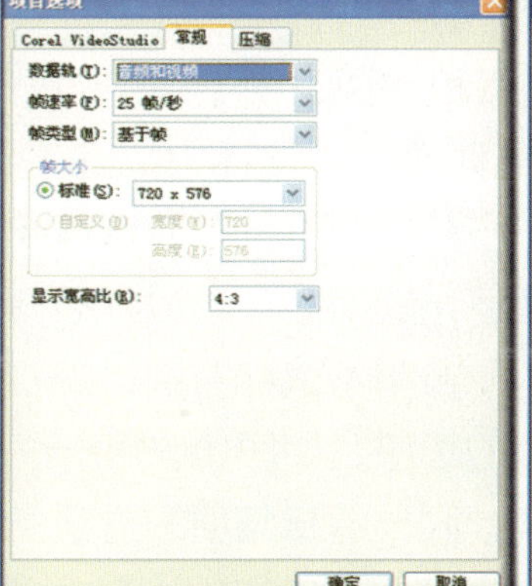

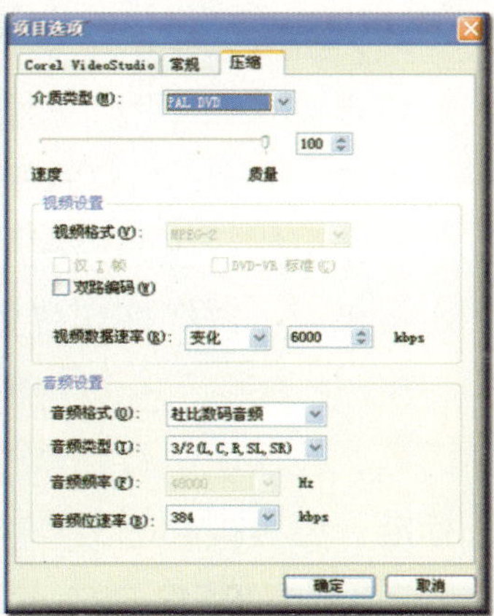

图11-34

Corel VideoStudio 可对**音频声道**等进行设置。

电视制式： **压缩**项的**介质类型**指定的压缩方式将决定电视的制式，如选择**NTSC VCD**，这里就默认为**NTSC**。

执行非正方形像素渲染： 由于电视机显示的是宽高比为1.07的像素，而电脑显示器显示的则是正方形的像素，所以要根据观看的主体来确定是否勾选此项，如果影片将来主要是刻成DVD等在电视机上观看，则应勾选此项。

音频频道： 指定音频的类型，单击后面的按钮，会弹出下拉式菜单，如图11-35所示。

立体声：创建双声道音频。

多声道环绕声：创建六声道环绕声，选择此项，**压缩**项的**音频格式**将默认为**杜比数码音频**。

常规 可对**数据轨**、**帧速率**等进行设置。

数据轨： 默认为**音频和视频**。

帧速率： 可选择项随**压缩**项的**介质类型**指定的压缩方式的不同而变化，如指定为**MPEG-2**时，其下拉式菜单如图11-36所示。

如果选择**PAL DVD**，则只有一项**25帧/秒**。

帧类型： 设置帧的场序，如果场序不对，输出的视频在显示设备上观看时会发生闪烁、抖动等现象。单击后面的按钮，会弹出下拉式菜单，如图11-37所示。

图11-35

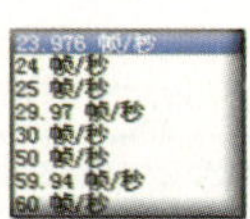

图11-36

图11-37

基于帧：对于电脑显示器或平板电视来说，由于是逐行扫描的方式，每扫描一场就是一帧，所以如果影片主要是在这些设备上观看，则应选择此项。

低场优先：对于PAL制电视机来说，由于采用的是隔行扫描的方式，即先扫描奇数场（又称为低场），再扫描偶数场（又称为高场），这样才能得到完整的一帧图像，所以如果影片主要是在电视机上观看，则应选择此项或**高场优先**。

高场优先：选择**低场优先**还是选择此项，最好根据素材本身的场序来定，在**素材库**中，将鼠标移到目标素材的上方单击鼠标右键，在右键菜单中执行**属性**命令，会弹出对话框，在这里可看到素材的场序，如图11-38所示。

标准： 设置视频的分辨率，同样随**压缩**项的**介质类型**指定的压缩方式的不同而变化，如指定为**MPEG-2**时，其下拉式菜单如图11-39所示。

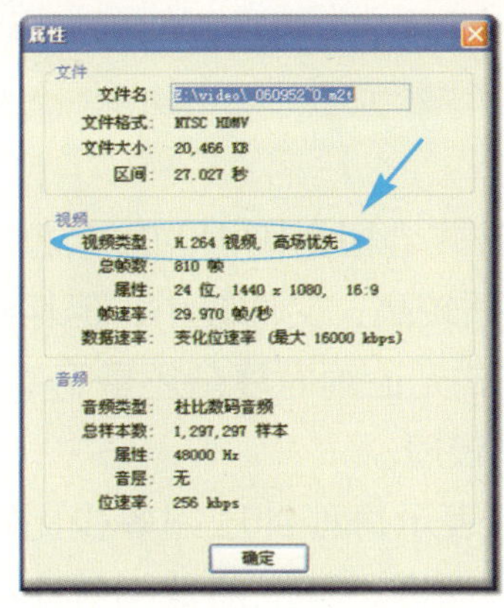

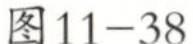

图11-38

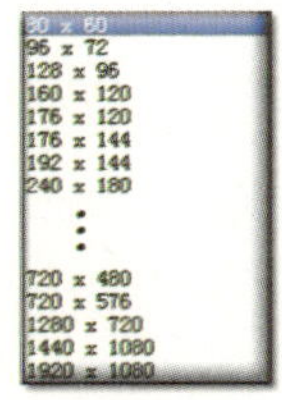

图11-39

其中DVD的标准分辨率为**720×576**，AVCHD的最高分辨率为**1920×1080**。

自定义：只有在**编辑文件格式**选择**Microsoft AVI files**时，才能自己设置视频的大小。

显示宽高比：指定视频的宽高比，DVD的标准宽高比为4:3，AVCHD的标准宽高比为16:9。

压缩 可对视频、音频的编码方式等进行设置。

介质类型：可指定视频、音频的压缩格式，单击后面的∨按钮，会弹出下拉式菜单，如图11-40所示。

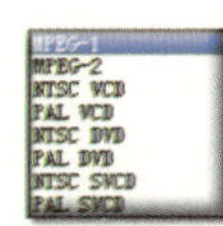

图11-40

选择为**PAL DVD**、**PAL VCD**等时，在**常规**项中的**帧速率**、**标准**等处显示默认的标准选项，不必改变；选择为**MPEG－1**、**MPEG－2**等时，在**常规**项中的**帧速率**、**标准**等处则可有多种选择。

速度…质量：将鼠标移到滑块上按左键不动往左边或右边拖移，可设置编码的质量，越往右品质越好，也可直接在文本框中输入数值。

视频格式：随**介质类型**的不同而发生相应变化。

仅I帧：当**介质类型**为**MPEG－1**或**MPEG－2**时，此项才有效，由于MPEG的压缩方式是对图像组（GOP）为一个单元进行I、B、P帧编码，这时图像质量最高，但不便进行精确到帧的编辑，所以勾选此项，可缩短GOP结构，表示仅对I帧进行编码，利于精确到帧的编辑，一般应勾选此项。

DVD－VR标准：当**介质类型**为**PAL DVD**等时，此项才有效，在可擦写DVD的刻录格式中有DVD＋RW和DVD－RW两种，它们可分别刻录DVD＋VR和DVD－VR的视频格式，并可随意增、减数据，勾选此项，表示兼容DVD－VR格式，会声会影没有提供对DVD＋VR的支持。

双路编码：当**介质类型**为**PAL DVD**等时，同时**视频数据速率**为**变化**时，此项才

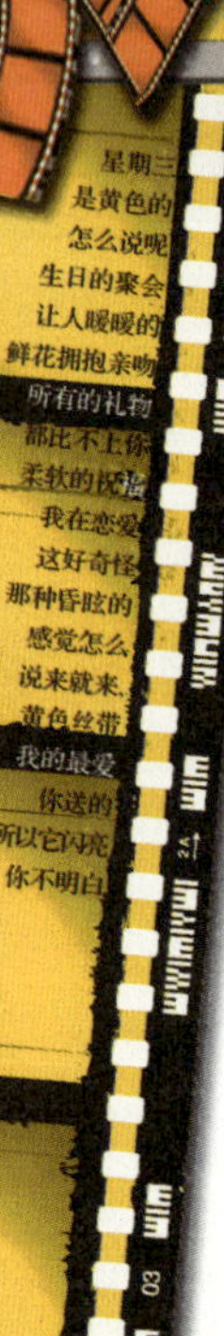

有效，勾选此项，表示通过实际和虚拟两个通道对数据进行编码，以便随着画面复杂程度的变化而有效地自动调节码率。

视频数据速率：设置编码的方式和码率。

变化：又称VBR，即可变比特率，此方式会根据画面的复杂程度而改变码率大小，跟相同码率的CBR相比，得到的画面品质较高，文件较小，但耗费的时间较长。

恒定：又称CBR，即恒定比特率，此方式无论画面复杂还是简单，都是以固定的码率进行编码，故文件较大，但耗费的时间较短。

码率：又称为比特率，单位为kbps，表示每秒钟压缩多少比特的数据，值越大，获得的画面品质越高。对于**PAL DVD**而言，其取值范围从1777～8264，街上卖的高压缩盘能放下二十多集电视剧，除了分辨率，跟这一项也很有关系；对于**MPEG－2**而言，其取值范围从1 777～60 000。

音频格式：当**介质类型**为**PAL DVD**时，此项才有效，单击后面的按钮，会弹出下拉式菜单，如图11-41所示。

音频类型：随**音频格式**的不同而变化，如图11-42所示。

图11－41

图11－42

音频频率：是指1秒钟内对声音信号的采样次数，单位为Hz，值越大，音质越好。当**介质类型**为**MPEG－1**或**MPEG－2**时，此项才有效。

音频位元速率：是指每次采样的音频数据流量，单位是kbps，值越大，音质越好，但文件也越大。

※**编辑文件格式**如果选择**Microsoft AVI files**，单击 编辑(E) 按钮，会弹出次级对话框，如图11-43所示。

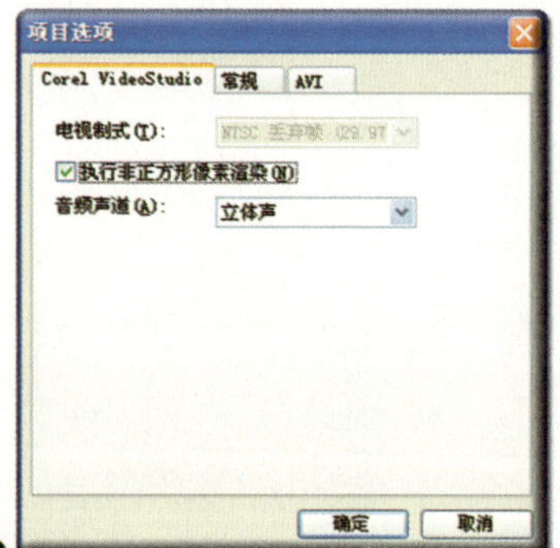

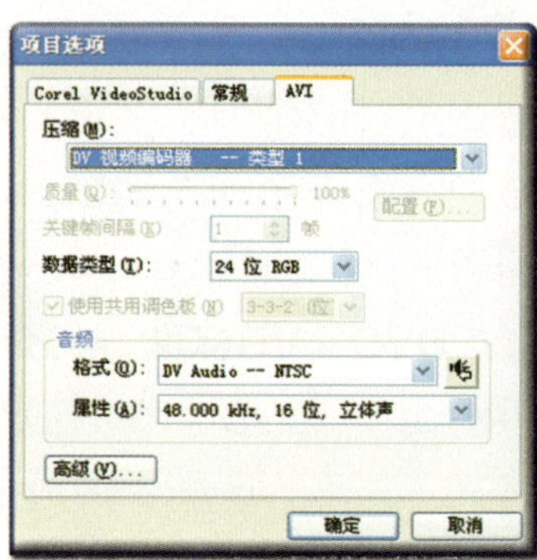

图11－43

由于此格式不太常用，这里不再赘述。

11.2 深入认识编辑界面

单击**步骤面板**的**编辑**项即可跳转到相应的界面，如图11-44所示。

图11－44

11.2.1 预览窗口

预览当前**素材库**选中的素材或**时间轴**上的素材。

11.2.2 预览工具栏

对预览的素材进行搜索、剪辑。其功能按钮大部分跟**捕获视频**的**预览工具栏**相同，这里只介绍不同部分，如图11-45所示。

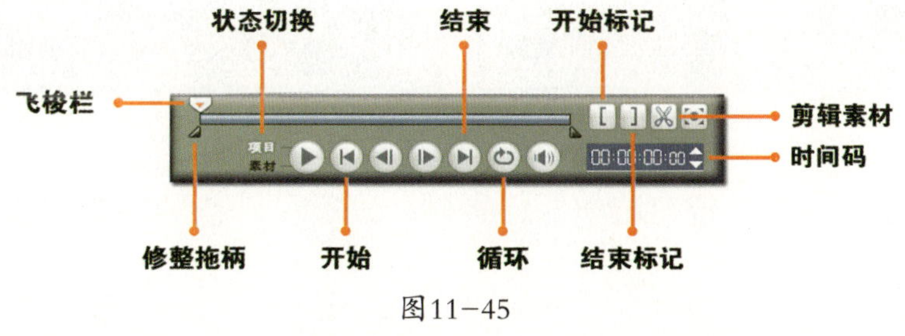

图11－45

状态切换 可在**项目**和**素材**之间切换，单击**项目**，表示当前播放、剪辑的是**时间轴**上的素材；单击**素材**，表示当前播放、剪辑的是**素材库**中的素材。

实际上，如果直接用鼠标在**时间轴标尺**上拖移，也可自动切换到**项目**状态；如果直接单击**素材库**中欲编辑的素材缩略图，也可自动切换到**素材**状态。

飞梭栏 指示当前预览的素材位置，将鼠标移到滑块上按左键不动并往左边或右边拖移，可快速预览素材。

修整拖柄 设置素材或预览、输出的有效范围，将鼠标移到◢或◣按钮上按左键不动并往右边或左边拖移，可改变素材的入点或出点的位置。

若当前选中的是**素材库**中的素材时，设置的是素材的有效范围，如图11-46所示。

图11-46

若当前选中的是**时间轴**上的素材时，改变的是素材的入、出点，如图11-47所示。

图11-47

若当前在**项目**状态下没有选中任何素材，设置的则是预览或输出的范围，如图11-48所示。

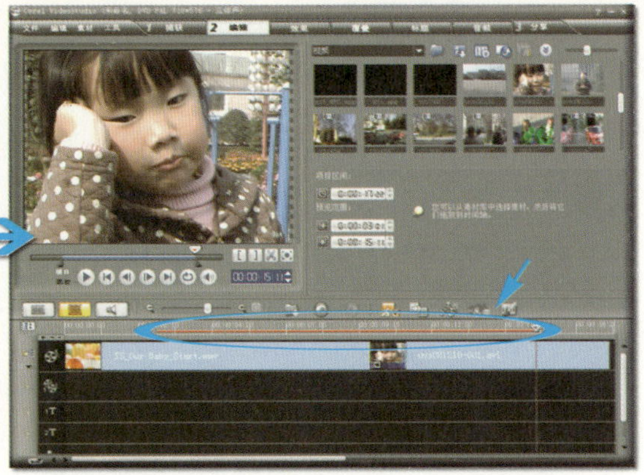

图11-48

如果鼠标移到◢或◣按钮上按左键不动，按一次◻或◻按钮，可往左边或右边移动1帧，便于精确定位。

开始 在开头、结尾和入、出点四个点上跳转，单击此按钮，会将▽**飞梭栏**往左边的特征点上跳转，如图11-49所示。

在**项目**状态下，如果在**时间轴标尺**下方标记了**章节点**或**提示点**，在按Shift键的同时，单击⏮按钮，会将▽**飞梭栏**往左边的**章节点**或**提示点**上跳转，如图11-50所示。※有关章节点或提示点的标记参见星期四133页※

图11-49

章节点

提示点

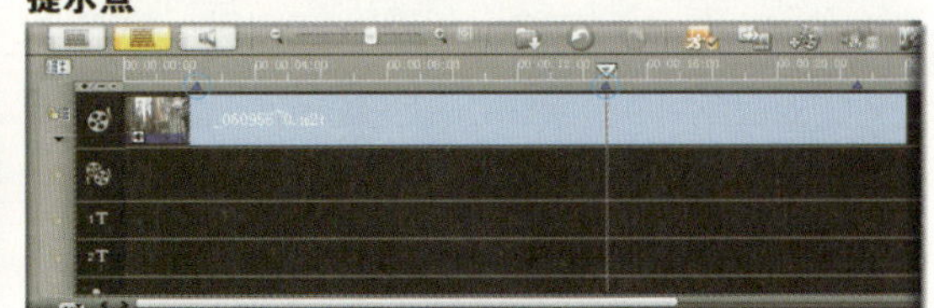

图11-50

结束 同样可以在开头、结尾和入、出点四个点及章节点和提示点上跳转，不同之处是，单击此按钮，会将▽**飞梭栏**往右边的特征点上跳转。

循环 单击此按钮，会变为⟳，表示循环功能有效，这时单击▶按钮，可反复预览从入点到出点的素材片段。

[开始标记 跟**修整拖柄**作用相同，用于设置素材的入点。将**飞梭栏**移到目标位置，然后单击此按钮，即可将该处确定为入点。

] 结束标记 跟**修整拖柄**作用相同，用于设置素材的出点。将**飞梭栏**移到目标位置，然后单击此按钮，即可将该处确定为出点。

剪辑素材 将一段素材裁切为两段。

如果当前选中的是**素材库**中的素材，当**飞梭栏**位于入、出点之间的有效范围内，此功能才有效，单击此按钮，即可从该位置将一段素材裁切为两段，并放置在**素材库**中，如图11-51所示。

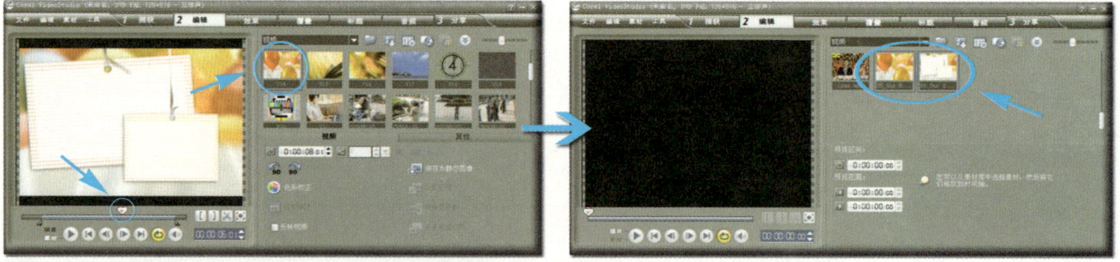

图11-51

如果当前选中的是**时间轴**上的素材或如果当前在**项目**状态下没有选中任何素材，当**飞梭栏**位于入、出点之间的有效范围内，此功能才有效，单击此按钮，即可从该位置将一段素材裁切为两段，如图11-52所示。

图11-52

胶片库

无论是通过修整拖柄功能，还是通过开始标记、结束标记功能来为素材库中的素材设置有效范围，其状态都会自动保存下来，以后只要在素材库中选中该素材，在预览窗口中就会显示相应的状态，这种做法一般称为初剪，因为在时间轴上往往还需进一剪辑。

时间码 可准确定位飞梭栏的位置，先来看一下这些数字分别代表什么，如图11-53所示。

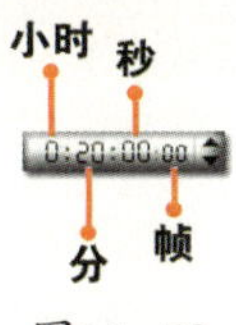

图11-53

单击目标数字，该数字即会闪动，直接输入新的数字，飞梭栏即可准确定位到相应的位置。在输入数字时最好输入两位数，如“5”输入为“05”，否则还得按↵键。

星期三
27～22℃
白天：多云
晚上：晴间多云
风力：≤2级

11.2.3 素材库

这里是所有素材的集散地，捕获的视、音频或图片将放置在此处，另外视频滤镜、转场效果和预置标题等也集中放置在此处，以方便调用和管理，如图11-54所示。

图11-54

画 廊 单击此项，会弹出下拉式菜单，如图11-55所示。执行不同的命令，将在**素材窗口**中显示相应的素材。

加载 根据**画廊**选项的不同，其功能随之改变。

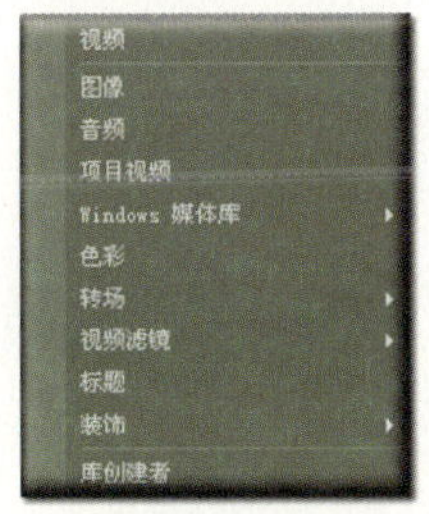

图11-55

※如果选择**视频**，其作用就变为**加载视频**，可将硬盘、光盘等介质上的视频导入到**素材库**中，单击此按钮，会弹出对话框，

如图11-56所示。

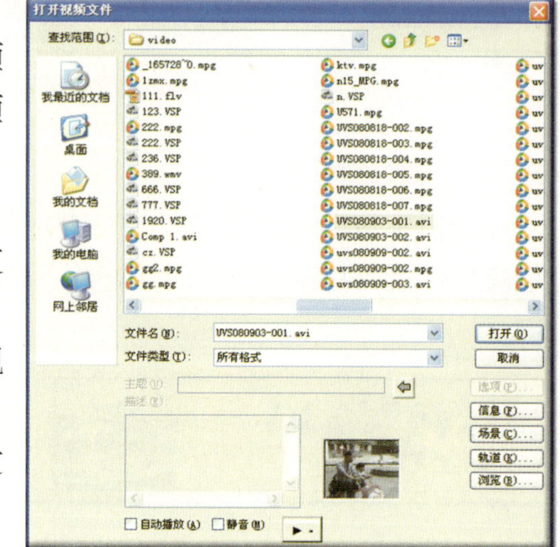

图11-56

打开(O)：在**文件窗口**中选中目标视频后，单击此按钮，即可将其导入，选中视频文件的方法有以下4种。

· 直接单击目标视频文件，可单选；

· 按Ctrl键的同时分别单击目标视频文件，可有选择地将单击的多个文件选中；

· 按Shift键的同时分别单击两个目标视频文件，可将两者间的所有文件全部选中；

· 按鼠标左键不动并拖移，则可将经过的文件全部选中，如图11-57所示。

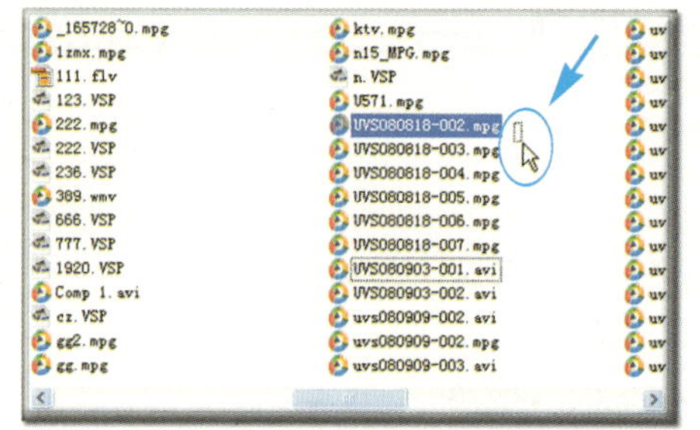

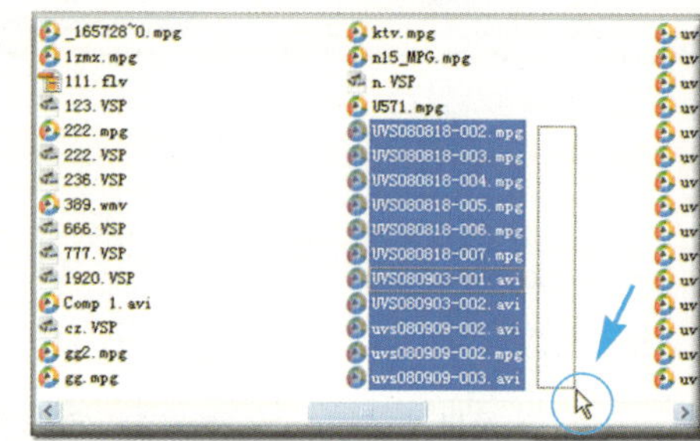

图11-57

取消：单击此按钮，可退出对话框。

信息(F)...：显示当前选中视频的文件大小、帧速率、编码方式等方面的具体信息。单击此按钮，会弹出对话框，如图11-58所示。

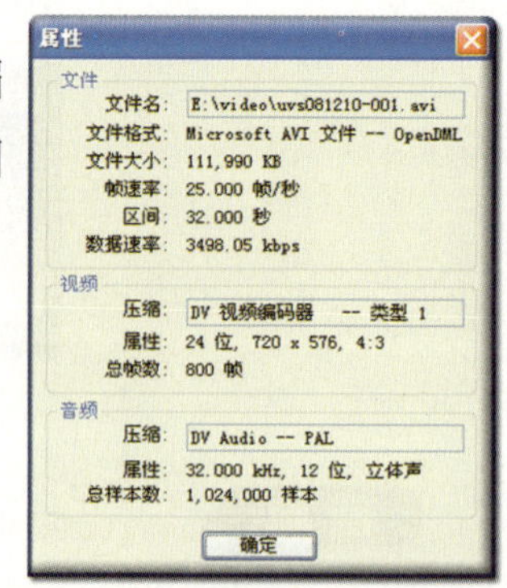

图11-58

场景(C)...：可对当前选中的视频按场景进行分段，单击此按钮，会弹出对话框，如图11-59所示。

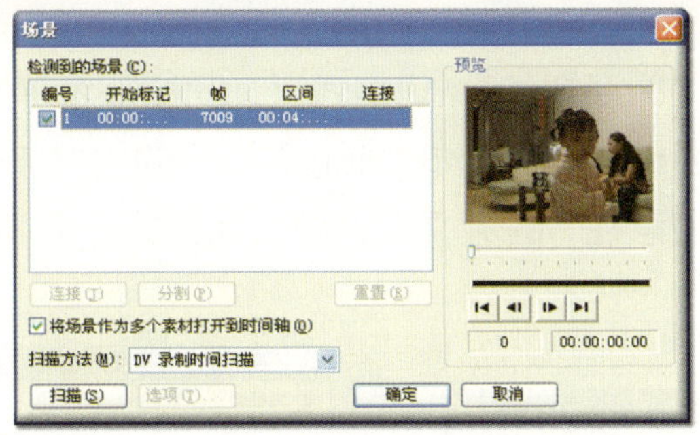

图11-59

检测到的场景：显示当前选中视频所包含的场景。

连接(T)：当检测到了两个以上的场景，此功能才有效，单击此按钮，可将当前选中的场景和其上方的场景合并，如图11-60所示。

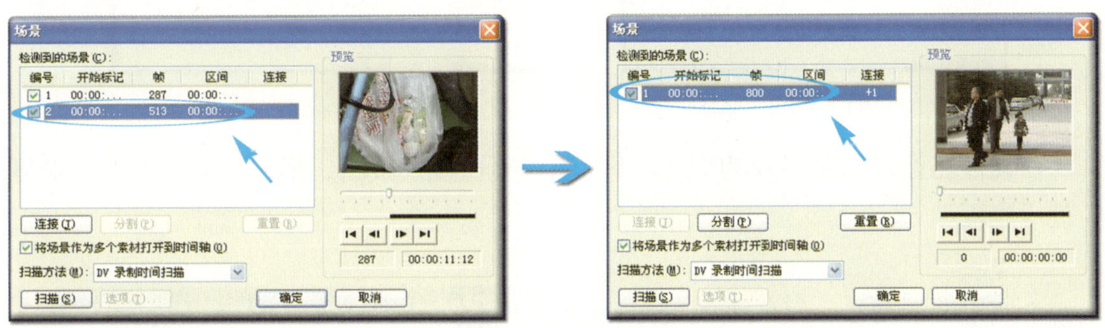

图11-60

分割(P)：如果当前选中的是合并过的场景，此功能才有效，单击此按钮，可将其再次分离。

重置(R)：单击此按钮，会将当前状态恢复到初始时的状态。

将场景作为多个素材打开到素材库：勾选此项，可将检测到的多个场景分别放置到**素材库**中；否则，将作为一个素材放置到**素材库**中。

扫描方法：选择**DV录制时间扫描**，在扫描时将以拍摄时间的不同来分段；选择**帧内容**，在扫描时将以场景来分段。

扫描(S)：单击此按钮，即可按指定的**扫描方法**对当前选中的视频进行扫描。

选项(T)...：当**扫描方法**选择**帧内容**时，此按钮才有效，可设置扫描的敏感度，值越大，越精确，单击此按钮，会弹出对话框，如图11-61所示。

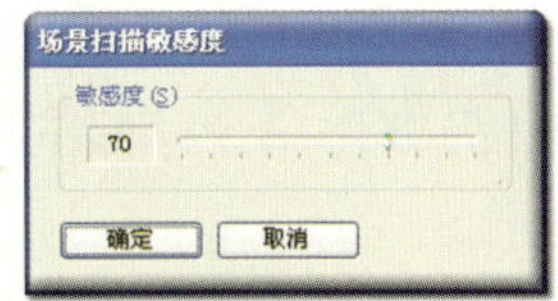

图11-61

预览：可预看当前选中的场景。

轨道(K)...：当前选中的视频是*.AVI格式时，此按钮才有效，可将其中的音频轨提取出来，转换为指定的音频格式，单击此按钮，会弹出对话框，如图11-62所示。

浏览(B)...：可用于搜索视、音频文件，单击此按钮，会弹出对话框，如图11-63所示。

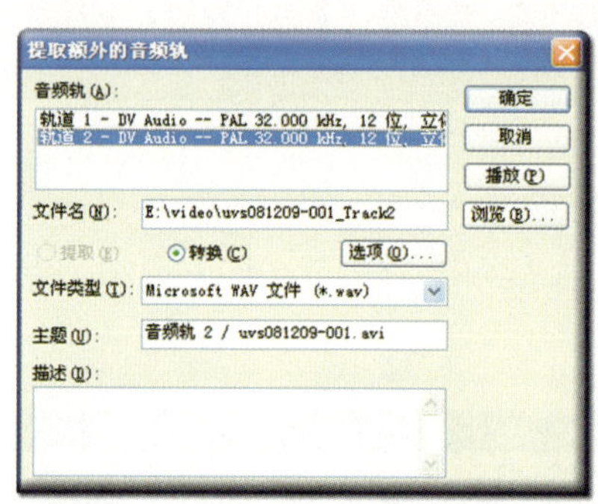

图11-62

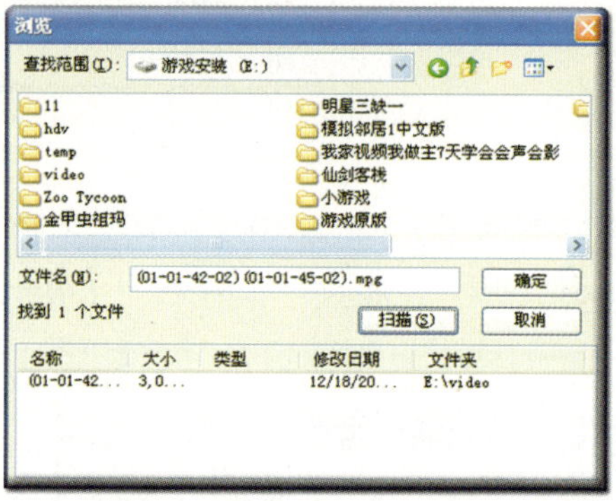

图11-63

在**文件名**处输入要寻找的文件名称，单击扫描(S)按钮，即可在指定的**查找范围**内进行搜索。

※如果选择**图像**，其作用就变为**加载图像**，可将硬盘、光盘等介质上的图像素材导入到**素材库**中，单击此按钮，会弹出对话框，如图11-64所示。

软件支持**TGA**、**JPG**、**BMP**等众多的图像格式。

图11-64

※如果选择**项目视频**，其作用就变为**载入项目**，这是很重要的功能，可将通过**文件|另存为**命令存储的项目导入到**素材库**中，单击此按钮，会弹出对话框，如图11-65所示。

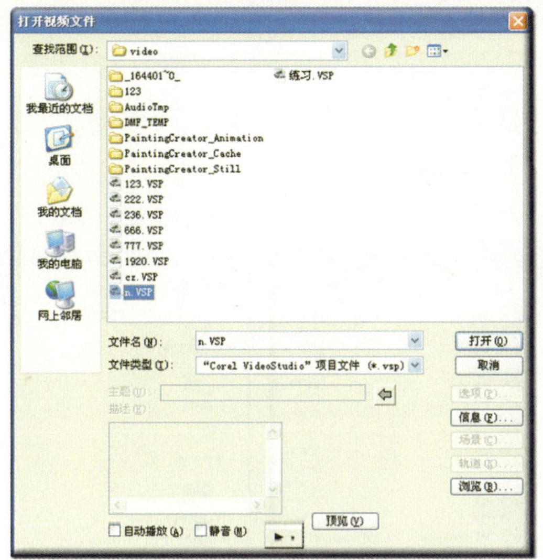

图11-65

以这种方式导入项目，会将其**时间轴**上的剪辑打包成一个文件，如图11-66所示。

通过文件 | 打开项目命令打开

在项目视频项导入

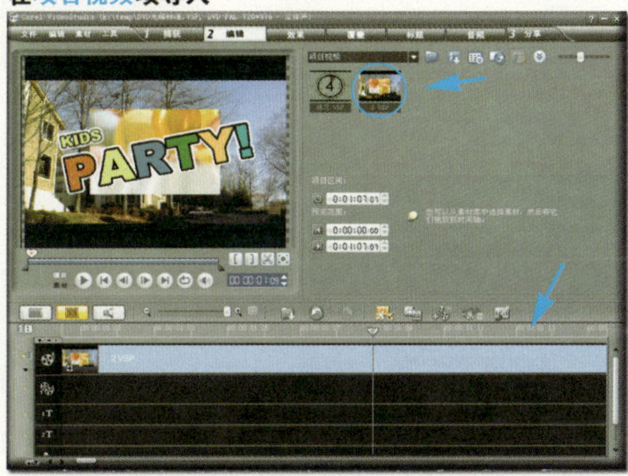

图11-66

这种方式常用于将分开剪辑的多个项目合并到一个项目中，而不必生成，便于随时编辑修改，而且还使得我们可以叠加无限多个轨道。看来会声会影有向专业级的包装软件如Adobe After Effects等看齐的倾向，其制作片头的手段也越来越强大。

※如果选择**色彩**，其作用就变为**加载色彩**，可在**素材库**中创建纯色图像，单击此按钮，会弹出对话框，如图11-67所示。

图11-67

单击色块，可设置需要的颜色。※有关颜色设置的详细介绍参见星期三120页※

※如果选择**装饰**，其作用就变为**加载装饰**，可将硬盘、光盘等介质上的**对象**、**外框**和**Flash动画**等素材导入到**素材库**中，单击此按钮，会弹出对话框，如图11-68所示。

画廊为对象和外框时

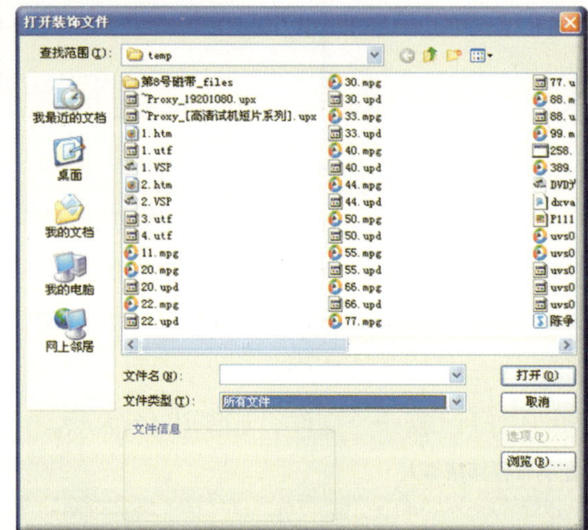

画廊为Flash动画时

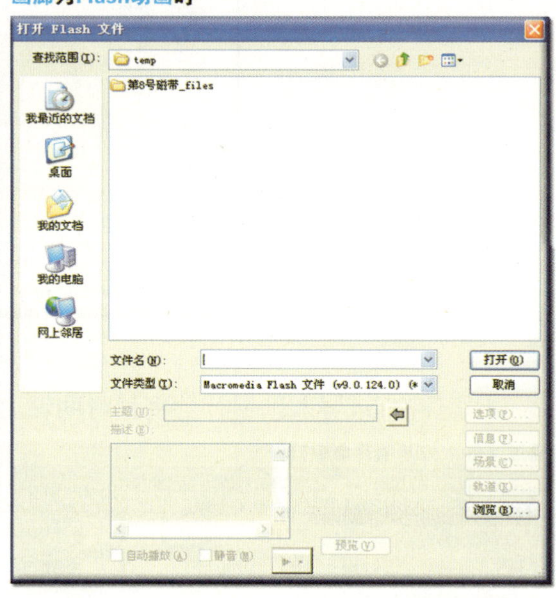

图11-68

其中**对象**和**外框**支持**PNG**、**TGA**、**JPG**、**BMP**等众多的图像格式，**Flash动画**支持**SWF**格式。

排序 对**素材库**中的素材按指定的方式进行排序，单击此按钮，会弹出下拉式菜单，如图11-69所示。

图11-69

按名称排序：按素材文件的名称进行排序。

按日期排序：按素材文件的创建时间进行排序。

删除：将当前选中的素材删除。

库创建者 可在**素材库**的**画廊**中创建子库，以便分类存放捕获或导入的素材，单击此按钮，会弹出对话框，如图11-70所示。

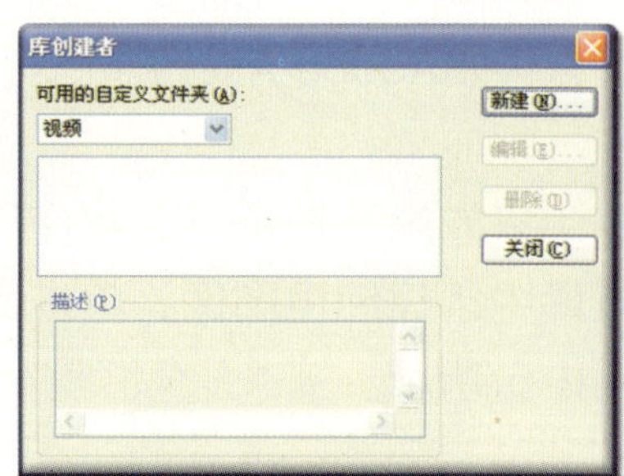

图11-70

可用的自定义文件夹：显示当前选择的**画廊**包含的子库，单击⌄按钮，会弹出下拉式菜单，可选择**画廊**。

[新建(N)...]：如果要在当前**画廊**下创建子库，单击此按钮，会弹出对话框，如图11-71所示。

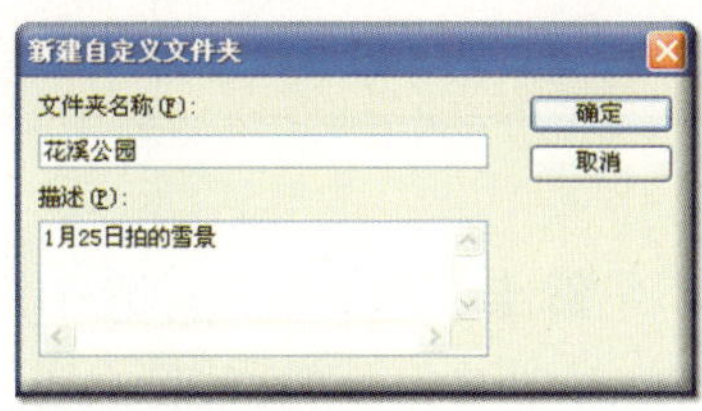

图11-71

文件夹名称：输入子库名称。

描述：可输入相关的说明。

[编辑(E)...]：可对当前选中的子库的名称和描述进行更改。

[删除(D)]：可将当前选中的子库删除。

导出到不同介质 当**画廊**选择**视频**时，此按钮才有效，可将当前选中的视频文件输出到不同的媒体，单击此按钮，会弹出下拉式菜单，如图11-72所示。

网页：可将选中视频输出到网页，执行此命令，会弹出对话框，如图11-73所示。

图11-72

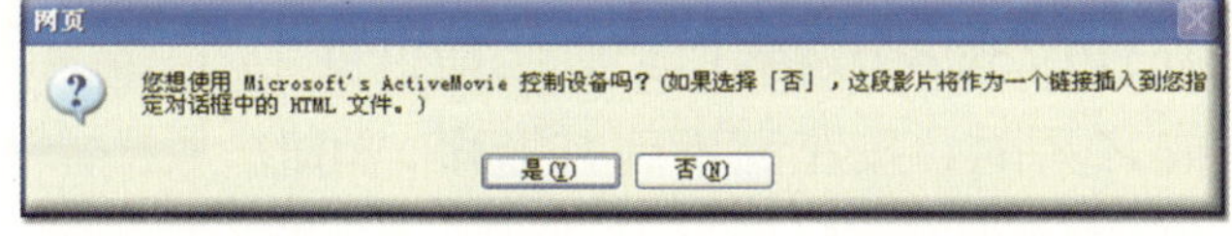

图11-73

单击[是(Y)]按钮，设置文件夹和文件名后，将创建为可直接播放的网页；单击[否(N)]按钮，设置文件夹和文件名后，将创建为显示链接路径的网页，如图11-74所示。

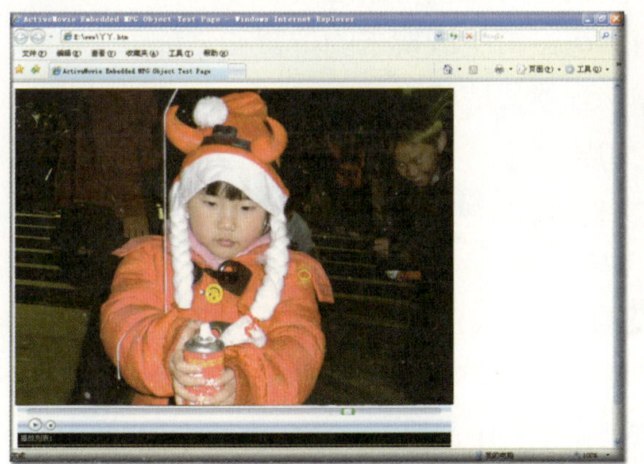

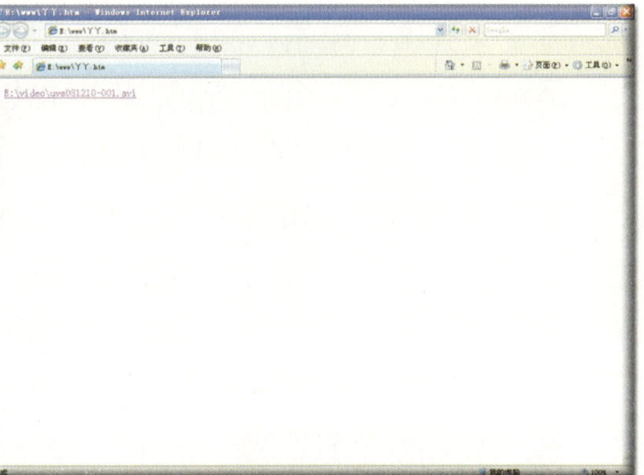

图11-74

电子邮件：可将当前选中的视频文件通过电子邮件直接发送出去，可惜只支持Microsoft Outlook Express。

胶片库

要特别注意的是，如果视频文件较大，千万别这样发，除了造成死机，永远也不会到达目的地。

贺卡：可将当前选中的视频文件输出为*.exe文件，用鼠标双击即可播放这张有声有色的贺卡，要注意的是，不支持*.AVI格式。执行此命令，会弹出对话框，如图11-75所示。

图11-75

背景模板：可选择预置的贺卡范本。

预览：可预览和编辑视频大小。将鼠标移到视频窗口上方，当指针变为✢时，按左键不动并拖移，可移动视频窗口的位置；将鼠标移到视频窗口边缘的8个定界点上，当指针变为⟷、↕或⤢等时，按左键不动并拖移，可改变视频窗口的大小。

宽度、高度、X、Y：显示当前视频窗口的大小和位置坐标。

保持视频宽高比：通过拖移缩放视频窗口后，往往会产生变形，勾选此项，将使视频窗口恢复为标准宽高比。

背景模板文件名：单击后面的[浏览(B)...]按钮，可更换背景图案。

贺卡文件名：单击后面的[浏览(B)...]按钮，可设置生成贺卡的位置和名称。

[添加(A) >>]：可将当前设置的贺卡样式存储到**背景模板**中。

[重置(T)]：将所有的变动复位为模板的初始状态。

影片屏幕保护：可将当前选中的视频文件输出为屏幕保护文件，要注意的是，只支持*.WMV格式。执行此命令，会弹出对话框，如图11-76所示。

在这里可直接将其设置为屏幕保护。

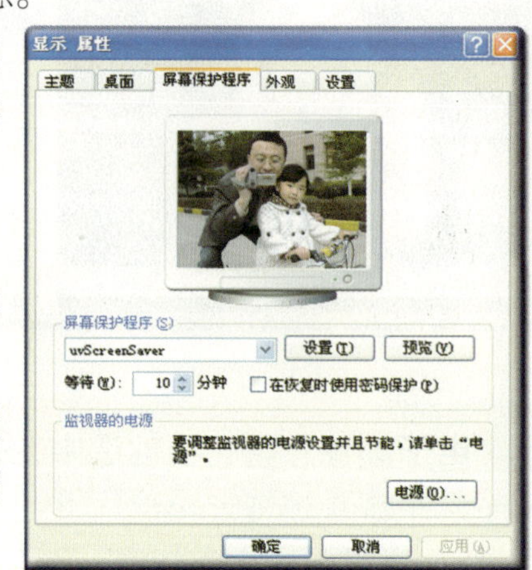

图11-76

应用转场效果 可在**时间轴**的**视频轨**上视频之间的连接处自动批量叠加指定的转场效果。在**画廊**选择**转场**项，并且在**时间轴**的**视频轨**上放置了两个以上的素材时，此按钮才有效，单击此按钮，会弹出下拉式菜单，如图11-77所示。

对视频轨应用随机效果：软件将随机选择转场效果自动批量添加到**视频轨**上视频之间所有的连接处。

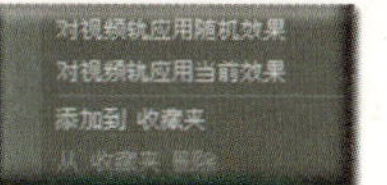

图11-77

对视频轨应用当前效果：可将当前在**素材库**中选择的转场效果自动批量添加到**视频轨**上视频之间的所有连接处。

添加到收藏夹：收藏夹一般用于存放自己常用的转场效果，以方便调用。在转场的**素材库**中选中转场效果后，此命令才有效，可将当前选中的转场效果添加到**转场**的**收藏夹**中。

从收藏夹删除：在**画廊**选择**转场**的**收藏夹**，并在其中选择转场效果后，此命令才有效，可将当前选择的转场效果从这里删除。

扩大/最小化素材库 切换**素材库**的显示界面，单击此按钮，会扩大或缩小显示界面，如图11-78所示。

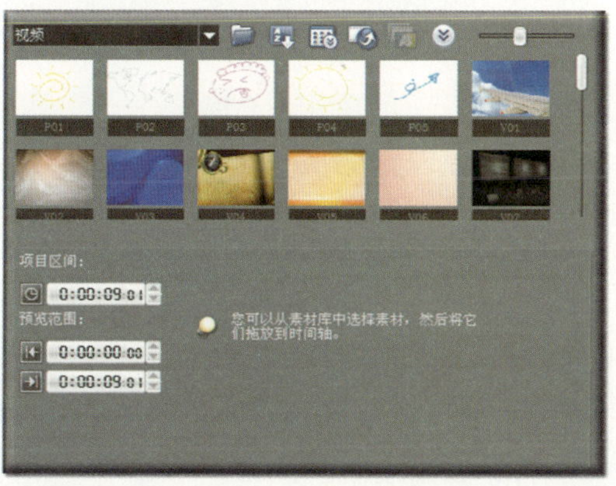

图11-78

放大/缩小缩略图 将鼠标移到滑块上按左键不动并往左边或右边拖移，素材缩略图将会缩小或放大，如图11-79所示。

图11-79

星期三
27－22℃
白天：多云
晚上：晴间多云
风力：<2级

11.2.4 选项面板

在缩小素材库时，此面板才会显示出来。选择不同的素材，其在**选项面板**上的显示、设置项都会不同。

1.视频和装饰 I Flash动画的选项面板

如果当前在**素材库**中或**时间轴**上选中的是视频或装饰素材时，其**选项面板**如图11-80所示。

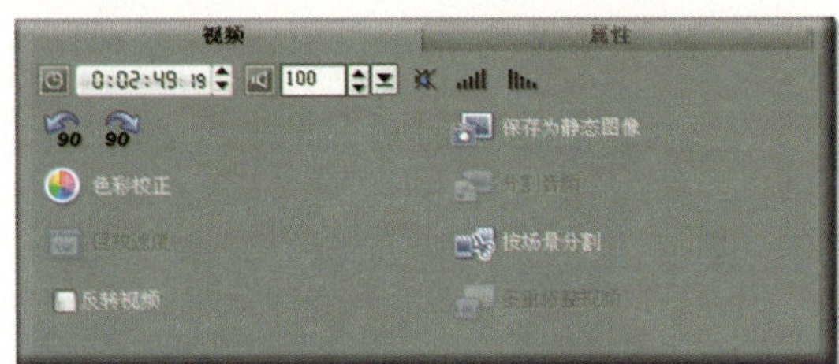

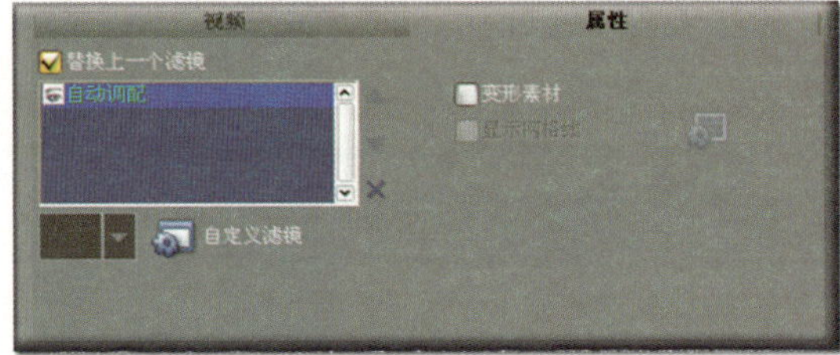

图11-80

视频区间 显示当前选中视频从入点到出点的时间长度，单击时间码上的数字，可直接设置视频的时间长度，这种方法改变的是出点的位置，而入点保持不变，如图11-81所示。

图11-81

音量 设置选中素材的音量大小，值越大，音量越大，直接在文本框中输入数字或单击▲或▼按钮，可增大或减小音量。还可以单击按钮，会弹出对话框，将鼠标移到滑块上按左键不动并向上方或下方拖移，也可改变音量，如图11-82所示。

图11-82

静音 单击此按钮，将禁用选中素材的声音，再次单击，则恢复正常。

淡入淡出 设置**视频轨**、**声音轨**或**音乐轨**中音频的淡入和淡出，单击或按钮，可使当前音频自动添加淡入或淡出，如图11-83所示。

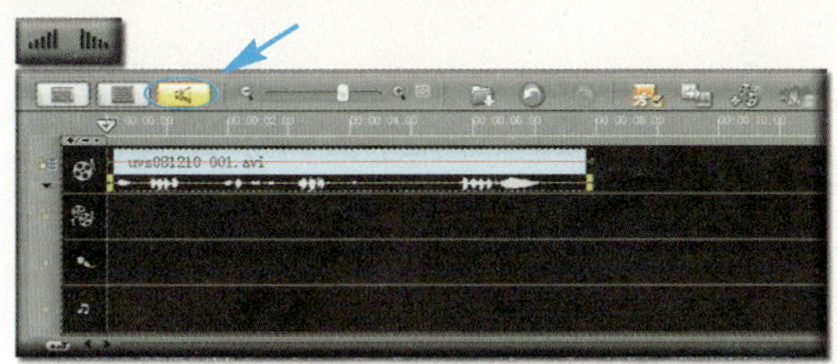
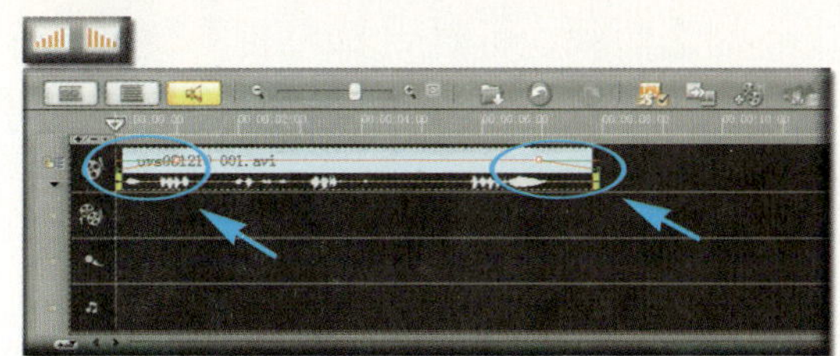

图11-83

淡入、淡出的时间长度由**文件 | 参数选择**命令中的**默认音频淡入/淡出区间**来设置，也可通过拖移来改变。※详细介绍参见星期六231页※

旋转视频 单击按钮，表示将当前选中视频逆时针旋转90度；单击按钮，则表示将当前选中视频顺时针旋转90度，如图11-84所示。

图11-84

色彩校正 对当前选中的视频色彩进行调整，单击按钮，界面将发生改变，如图11-85所示。

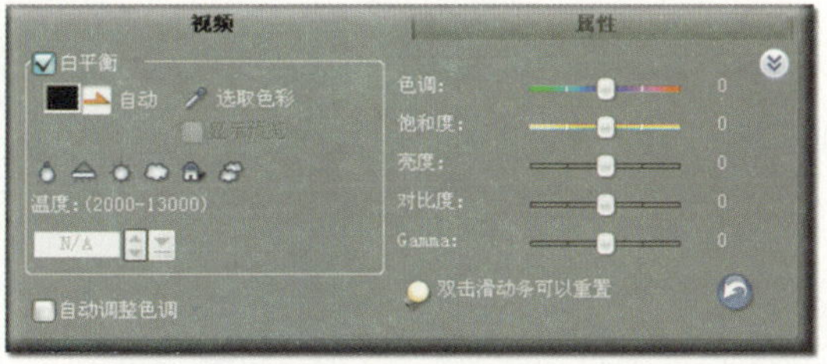

图11-85

白平衡：这是摄影摄像领域的专有概念，在不同的光线下，物体会呈现出不同的颜色，我们的眼睛会在不同的光源下自动进行调节，所以看到的都是物体本来的颜色，而摄像机或照相机等拍摄的视频或照片是否能真实地还原物体的色彩，需要依赖白平衡的设置，其本质是以画面中的白色为基色来还原其他的颜色。

专业的摄影师为了获得准确的色调，一般都是自己手动设置白平衡，而对于大多数普通用户来说，都是使用相机或摄像机的自动白平衡功能，由于是自动功能，这种偷懒的做法难免会出现偏差，所以有时需要在后期制作时对色彩进行校正。

勾选此项，可对更多的相关参数进行调节。

单击▼按钮，会弹出下拉式菜单，可对白平衡选择预置的强度，如图11-86所示。

鲜艳色彩
一般色彩
较弱
一般
较强

图11-86

鲜艳色彩：将视频的色彩处理得较浓。

一般色彩：将视频的色彩处理得较淡。

较弱：设置对色彩的影响程度，选择此项较弱。

一般：设置对色彩的影响程度，选择此项较强。

较强：设置对色彩的影响程度，选择此项最强。

自动：单击此按钮，软件将自动计算画面中的白点，以还原其他颜色，如图11-87所示。

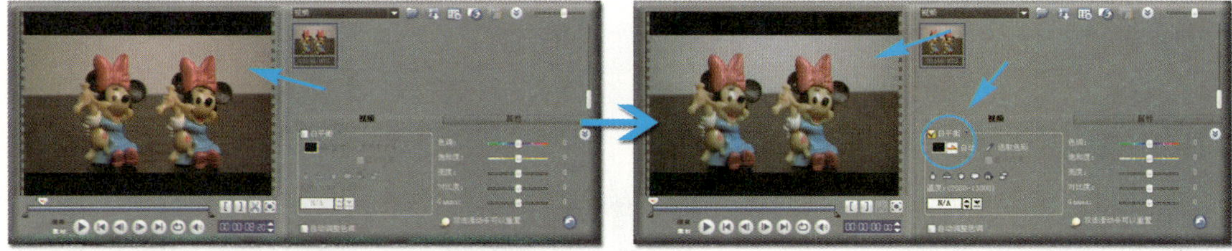

图11-87

此时白平衡的强度设置的是**一般色彩**和**较强**，画面中墙壁的颜色经过校正后，基本上恢复正常。

选取色彩：单击此按钮，可手动对画面中的颜色进行取样，将鼠标移到**预览窗口**中，指针会变为✐，单击画面中的颜色，可将画面色调处理成该颜色的补色，如选取的是蓝色，则会将画面色调调整为其补色——黄色调，如图11-88所示。

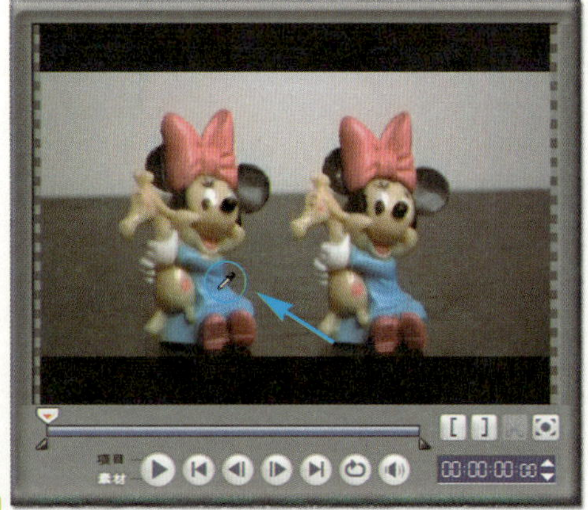

图11-88

色相轮可帮助我们掌握色调调整方向，其中对应颜色互为补色，如图11-89所示。

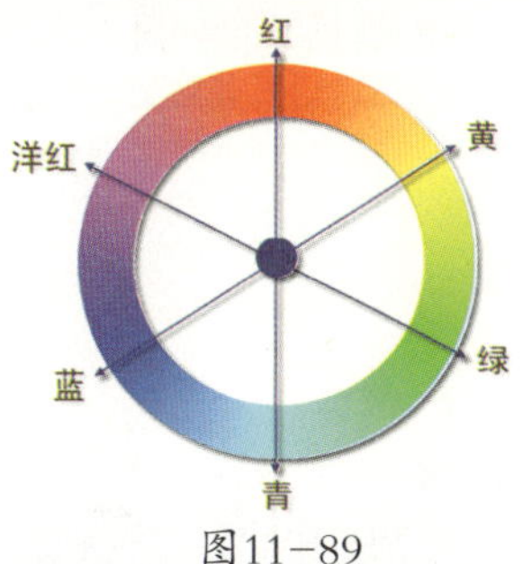

图11-89

如果对白色的点进行取样，则可正确还原画面本来的颜色，其作用同 **自动**功能相似，但如果画面中的白点不够白的话，仍然会产生色偏，所以一般情况下还是使用 **自动**功能或者选择下方预置的功能来纠正色偏要便捷一些。

显示预览：勾选此项，在对话框右侧将显示画面的预览，如图11-90所示。

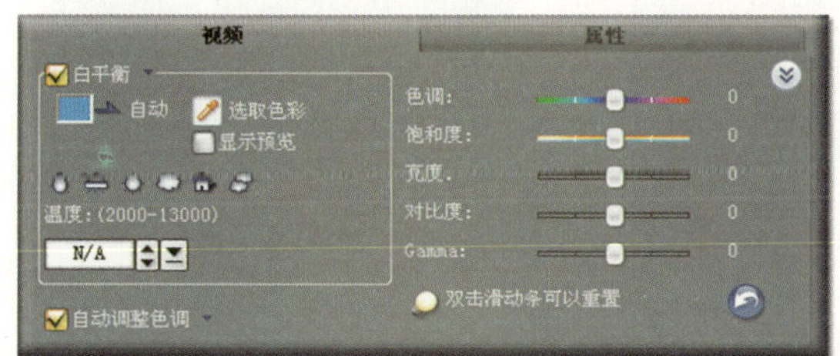

图11-90

：通过生活中常见的光照情况即色温来预设相应的白平衡。色温，是指一块黑色金属在加热过程中随温度升高而呈现出不同颜色，不同的光源具有不同的色温，所以根据拍摄时的光照环境来选择预置的选项，即可快速校正色偏。

温度：可直接在下方的文本框中设置色温的值，如图11-91所示。

光 源	色 温	光 源	色 温
晴空	8000～8500k	高压汞灯	3450～3750k
阴天	6500～7500k	暖色荧光灯	2500～3000k
夏日正午阳光	5500k	卤素灯	3000k
金属卤化物灯	4000～4600k	钨丝灯	2700k
下午日光	4000k	高压钠灯	1950～2250k
冷色荧光灯	4000～5000k	蜡烛光	2000k

图11-91

自动调整色调：勾选此项，软件将自动调整画面的明暗程度。也可选择软件预置的选项，单击▼按钮，会弹出下拉式菜单，如图11-92所示。

图11-92

从**最亮**到**最暗**，可调节画面色调的明暗程度，如图11-93所示。

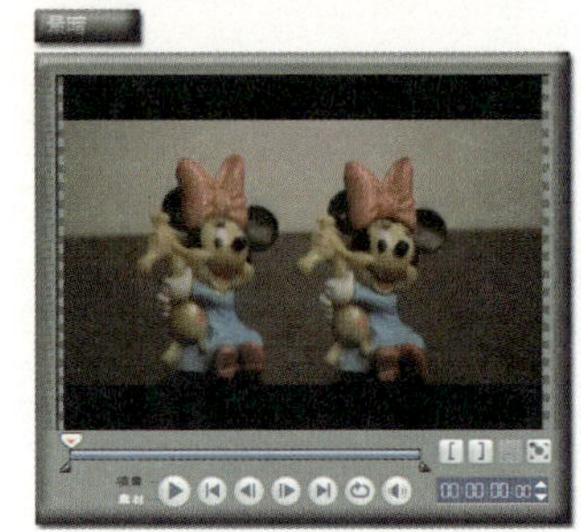

图11-93

色调：调整画面的颜色，将鼠标移到滑块上按左键不动并往左边或右边拖移，可以改变画面的色调，如图11-94所示。

图11-94

用鼠标双击滑块，即可恢复默认值。

饱和度：调整画面颜色的浓度，将鼠标移到滑块上按左键不动并往左边或右边拖移，可减弱或加深颜色，如图11-95所示。

图11-95

当**饱和度**为 - 100时，可将画面调整为黑白片。

亮度：调整画面亮度，将鼠标移到滑块上按左键不动并往左边或右边拖移，可减弱或加深亮度，如图11-96所示。

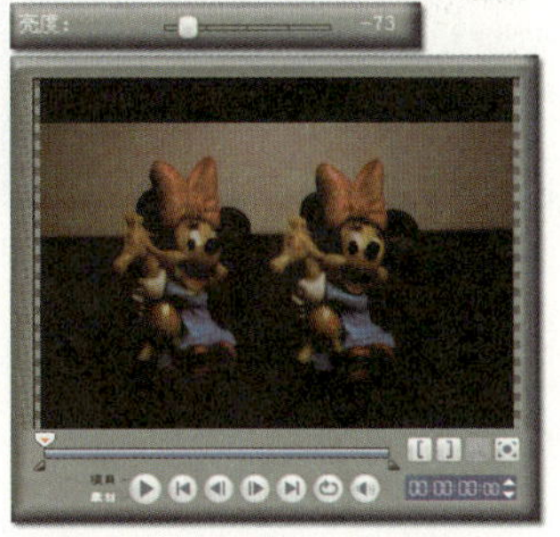

图11-96

对比度：调整画面中明暗像素的比值，将鼠标移到滑块上按左键不动并往左边或右边拖移，可减小或增大对比度，如图11-97所示。

图11-97

Gamma：用于校正画面的非线性失真，在调整时会检查画面中的深色和浅色部分，以便按比例对其进行调整，可提高画面的对比度效果，将鼠标移到滑块上按左键不动并往左边或右边拖移，可减小或增大对比度效果，如图11-98所示。

图11-98

复位：单击此按钮，会将**色调**、**饱和度**等的值全部复位为默认值0。

退出：单击此按钮，将退出色彩校正界面。

回放速度 只有在**时间轴**上选中视频时，此按钮才有效，可改变当前选中视频的播放速度，以将其处理成快动作或慢动作，单击此按钮，会弹出对话框，如图11-99所示。

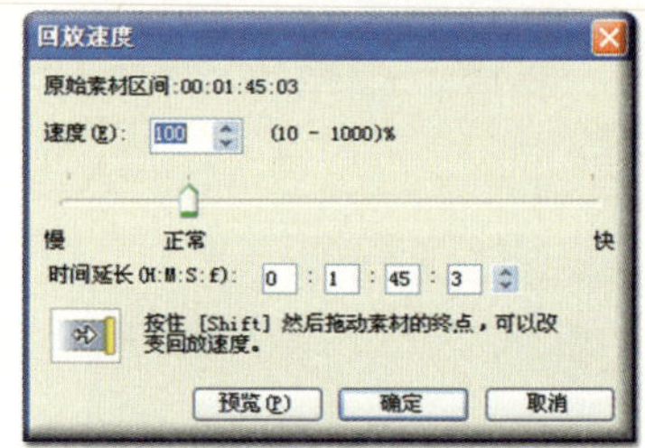

图11-99

速度：在文本框中输入速度值可改变视频的播放速度。100%表示正常速度，小于100%视频将变成快动作，大于100%视频将变成慢动作。

另一个方法是，将鼠标移到下方的滑块上按左键不动并往左边或右边拖移，也可减慢或加快视频的播放速度。

时间延长：当前显示的是选中视频的时间长度，可在文本框中直接输入想要改变的时间长度，小于原时间则会加快播放速度，大于原时间则会减慢播放速度。

还有一个办法，按Shift键的同时，将鼠标移到**时间轴**上目标视频的末端，当指针变为⇔时，按左键不动并往左边或右边拖移，同样可加快或减慢视频的播放速度。

反转视频 勾选此项，将反向播放当前选中的视频，也就是大家常说的倒放，通过这个功能，水可以倒流，人可以倒走。

保存为静态图像 在**素材库**中或**时间轴**上选中视频，并在**预览窗口**中将**飞梭栏**移到目标位置，单击此按钮，即可将当前画面存储为图片，如图11-100所示。

图11-100

主要用于将视频中的画面截图或制作定格画面。

分割音频 只有在**时间轴**上选中含有音频的视频时，此按钮才有效，单击此按钮，可将音频单独提取出来放置到**声音轨**上，如图11-101所示。

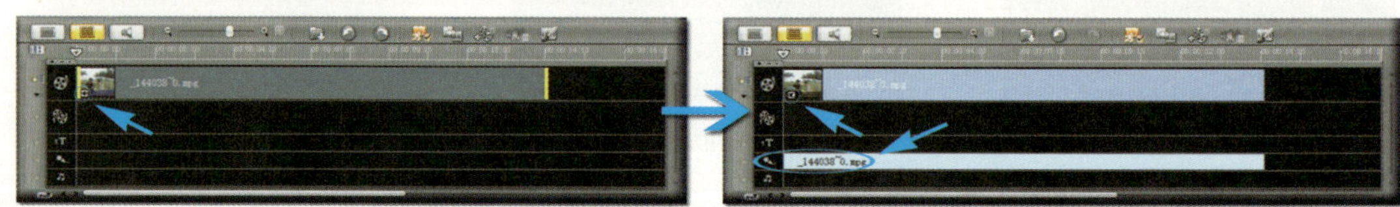

图11-101

按场景分割 对当前选中的视频按场景进行分割，单击此按钮，会弹出对话框，如图11-102所示。

多重修整视频 只有在**时间轴**上选中视频时，此按钮才有效，可在该素材中设置多组入、出点，将需要的多段画面一次就剪辑下来，可大大提高工作效率，单击此按钮，会弹出对话框，如图11-103所示。

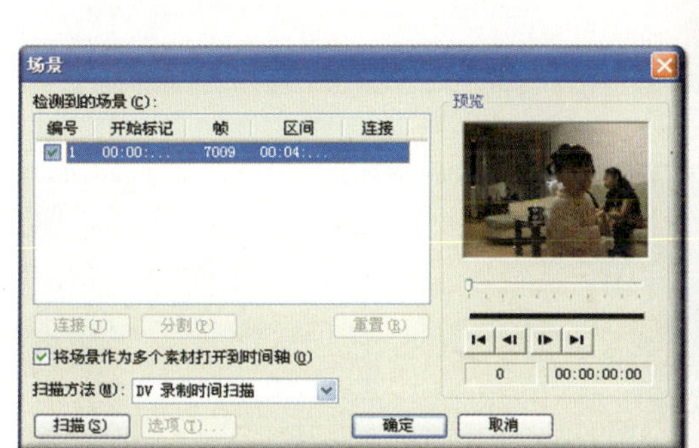

图11-102

图11-103

飞梭栏：将鼠标移到此按钮上按左键不动并往左边或右边拖移，可快速预览素材。

缩放时间轴：将鼠标移到滑块上按左键不动并往上方或下方拖移，可放大或缩小时间轴显示，如图11-104所示。

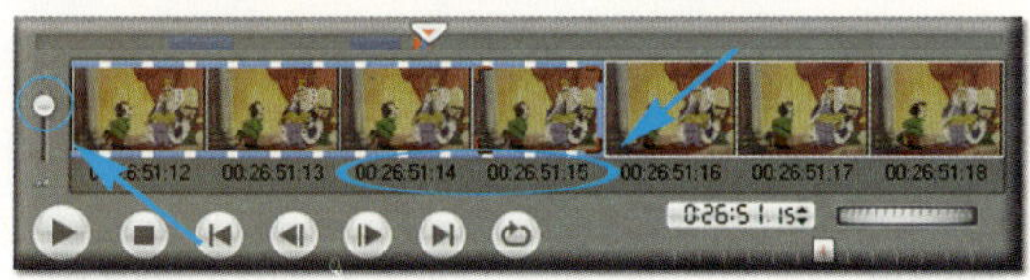

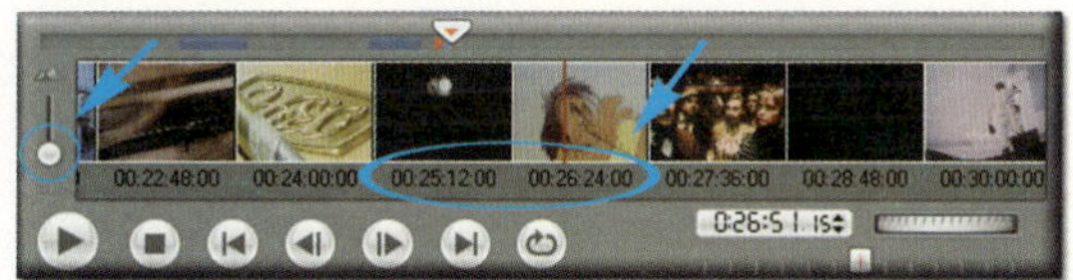

图11-104

从图中可以看出，当放大到最大值时，可逐帧显示画面，当缩小到最小值时，每1分12秒显示一帧画面。

飞梭轮：其作用跟**飞梭栏**相似，也是通过拖移预览素材，不同之处是，其搜索速度要慢一些。

快进/快退：将鼠标移到滑块上按左键不动并往左边或右边拖移到某个刻度上，可以快退或快进播放素材，每一格代表不同的播放速度，如图11-105所示。

[ ] **开始/结束**：设置素材的入出点，单击[或]按钮，可将飞梭栏当前所在位置设置为入点或出点，如图11-106所示。

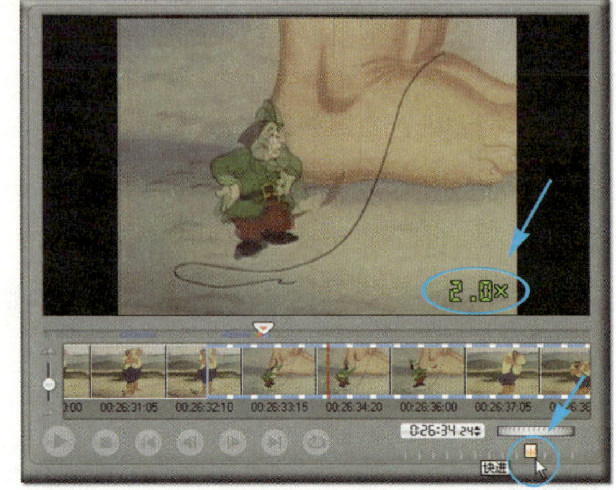

图11-105

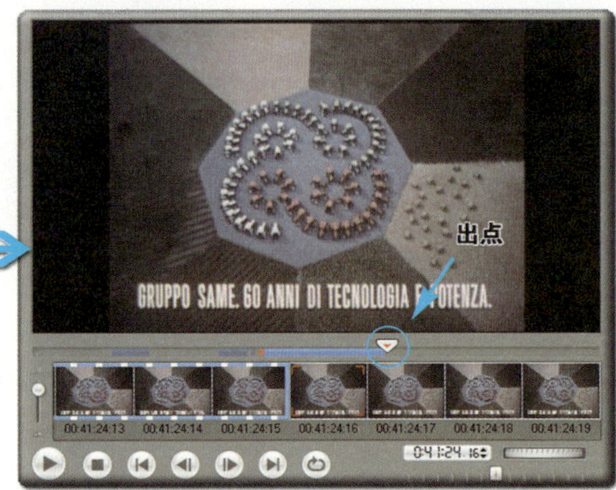

图11-106

反转选取：单击此按钮，可将入出点框选出的所有区段反向选取，如图11-107所示。

图11-107

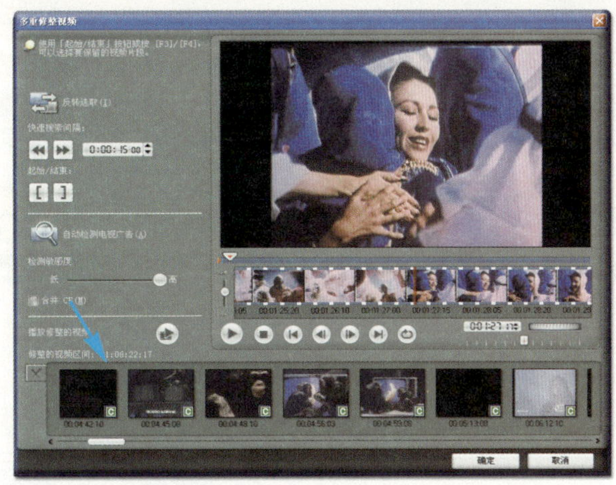
图11-108

0:00:15:00 **快速搜索间隔**：单击或按钮，将按指定的时间间隔快退或快进。

自动检测电视广告：单击此按钮，将自动对素材进行检测，可将其中的广告部分提取出来，放置到下方的**媒体列表**中，如图11-108所示。

它是以视频的长短来判断其是否为广告，准确性并不高，用于检测夹帧等超短画面倒是很有效。

胶片库

来帧，是视频行业的常用术语，一般是指剪辑视频时，在两段画面之间无意中编进了多余的、不需要的超短画面。

检测敏感度：设置检测广告的准确度，将鼠标移到滑块上按左键不动往左边或右边拖移，可降低或提高检测的敏感度。

合并CF：勾选此项，可将**媒体列表**中检测出来的广告进行合并。

播放修整的视频：单击此按钮，将播放**媒体列表**中当前选中的视频。

修整的视频区间：显示入出点框选出的所有区段的时间长度。

删除所选素材：单击此按钮，可将**媒体列表**中当前选中的视频删除。

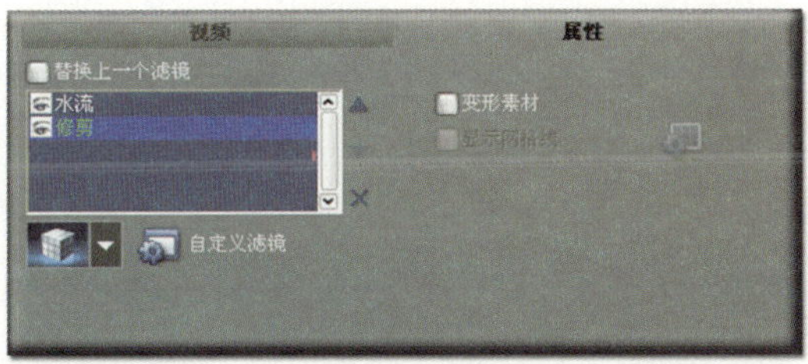

图11-109

至于**属性**选项卡，如图11-109所示，由于其主要是针对视频滤镜而设，这里不再赘述。※详细介绍参见星期三121页※

2.图像和装饰 I 对象、边框的选项面板

如果当前在素材库中或时间轴上选中的是图像或装饰素材时，其选项面板如图11-110所示。

图11-110

图像区间 只有选中时间轴上的图像或装饰素材时，此功能才有效，用鼠标直接单击时、分、秒或帧，在数字闪动时输入新的数字，按Enter键后，将改变其时间长度，如图11-111所示。

图11-111

还有一个办法，将鼠标移到时间轴上素材的边缘，当指针变为↔或↔时，按左键不动并往大箭头方向拖移，将增加其长度，往小箭头方向拖移，将缩短其长度，如图11-112所示。

图11-112

重新采样选项 只有选中**时间轴**上的图像或装饰素材时，此功能才有效，可改变图像的宽高比和添加运动效果。

设置宽高比：勾选此项，可设置图像的宽高比。单击按钮，会弹出下拉式菜单，如图11-113所示。

保持宽高比
调到项目大小

图11-113

保持宽高比：选择此项，将保持图像本身的宽高比。

调到项目大小：选择此项，会将图像的宽高比改变成项目设置的宽高比。

摇动和缩放：勾选此项，可为图像添加运动效果。

选择预置效果：单击此按钮，会弹出对话框，可以选择软件预置的20多种运动效果，如图11-114所示。

图11-114

胶片库

这个功能是很有用的，大家经常在婚宴上看到的为新人用婚纱照做的MV，那些动感的照片，通过软件预置的动作就可以很容易实现。

星期三
27～22℃
白天：多云
晚上：晴间多云
风力：≤2级

自定义：如果嫌软件预置的运动效果不合适，还可以单击此按钮，会弹出对话框，可通过对关键帧的设置，将当前选中的预置效果改造成自己需要的运动效果，如图11-115所示。

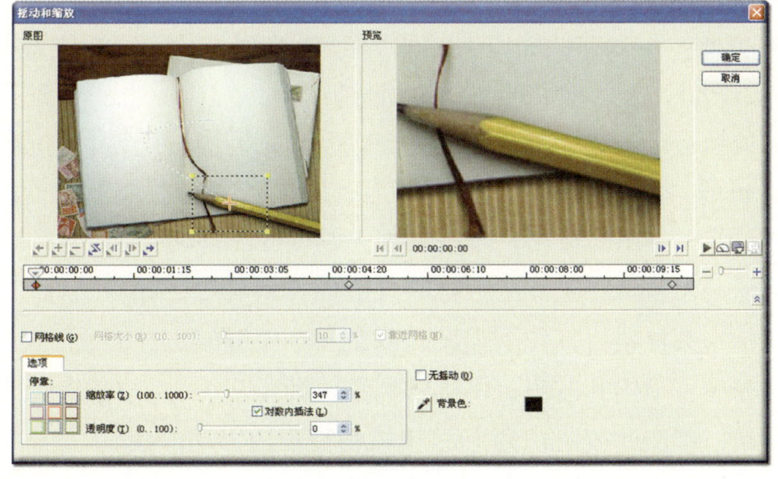

图11-115

原图：此窗口用于设置图像的运动效果。

预览：此窗口用于预览图像在当前帧的状态。

胶片库

关键帧是动画设计和视频特技中的重要元素，首先将画面的起始状态确定下来，然后再将画面的结束状态确定下来，中间的变化过程则可由软件自动计算，这就是设置关键帧的好处。

转到上一个关键帧：在关键帧之间跳转，单击此按钮，将跳转到上一个关键帧，如图11-116所示。

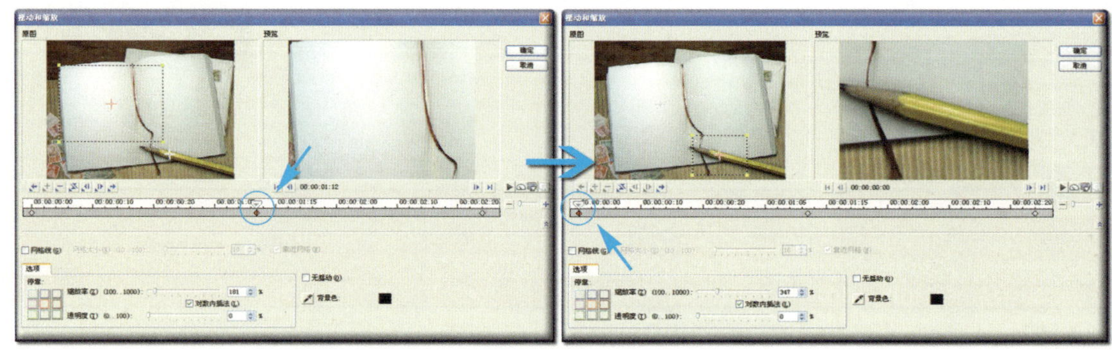

图11-116

添加关键帧：在时间轴标尺上，如果**飞梭栏**当前所处的位置没有关键帧，此按钮才有效，单击此按钮，将在当前位置添加一个关键帧，这时可对画面进行缩放、移动等设置。

删除关键帧：在时间轴标尺上，如果**飞梭栏**当前所处的位置有关键帧，此按钮才有效，单击此按钮，会将当前关键帧删除。

翻转关键帧：单击此按钮，会将关键帧反向，相当于视频的倒放。

将关键帧移到左边：在时间轴标尺上，如果**飞梭栏**当前所处的位置有关键帧，此按钮才有效，单击此按钮，可将当前关键帧往左移动一帧。

将关键帧移到右边：其作用跟**将关键帧移到左边**正好相反。

转到下一个关键帧：其作用跟**转到上一个关键帧**正好相反。

转到起始帧：单击此按钮，将跳转到第一帧。

左移一帧：单击此按钮，会将**飞梭栏**往左边移动一帧。

右移一帧：单击此按钮，会将**飞梭栏**往右边移动一帧。

转到终止帧：单击此按钮，将跳转到最后一帧。

▶播放：单击此按钮，将从飞梭栏当前所处的位置开始预览运动的效果。

启用设备：单击此按钮，将按照**更换设备**设置的方式进行预览。

更换设备：单击**启用设备**后，此功能才有效，可设置预览的方式，单击此按钮，会弹出对话框，如图11-117所示。

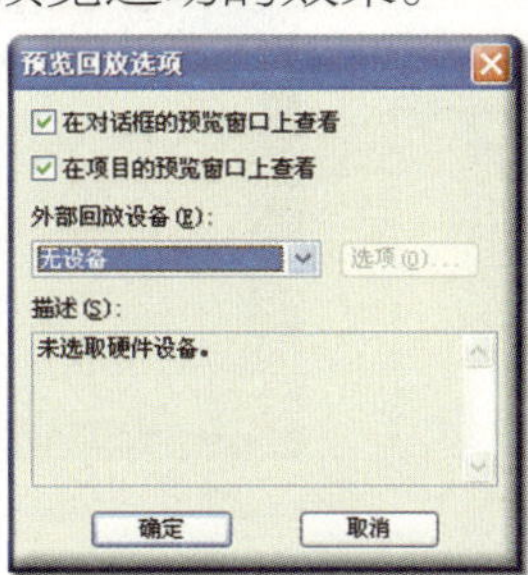

图11-117

其中，**在对话框的预览窗口上查看**表示在**摇动和缩放**的**预览**窗口上查看；**在项目的预览窗口上查看**表示在项目的**预览窗口**上查看；**外部回放设备**表示可在指定的**DV摄像机**等设备上查看。

缩放时间轴标尺：单击−按钮，将缩小标尺时间轴标尺；单击+按钮，将放大时间轴标尺；或者将鼠标移到滑块上按左键不动并往左边或右边拖移，也可缩小或放大时间轴标尺。

网格线：勾选此项，将在**原图**窗口中显示网格线，以辅助定位，如图11-118所示。

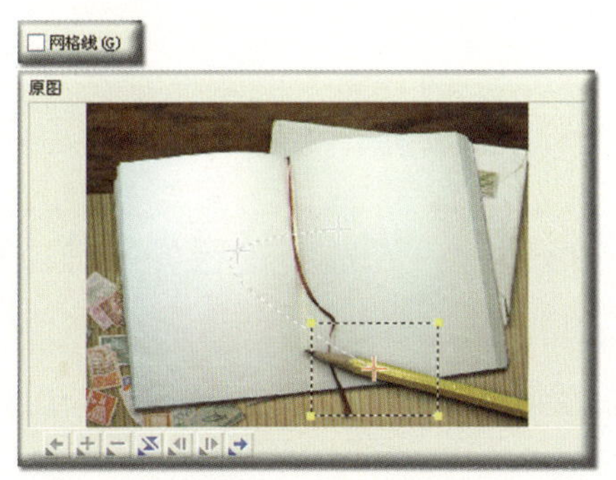

图11-118

网格大小：只有在勾选**网格线**后，此功能才有效，将鼠标移到滑块上按左键不动并往左边或右边拖移，可缩小或放大网格。

靠近网格：只有在勾选**网格线**后，此功能才有效，勾选此项，将鼠标移到**原图**窗口中图像的中心点+上按左键不动并拖移时，将等距移动；不勾选此项，将鼠标移到**原图**窗口中图像的中心点+上按左键不动并拖移时，可任意移动。

停靠：9个方块代表图像中的相应位置，单击某个方块，将移动素材到窗口中的相应位置，如图11-119所示。

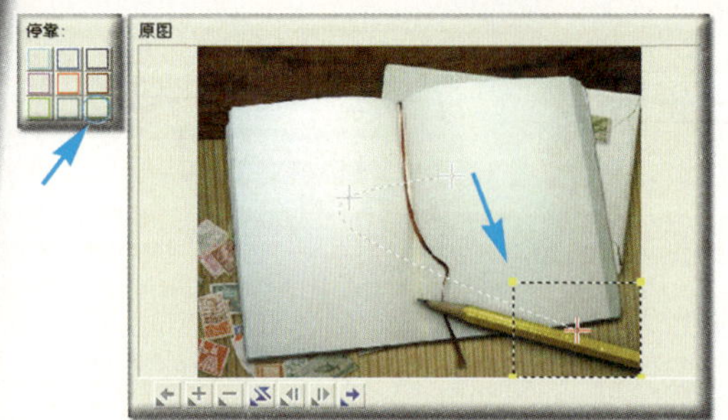

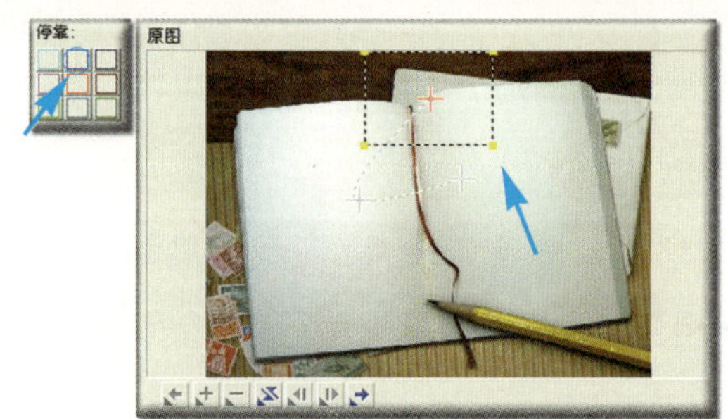

图11-119

缩放率：改变素材的大小，将鼠标移到滑块上按左键不动并往左边或右边拖移，可缩小或放大素材。

对数内插法：勾选此项，可对缩放素材的效果进行优化。

透明度：改变素材的透明度，将鼠标移到滑块上按左键不动并往左边或右边拖移，可减小或增大素材的透明度，0%表示不透，100%表示全透。

无摇动：勾选此项，将取消素材的移动，只能对其进行缩放。

背景色：单击此按钮，可在**原图**窗口中吸取素材中的颜色作为背景的颜色；也可以单击色块，通过**Corel色彩选取器**设置背景的颜色。

将素材缩小或改变其透明度，都会露出背景色。

3.色彩的选项面板

如果当前在**素材库**中或**时间轴**上选中的是色彩素材，其**选项面板**如图11-120所示。

色彩选取器 可设置当前选中的色彩素材的颜色，单击色块，会弹出下拉式菜单，如图11-121所示。

图11-120

图11-121

Corel色彩选取器：执行此命令，会弹出对话框，如图11-122所示。

拾色器：单击不同的拾色器，**色域窗口**将显示相应的选项，可根据需要指定颜色。

色域窗口：用于拾取颜色，将鼠标移到**色域窗口**中单击目标颜色即可将其选中。

预置颜色：软件预置的常用颜色。

RGB、HSB：这是颜色模式，直接在文本框中输入数值，可得到需要的颜色。

Hex：这是16位颜色码，直接在文本框中输入代码，也可指定需要的颜色。

网络安全：勾选此项，只有在网页中能正常显示的颜色可供选择。

Windows色彩选取器：执行此命令，会弹出对话框，如图11-123所示。

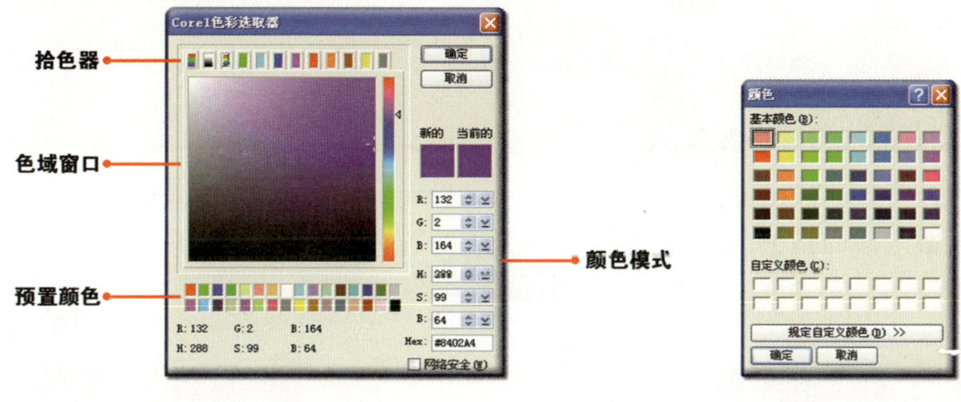

图11-122　　图11-123

基本颜色：软件预置的常用颜色。

自定义颜色：放置自己设置的颜色。单击下方的 规定自定义颜色(D) >> 按钮，将展开对话框，可自行对颜色进行设置，如图11-124所示。

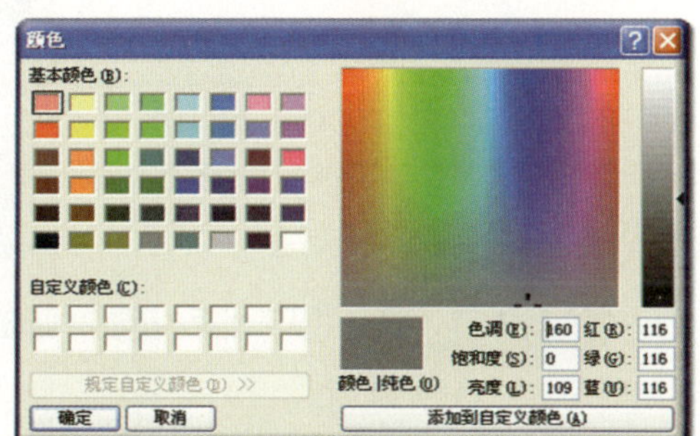

图11-124

设置好颜色后，单击 添加到自定义颜色(A) 按钮，即可将当前选中的颜色放置到**自定义颜色**窗口中，以便再次调用。

4.视频滤镜的选项面板

视频滤镜是一个激动人心的功能，软件预置了数十种特效，只需拖移到素材上就可以应用，让你转眼间就可把画面处理成油画、平移、旧底片、万花筒、漫画效果等等，轻易就能打造出好莱坞的梦幻效果。

如果当前在**素材库**中选中的是视频滤镜，其**选项面板**如图11-125所示。

图11-125

如果在**时间轴**上选中的是添加了视频滤镜的素材，其**选项面板**如图11-126所示。

图11-126

替换上一个滤镜 勾选此项，在**素材库**中将**视频滤镜**中的效果拖移到**时间轴**上的视频上时，将取代最后一次添加的滤镜；否则，对同一个视频可叠加最多达5个滤镜效果。

滤镜列表 显示添加到视频中的滤镜效果。

▲：单击此按钮，可向上选择滤镜。

▼：单击此按钮，可向下选择滤镜。

×：单击此按钮，可将当前选中的滤镜效果删除。

预置效果 在滤镜列表中选择滤镜效果，这里将显示相应的预置效果，不同的滤镜效果，其预置的效果数量是不同的，单击此按钮，会弹出对话框，如图11-127所示。

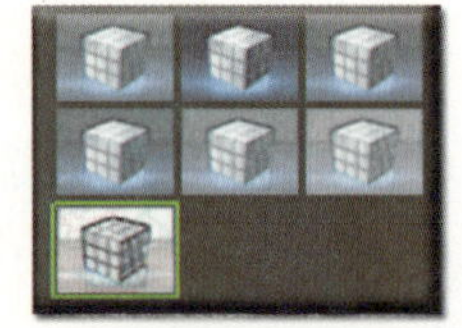

图11-127

上图是以**彩色笔**为例，预置了程度不同的10种效果。

自定义滤镜 在滤镜列表中选择滤镜效果，单击此按钮，会弹出对话框，可对该滤镜设置动态效果，如图11-128所示。

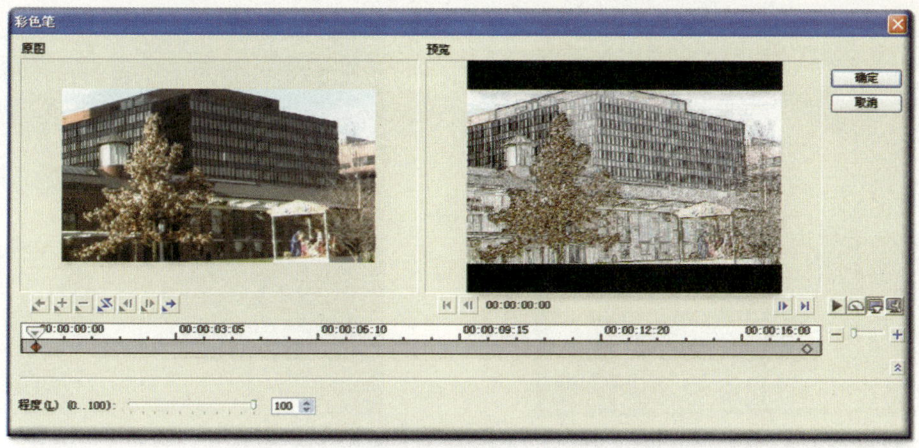

图11-128

程度：选择不同的滤镜效果，这里的参数项会随之改变。当前选择的是**彩色笔**，其参数项是**程度**，用于设置**彩色笔**的浓度，值越大，效果越显著。

通过关键帧的添加，可设置滤镜的动态效果。

变形素材 勾选此项，当前在**素材库**中或**时间轴**上选中的素材在**预览窗口**中会显示定界框，如图11-129所示。

图11-129

这时可对画面进行移动、变形等操作。

⊙移动画面

将鼠标移到**预览窗口**中，指针会变为✣，按左键不动并拖移，可移动画面的位置，如图11-130所示。

图11−130

⊙缩放画面

将鼠标移到**预览窗口**中素材的黄色定界点上，当指针变为↔、↕或⤢等时，按左键不动并拖移，可缩放画面，如图11-131所示。

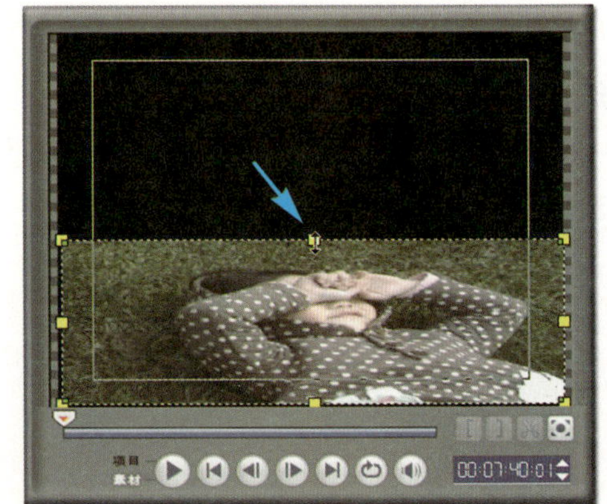

图11−131

⊙变形画面

将鼠标移到**预览窗口**中素材角点的绿色定界点上，当指针变为↖时，按左键不动并拖移，可任意变形画面，如图11-132所示。

图11-132

显示网格线 只有勾选**变形素材**后，此功能才有效，勾选此项，将在**预览窗口**中显示网格线，可用于辅助定位，如图11-133所示。

图11-133

单击后面的按钮，会弹出对话框，可对网格线进行设置，如图11-134所示。

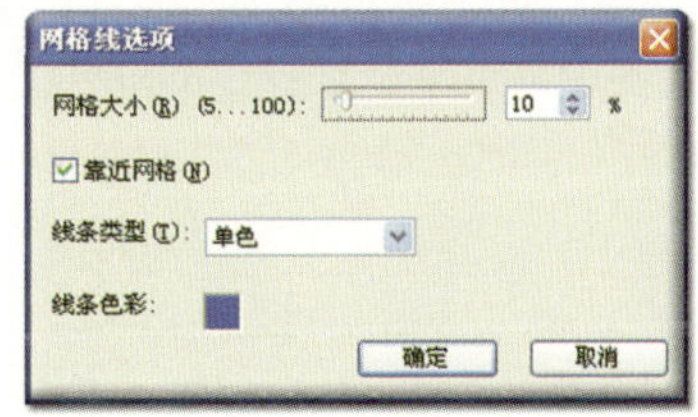

图11-134

网格大小：设置网格的大小，值越大，网格越大。

靠近网格：勾选此项，在**预览窗口**中移动素材时会自动吸附在网格边缘。

线条类型：选择线条的形状，单击按钮，会弹出下拉式菜单，如图11-135所示。

线条色彩：单击色块，可设置线条的颜色。

图11-135

11.2.5 时间轴

由于**时间轴**是制作节目的重要平台，所以单列一章进行讲解。※详细介绍参见星期四128页※

星期四

- 学习时间轴的操作，可改变素材的入出点、位置、长度和速度等；
- 通过右键菜单快捷调用命令；
- 转场效果的添加和设置；
- 通过覆叠画面制作画中画效果、抠像效果和飞像效果。

08:30-10:00 AM

第12章 编辑之时间轴和右键菜单

下面继续对编辑步骤进行学习。

时间轴是剪辑节目的操作平台，如果说预览工具栏是对单个的素材进行初剪，那么时间轴则是对整个节目进行精剪，在这里可以对视频、图像等进行各种形式的拼接，为它们添加各种效果、说明文字，另外还可以为其配上音乐，并最终输出为光盘或各种多媒体文件，完全可以称其是家庭梦工厂的生产线。

本章除了学习**时间轴**的构成和操作外，还将对**编辑**步骤中的右键菜单进行学习。

12.1 时间轴的构成

时间轴是由**时间轴工具栏**、**时间轴标尺**和**视频轨**、**音乐轨**等节目轨三要素组成，如图12-1所示。

图12-1

12.1.1 时间轴三要素

时间轴工具栏放置了一些在**时间轴**上进行剪辑时常用的工具按钮，**时间轴标尺**则用于标示节目的长度，而**节目轨**则用于分类放置相应的素材，它们是组成**时间轴**的三要素。

故事板视图 以缩略图的方式显示**视频轨**上的每一段素材及转场特效，单击此按钮，节目轨会变为如图12-2所示。

图12-2

在项目较长时，这种视图便于快速浏览和搜索到目标素材，也便于添加或修改素材之间的转场特效。

时间轴视图 将完整地显示每一段素材及转场特效，视频、音频和字幕等轨道都将分开显示，便于编辑修改，是最常用的状态，单击此按钮，节目轨会变为如图12-3所示。

图12-3

音频视图 将显示**视频轨**、**声音轨**和**音乐轨**上音频的波形，便于调整音频大小，单击此按钮，节目轨和**选项面板**会变为如图12-4所示。

图12-4

※有关音频调节的详细介绍参见星期六218页※

缩放时间轴标尺 单击或按钮，可以缩小或放大时间轴标尺；或将鼠标移到滑块上按左键不动并往左边或右边拖移，也可以缩小或放大时间轴标尺。

将项目调到时间轴窗口大小 单击此按钮，会将项目进行缩放，以全部显示出来，如图12-5所示。

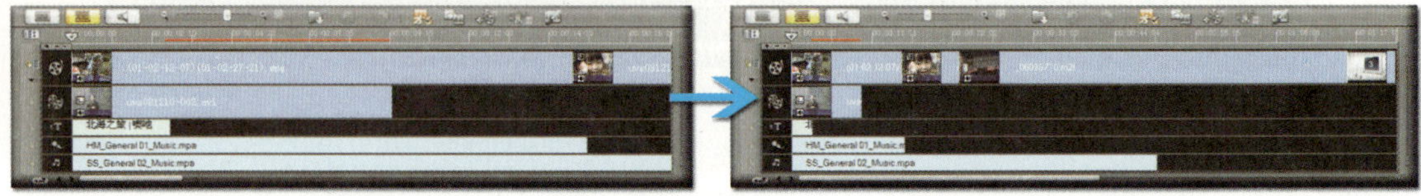

图12-5

将媒体文件插入到时间轴 可以将视频、数字媒体、图像等直接导入到时间轴上，其作用同**文件 | 将媒体文件插入到时间轴**命令一样。单击此按钮，会弹出下拉式菜单，如图12-6所示。

可以通过菜单选择需要导入的素材。

撤消 其作用同**编辑 | 撤消**命令一样。单击此按钮，将恢复到上一步的状态。

重复 其作用同**编辑 | 重复**命令一样。单击此按钮，将还原**撤消**。

启用/禁用智能代理 启用或禁用智能代理，跟**文件 | 参数选择**命令中的**智能代理**项配合使用。

单击此按钮，会弹出下拉式菜单，如图12-7所示。

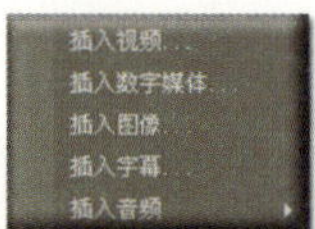

图12-6

图12-7

启用智能代理： 执行此命令，将启用智能代理，再次执行，则会取消智能代理。启用时，在**捕获**步骤捕获视频时，如果其分辨率大于创建智能代理文件设定的值，将一开始就为其创建智能代理文件，其特征是在缩略图上方有一个标志；另外，如果往节目轨上放置的素材分辨率大于设置的值时，也会自动创建代理文件，如图12-8所示。

图12-8

智能代理管理器： 对启用了智能代理的所有素材进行管理。执行此命令，会弹出对话框，如图12-9所示。

全部选取：单击此按钮，会将所有素材全部勾选。也可以用鼠标有选择性地勾选。

翻转选取：单击此按钮，将取消当前素材的选择，而将未选取的素材勾选。

删除选择的代理文件：单击此按钮，将当前选中素材的代理文件删除，以取消其智能代理。

智能代理队列管理器： 显示当前等待创建的智能代理文件，以及生成的进度。在创建智能代理文件时，由于会持续一段时间，所以如果有多个文件需要创建，就会在此排队等候，执行此命令，会弹出对话框，如图12-10所示。

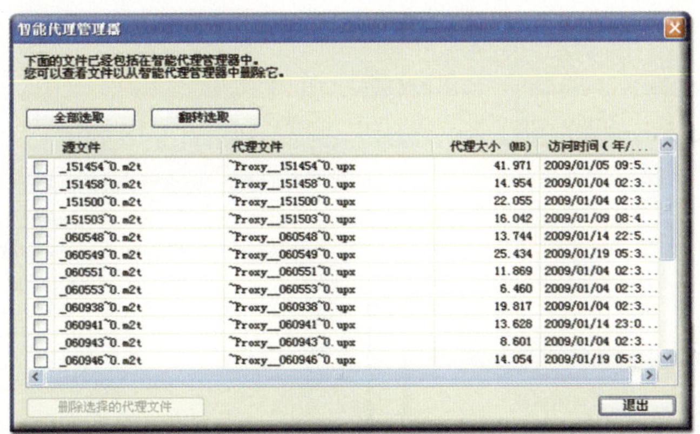

图12-9

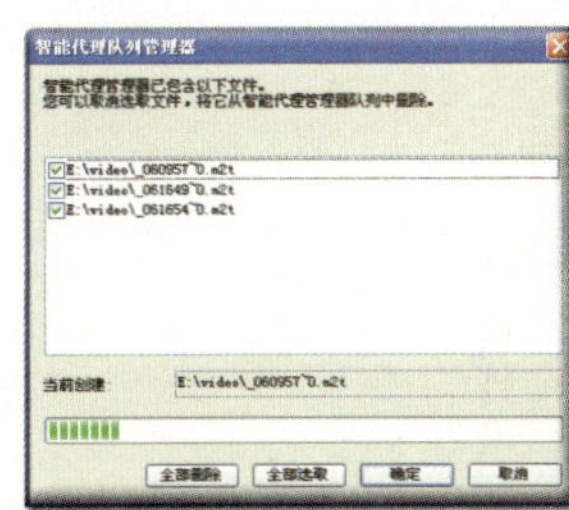

图12-10

全部删除：单击此按钮，会将所有素材取消勾选。单击确定按钮后，将删除队列中所有的代理文件。也可用鼠标有选择性地取消勾选，只删除未勾选的代理文件。

全部选取：单击此按钮，会将所有素材全部勾选。

设置： 执行此命令，将调用**文件 | 参数选择**命令中的**智能代理**项。

成批转换 可批量将不同格式的文件转换成同一个格式。单击此按钮，会弹出对话框，如图12-11所示。

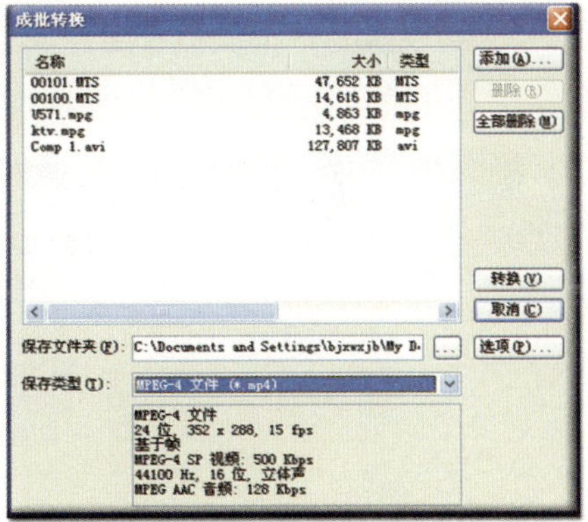

图12-11

添加(A)...：单击此按钮，会弹出次级对话框，可将需要转换的视频文件添加到列表中。

删除(R)：单击此按钮，可将当前选中的视频从列表中删除。

全部删除(M)：单击此按钮，可将所有视频从列表中删除。

转换(V)：单击此按钮，可将列表中的所有视频转换为指定的格式。

选项(P)...：单击此按钮，会弹出次级对话框，可对**保存类型**指定的转换格式进行更多的设置。其中，勾选**保存到库**，表示将视频文件转换并保存到指定文件夹后，还会放置到**素材库**中供调用。

保存文件夹： 单击 ... 按钮，可指定将视频文件转换后存储的位置。

保存类型： 单击 ▾ 按钮，会弹出下拉式菜单，可指定转换的格式，如图12-12所示。

轨道管理器 对轨道进行管理，添加或删除各种轨道，其中灰色显示的轨道是软件默认的，不可更改。单击此按钮，会弹出对话框，如图12-13所示。

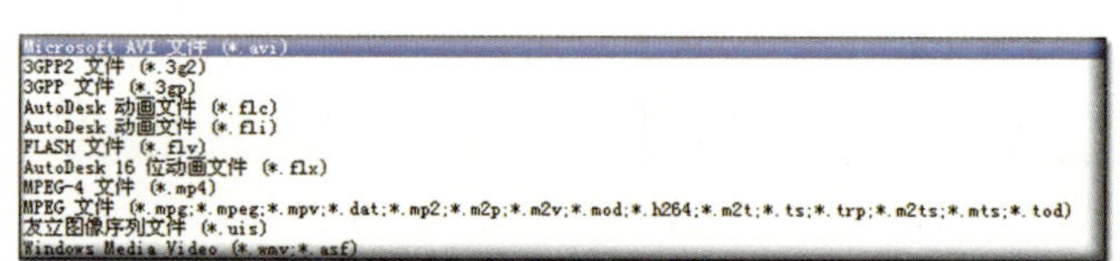

图12-12

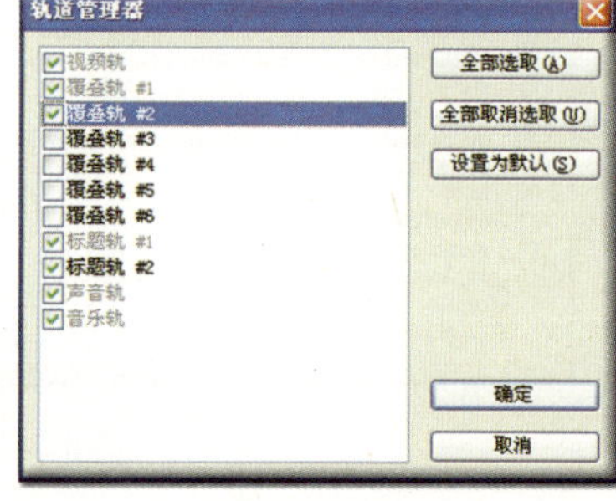

图12-13

全部选取(A)：单击此按钮，可将所有轨道全部勾选，以添加到时间轴上。也可用鼠标有选择性地勾选轨道。

全部取消选取(U)：单击此按钮，可将所有轨道全部取消勾选，以从时间轴上清除。

设置为默认(S)：单击此按钮，可将当前设置的轨道作为软件的默认状态，每次启动软件时，都会显示相应的轨道。

启用/禁用5.1环绕声 单击此按钮，可启用5.1环绕声，如图12-14所示，再次单击，则会取消。※详细介绍参见星期六232页※

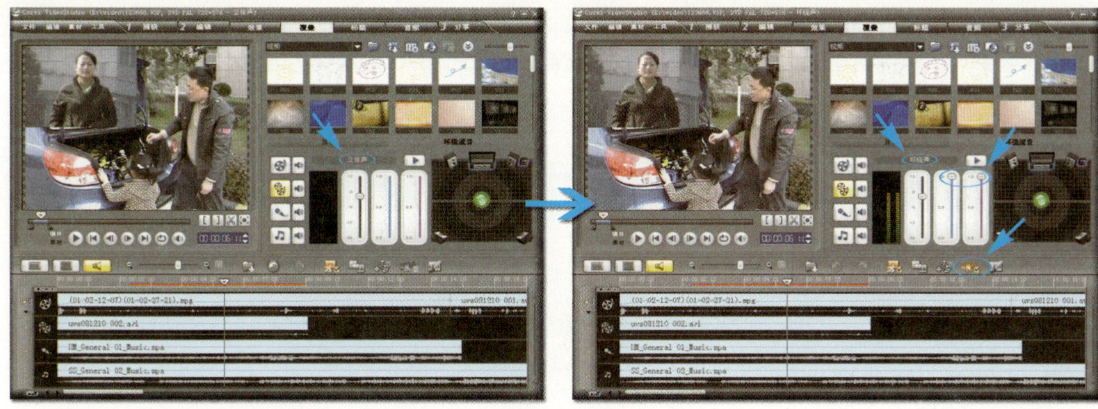

图12-14

绘图创建器 可以自由绘制图画、手写片名、描摹影像等，甚至还可将绘画或书写的过程录制下来，为影片增加了更多的娱乐性。※详细介绍参见星期五179页※

显示全部可视化轨道 适用于轨道较多的情况，单击此按钮，将显示所有轨道，再次单击，将隐藏部分轨道，如图12-15所示。

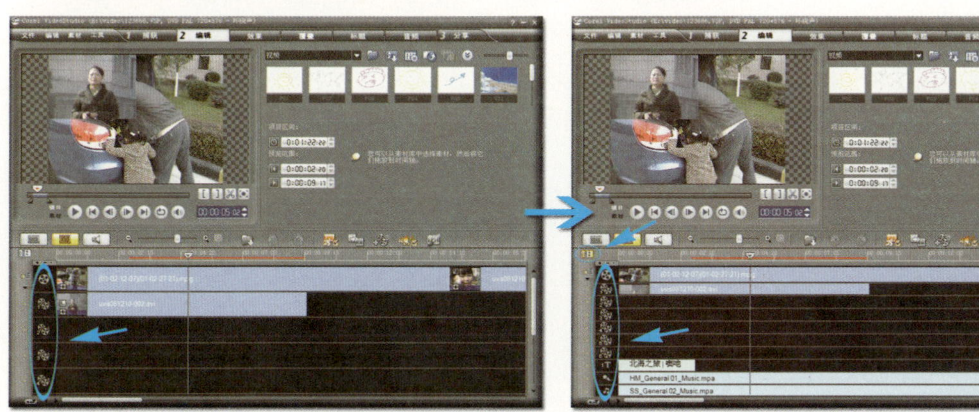

图12-15

+/- 添加/删除 提示点/章节点 为节目轨上的关键位置标记提示点，对于剪辑较长的影片，方便快速搜索定位；标记章节点，除了同样具有定位功能外，还可在输出为光盘时作为影片分段，便于观众在播放光盘时按章节找到想看的内容。※有关章节点的作用参见星期六248页※

单击▼按钮，会弹出下拉式菜单，如图12-16所示。

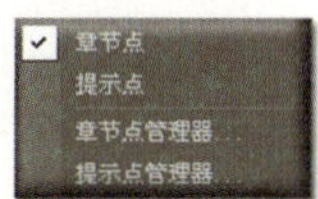

图12-16

章节点：执行此命令，然后将▽**时间轴滑块**移到需要添加章节点的位置，单击

+/—按钮，即可在**时间轴标尺**下方的栏上添加一个黄色的章节点，其实最简便的方法是，将鼠标直接移到该位置单击，即可添加章节点，如图12-17所示。

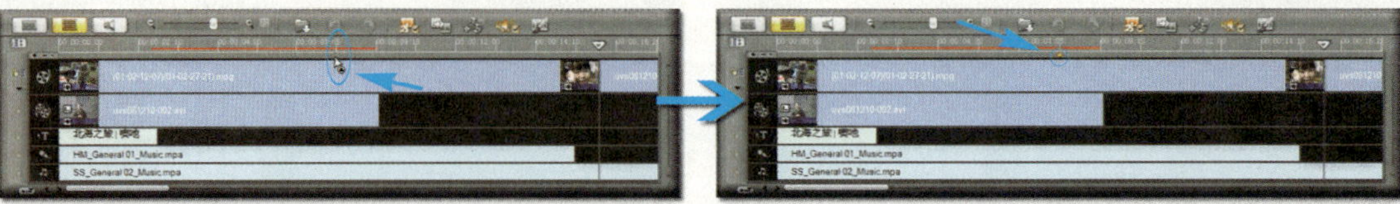

图12-17

提示点：执行此命令，然后将▽**时间轴滑块**移到需要添加提示点的位置，单击**+/—**按钮，即可在**时间轴标尺**下方的栏上添加一个蓝色的提示点，其实最简便的方法是，将鼠标直接移到该位置单击，即可添加提示点，如图12-18所示。

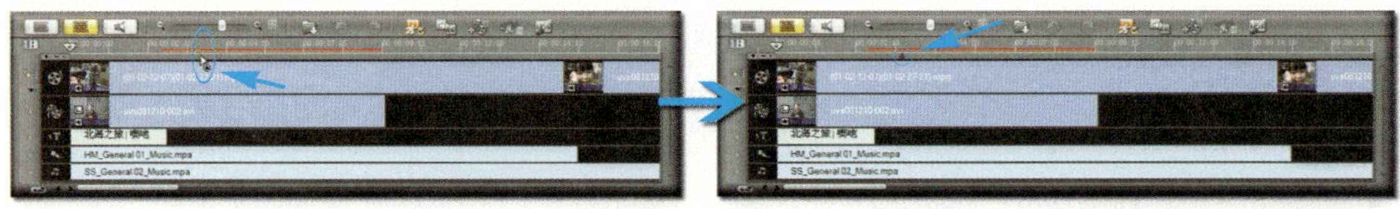

图12-18

章节点管理器：可对章节点进行删除、添加、定位等，执行此命令，会弹出对话框，如图12-19所示。

添加(A)...：单击此按钮，会弹出次级对话框，如图12-20所示。

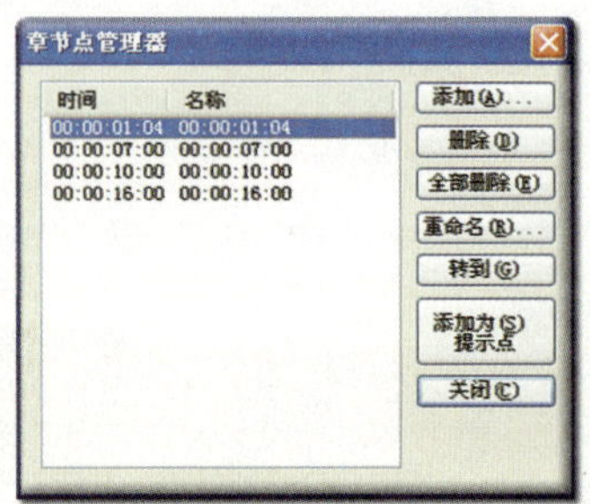

图12-19

图12-20

可输入时间码以在相应位置创建章节点，还可为其命名，便于查找。

删除(D)：单击此按钮，可将当前在列表中选中的章节点删除。删除章节点还有一个更简便的方法，将鼠标移到**时间轴**的章节点上按左键不动并往上方或下方拖移，然后松开左键即可；如果是往左边或右边拖移，则是移动其位置。

全部删除(E)：单击此按钮，可将列表中的所有章节点全部删除。

重命名(R)...：改变章节点原来的名称。单击此按钮，会弹出次级对话框，如图12-21所示。

图12-21

输入新的名称即可。

转到(G)：在列表中选择章节点，然后单击此按钮，即可将**时间轴滑块**移到当前选择的章节点上，可用于快速定位。

添加为提示点(S)：在列表中选择章节点，单击此按钮，即可在同样的位置添加一个提示点。

提示点管理器：可对提示点进行删除、添加、定位等，同**章节点管理器**相似。

启用/禁用连续编辑 如果要启用连续编辑，单击此按钮，会变为启用状态，表示启用连续编辑，在将素材插入到**视频轨**上时，插入位置后面的素材跟其他轨道上的素材（如音频、字幕等）将一起同步后移，使它们始终保持同步，如图12-22所示。

图12-22

如果要禁用连续编辑，再次单击此按钮，会变为禁用状态，表示禁用连续编辑，在插入素材到**视频轨**上时，插入位置后面的素材后移时，其他轨道上的素材（如音频、字幕等）的位置则保持不动，如图12-23所示。

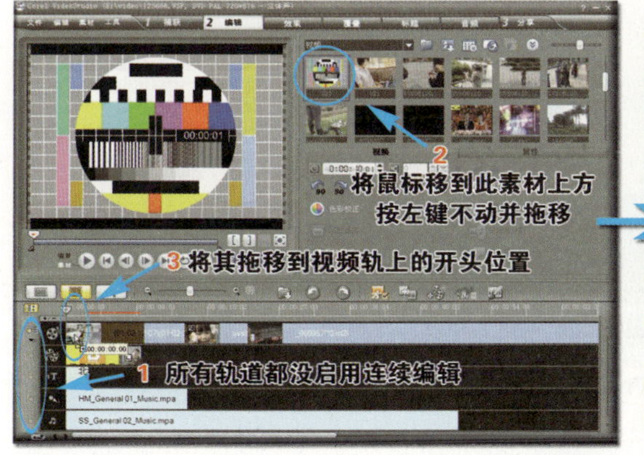

图12-23

可选择性地对全部或部分轨道启用/禁用连续编辑，在启用连续编辑时，这时每个轨道前方的按钮也有效，按钮为锁定状态时，表示该轨道启用连续编辑，单击则会禁用；按钮为解锁状态时，表示该轨道禁用连续编辑，单击则会启用。

星期四
23－17℃
白天：晴转小雨
晚上：小雨
风力：2级

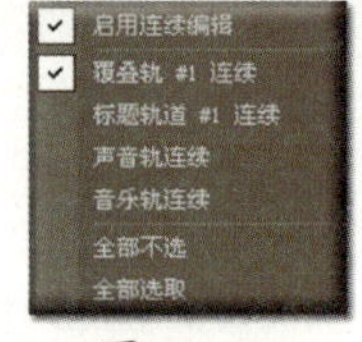

图12-24

单击下方的▼按钮，会弹出下拉式菜单，如图12-24所示。

也可通过这些菜单命令对全部或部分轨道启用/禁用连续编辑。

启用连续编辑：执行此命令，可启用或禁用连续编辑。

覆叠轨…音乐轨连续：执行相应的命令，可对该轨道启用或禁用连续编辑。

全部不选：执行此命令，将禁用所有轨道的连续编辑。

全部选取：执行此命令，将启用所有轨道的连续编辑。

12.1.2 节目轨的选项面板

如果当前是对节目轨进行操作，根据操作的不同，**选项面板**显示的信息也会发生变化。

1.显示整个项目的信息

当**预览工具栏**的编辑模式为**项目**，并且没有在节目轨上选中任何素材，这时显示的是整个项目的时间长度等信息，如图12-25所示。

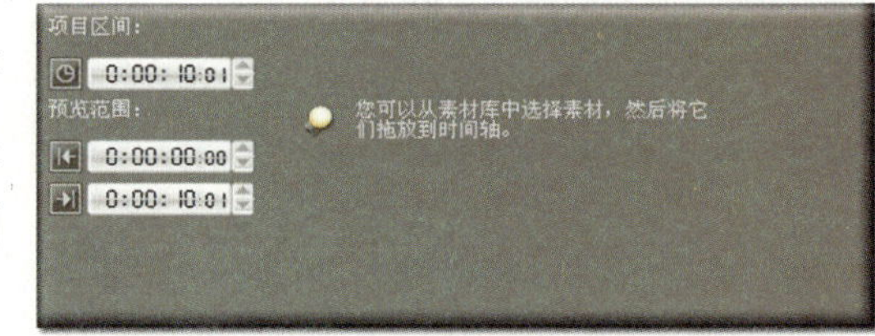

图12-25

项目区间 显示项目的时间长度。

预览范围 显示[和]按钮标记的项目开始点和结束点位置，如图12-26所示。

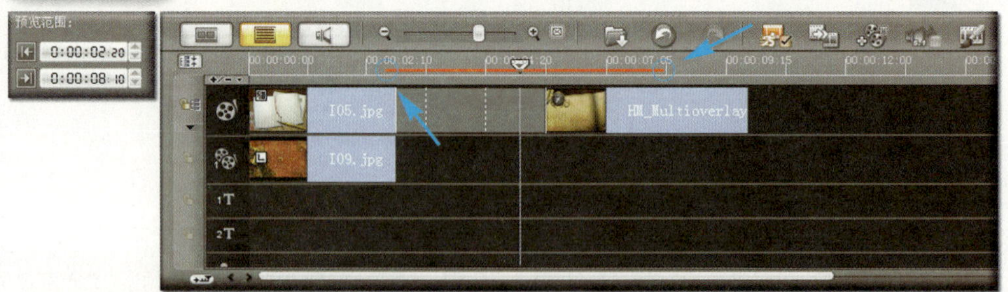

图12-26

此范围还可决定**分享**步骤的生成内容。

2.显示节目轨上当前选中素材的信息

如果在节目轨上选中任意素材，这时**选项面板**将显示该素材的相应信息。

12.2 时间轴的基本操作

在剪辑影片时，还有许多基本的操作要领需要掌握。

12.2.1 文件名的显示

文件名的显示是会声会影的一个大缺陷，首先是在捕获时，用户无法预先设置文件名，而是由软件自动命名，如图12-27所示。

图12-27

“_061654~0.mpg”这种名称让人看了就头痛。

其次，虽说可以在**素材库**中对素材重新命名，单击目标素材缩略图上的文字部分，即可输入新的名称，如图12-28所示。

图12-28

但在将其放置到**时间轴**上时，显示的却仍然是其真实的文件名，如图12-29所示。

由于两者的名称无法对应，在素材较多时寻找起来会很麻烦，所以期待会声会影的下一个版本能够解决这个问题。

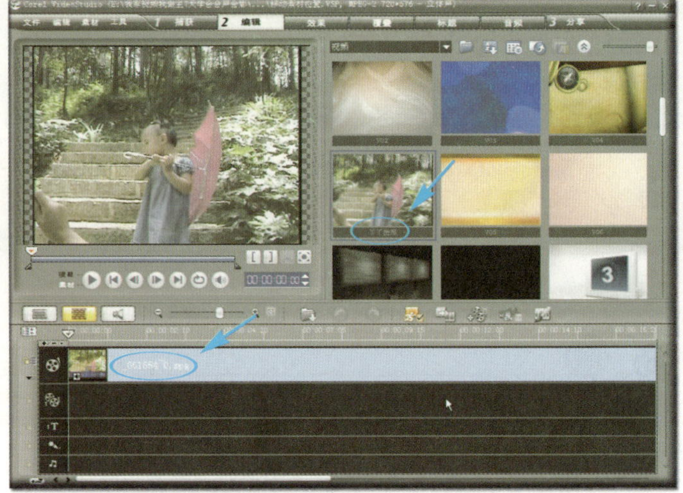

图12-29

12.2.2 移动素材的位置

【 **星期四 移动素材位置.VSP** 视频重新链接路径：\会声会影安装目录\Samples\Video\V10.wmv】

在节目轨上将鼠标移到目标素材的上方按左键不动并拖移，可移动素材的位置。

1.将素材往前或往后移动

※在**视频轨**上将素材往前移动时，会出现两种情况，一种是与前面素材的开始位置对齐，这时会将素材插入到该段素材之前，如图12-30所示。

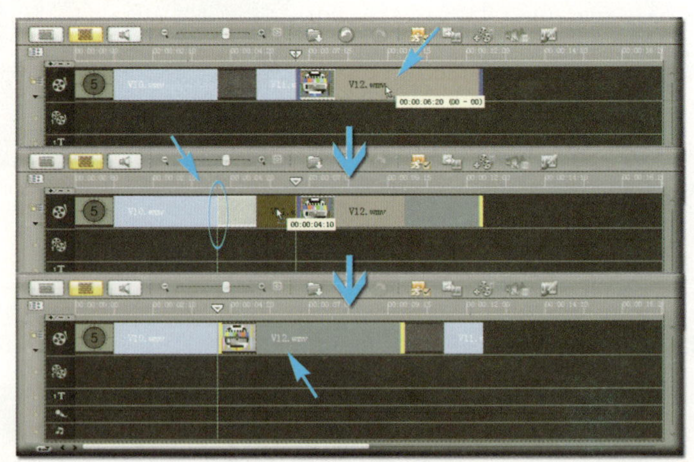

图12-30

另一种情况是叠加到前面素材的除开始位置外的部分，这时会自动在两者之间的叠加部分添加转场效果，如图12-31所示。

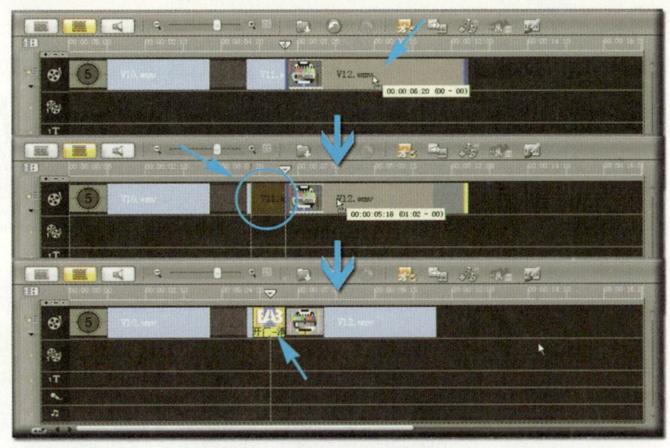

图12-31

※在**视频轨**上将素材往后移动时，只能跟其他素材的开始位置对齐，表示只能插入到两段素材之间，而不能叠加，如图12-32所示。

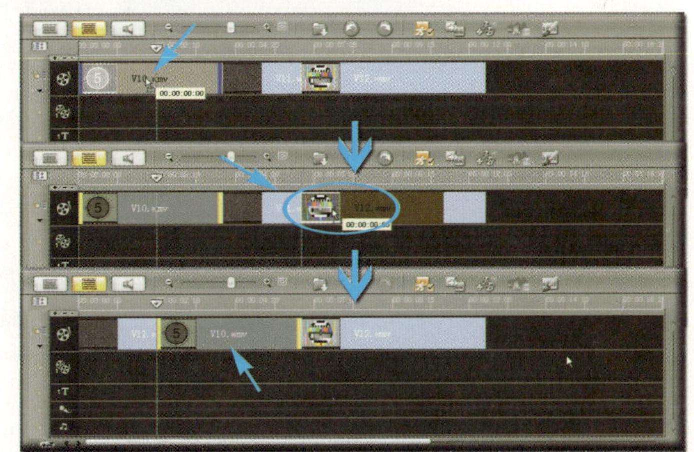

图12-32

2.不同节目轨上素材的叠加方式

前面是以**视频轨**为例进行的说明，其实在不同节目轨上往前或往后移动素材时，其叠加方式是不同的。

※在**覆叠轨**上将素材往前或往后移动时，只要跟前面或后面的素材有叠加，都会在叠加部分自动添加转场效果。

※在**标题轨**上将素材往前或往后移动时，不能跟前面或后面的标题有叠加。

※在**声音轨**和**音乐轨**上将素材往前或往后移动时，只要跟前面或后面的素材有叠加，都会在叠加部分添加淡入淡出效果。

12.2.3 素材的对齐

在不同的节目轨上素材的对齐方式是不同的。

1.视频轨上素材的对齐

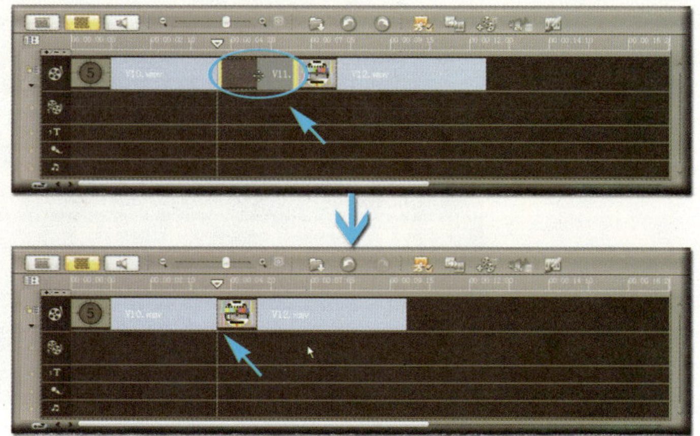

在将素材从素材库中往视频轨上放置时，它将自动紧接前面的素材，而不会留下任何空档。

同理将其中的某个素材删除或往前（往后）移动时，其位置也会被后面的素材自动填补，不会留下任何空档，如图12-33所示。

图12-33

在将V11.wmv删除后，后面的V12.wmv会自动前移，紧接V10.wmv放置。

2.其他节目轨上素材的对齐

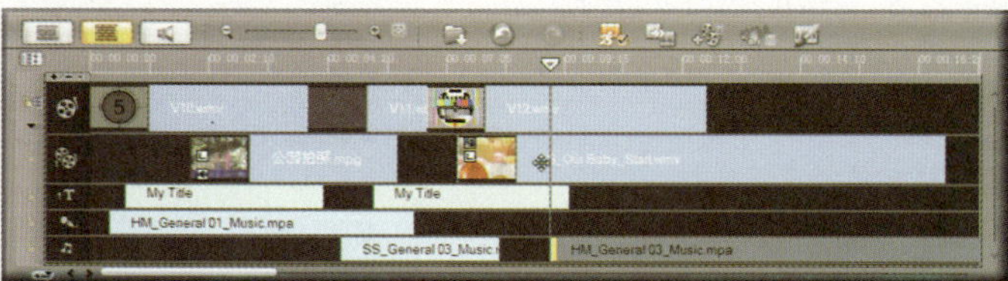

在其他节目轨（如覆叠轨、标题轨等）上面则可将素材任意放置，如图12-34所示。

图12-34

可以看到，视频轨上的素材全是紧接着的，而其他节目轨上的素材之间则可留有空档。

12.2.4 改变素材的长度

1.改变素材长度的方法

改变节目轨上素材的长度有三种方法，一种是通过预览工具栏的[和]按钮重新为其设置入、出点，一种是通过选项面板上的按钮进行设置，还有一种是用鼠标在节目轨上直接拖移，如图12-35所示。

图12-35

※通过**预览工具栏**的[和]按钮改变节目轨上素材的长度时，将▽**时间轴滑块**移到需要改变入点或出点的位置，然后单击[或]按钮，即可改变素材的长度，如图12-36所示。

图12-36

※通过**选项面板**上的按钮进行设置，也可以直接改变素材的长度，如单击09，在闪动后输入05即可，但要注意的是，它只能改变出点的位置，如图12-37所示。

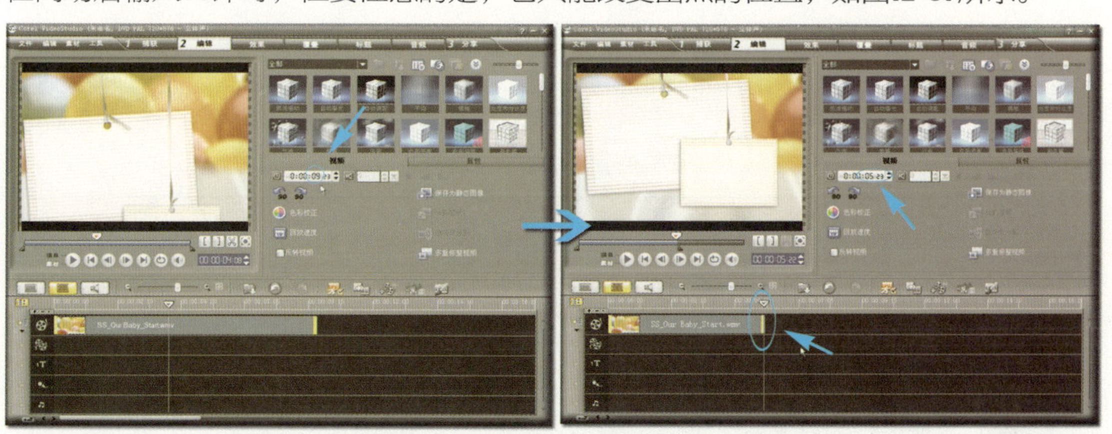

图12-37

※通过拖移改变素材的长度时，将鼠标移到节目轨上素材缩略图的开始或结束位置，当指针变为↔或↔时，按左键并动并沿箭头方向拖移，即可改变素材长度，如图12-38所示。

图12-38

2.素材长度的限制

对于不同的素材，其长度是有限制的。

※无论以何种方式改变视频或音频素材的长度，都不能超过其实际长度，如10秒的视频或音频不能拉长到11秒，除非改变其速度。

※无论以何种方式改变图像、色彩素材或标题的长度，都可以将其拖移为任意长度。

12.2.5 改变素材的速度

改变视频和音频素材的速度有两种方法，一种是通过**选项面板**上的按钮进行设置，还有一种是用鼠标在节目轨上直接拖移。

1.通过选项面板进行设置

只有在节目轨上选中视频或音频素材时，**选项面板**上的按钮才有效，可以在弹出的对话框中直接输入新的速度。

2.通过拖移改变素材的速度

将鼠标移到节目轨上视频或音频素材缩略图的结束位置，按Shift键的同时，当指针变为⇔时，按左键并沿箭头方向拖移，往右边拖移可将其变慢，往左边拖移则可使其变快。

胶片库

在改变图像、色彩及标题的长度时，如果对其添加了摇动和缩放等动画效果，那么动画效果的速度也会同步发生变化。

12.3 右键菜单

很多软件往往会设置右键菜单，可用于快速执行一些常用的功能，以提高效率，会声会影也不例外，在**素材库**中和节目轨上都可调用右键菜单。

12.3.1 素材库中的右键菜单

素材库中的右键菜单随当前所选素材的不同而有区别。

1.素材库中空白位置的右键菜单

将鼠标移到**素材库**中的空白位置单击鼠标右键，会弹出右键菜单，如图12-39所示，这里以视频素材库为例。

图12-39

粘 贴 只有对**素材库**中或**时间轴**上的素材执行了**复制**命令后，此命令才有效，可将素材复制一份到**素材库**中。

插入… **画廊**中的项不同，相应的插入命令才有效，其作用同**文件 | 将媒体文件插入到素材库**命令一样。

排序方式 对素材进行排序，其作用同按钮一样。

2.素材库中当前选中素材的右键菜单

将鼠标移到**素材库**中的素材上单击鼠标右键，会弹出右键菜单，如图12-40所示，这里以视频素材为例。

插入到 可将当前选中的视频素材插入到**时间轴**的指定轨道上，将鼠标移到此命令上，会弹出次级菜单，如图12-41所示。

图12-40

图12-41

这跟用鼠标将视频素材从**素材库**中拖移到**时间轴**的相应轨道上一样。

复 制 将**素材库**中当前选中的素材复制，跟**粘贴**命令配合使用，其作用同**编辑 | 复制**命令一样。

粘 贴 在执行了**复制**命令后，此命令才有效，可将视频素材复制一份到**素材库**中。

删 除 将**素材库**中当前选中的素材删除。

创建智能代理文件 执行此命令，会弹出对话框，如图12-42所示。

可将**素材库**中当前选中的素材添加到列表中，如果单击 确定 按钮，则可为选中的素材创建智能代理文件。

单素材修整 跟**选项面板**中的**多重修整视频**不同的是，它一次只能设置一组入、出点；跟在**预览工具栏**设置入、出点不同的是，在这里可逐帧显示画面，如果影片较长，用这种方式便于定位入、出点。

执行此命令或用鼠标直接双击视频素材缩略图，会弹出对话框，如图12-43所示。

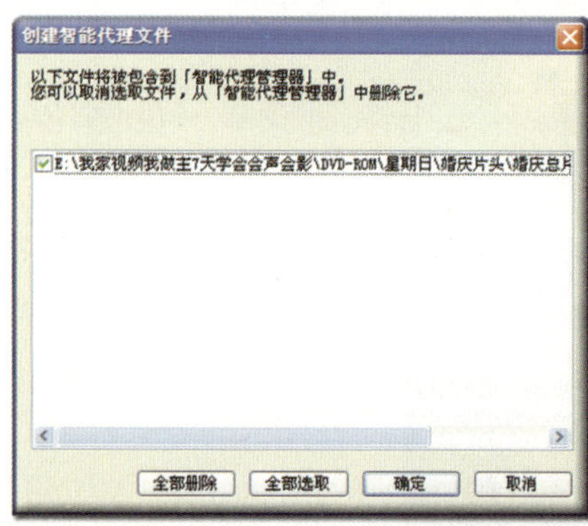

图12-42

图12-43

其对话框相当于**多重修整视频**的简化版。

按场景分割 跟**选项面板**中的**按场景分割**相同。

播放流素材 在**素材库**中当前选中素材为FLV等会声会影不能直接播放的流媒体文件时，此命令才有效，执行此命令，将调用相应的播放软件如Adobe Media Player进行播放。像会声会影的**分享**步骤创建的FLV文件即属此类。

打印图像 在**画廊**中选择**图像**，并在**素材库**中选中图像素材时，此命令才有效，可将此图像打印出来，将鼠标移到此命令上，会弹出次级菜单，如图12-44所示。

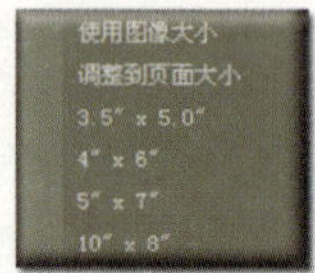

图12-44

使用图像大小：表示直接按图像的原尺寸进行打印。

调整到页面大小：表示将图像缩放到页面尺寸进行打印。

3.5″ ×5.0″ …：表示将图像按指定尺寸进行打印。

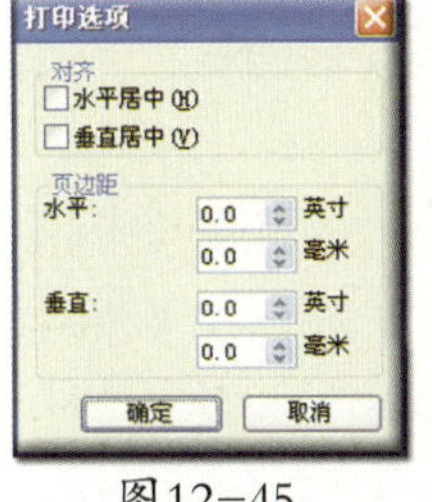

图12-45

打印选项 对打印的**页边距**等进行设置，执行此命令，会弹出对话框，如图12-45所示。

对齐：设置图像在打印页面上的居中方式。

页边距：设置图像在打印页面上的边距。

属 性 显示在**素材库**中当前选中素材的属性，以视频素材和图像素材为例，执行此命令，会弹出对话框，如图12-46所示。

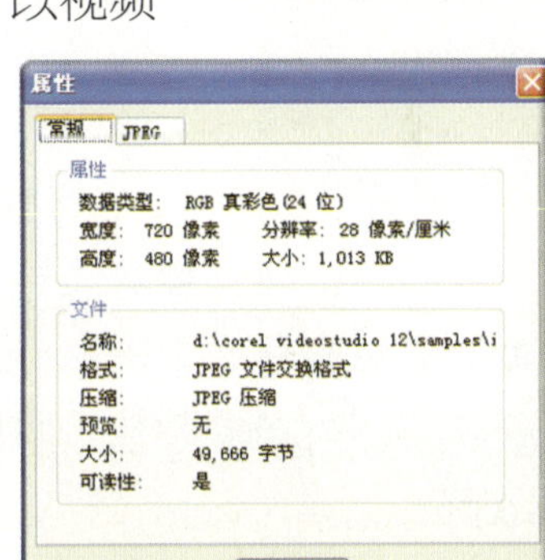

图12-46

12.3.2 节目轨上的右键菜单

1.节目轨上空白位置的右键菜单

将鼠标移到节目轨上的空白位置单击鼠标右键，会弹出右键菜单，如图12-47所示，这里以**视频轨**为例。

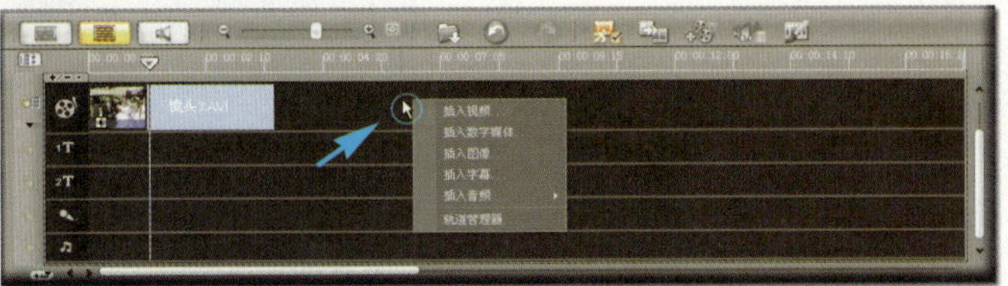

图12-47

插入… 其作用同**文件 | 将媒体文件插入到时间轴**命令一样，可将导入的素材直接放置到**视频轨**上。

轨道管理器 其作用同**时间轴工具栏**上的按钮一样，可对轨道进行管理。

2.节目轨上当前选中素材的右键菜单

在节目轨的不同素材上单击鼠标右键，其右键菜单是不同的。

※将鼠标移到**视频轨**或**覆叠轨**的视频素材上单击鼠标右键，会弹出右键菜单，如图12-48所示。

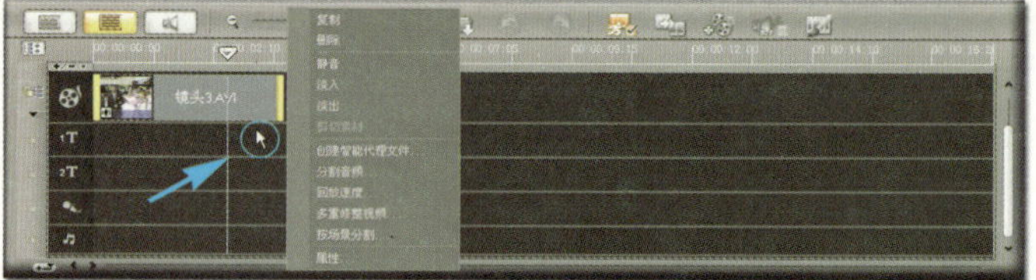

图12-48

这些命令同**菜单栏**或**选项面板**上的相应功能一样。

※将鼠标移到**视频轨**或**覆叠轨**的图像素材上单击鼠标右键，会弹出右键菜单，如图12-49所示。

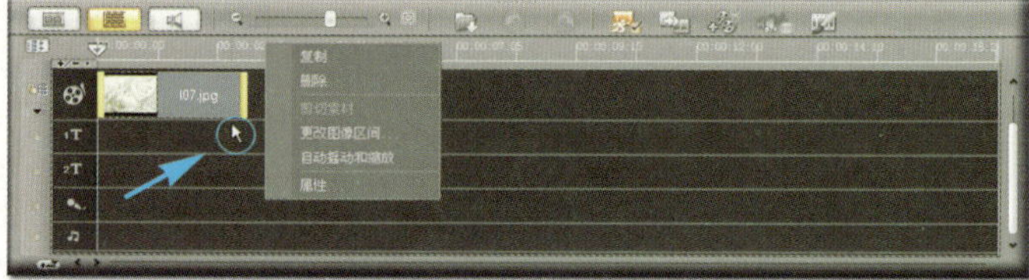

图12-49

这些命令同**菜单栏**或**选项面板**上的相应功能一样。

※将鼠标移到**视频轨**或**覆叠轨**的色彩素材上单击鼠标右键，会弹出右键菜单，如图12-50所示。

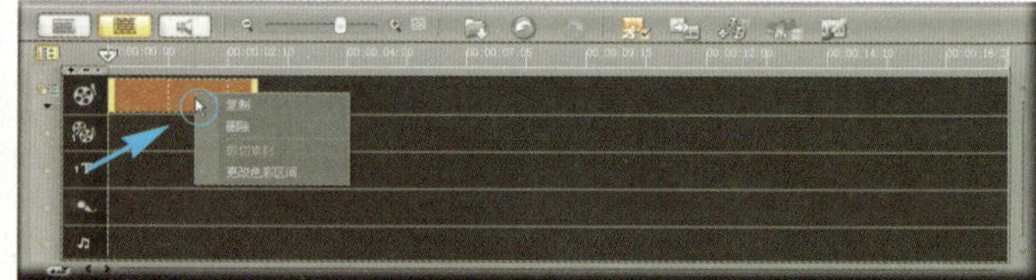

图12-50

这些命令同**菜单栏**或**选项面板**上的相应功能一样。

※将鼠标移到**标题轨**的标题素材上单击鼠标右键，会弹出右键菜单，如图12-51所示。

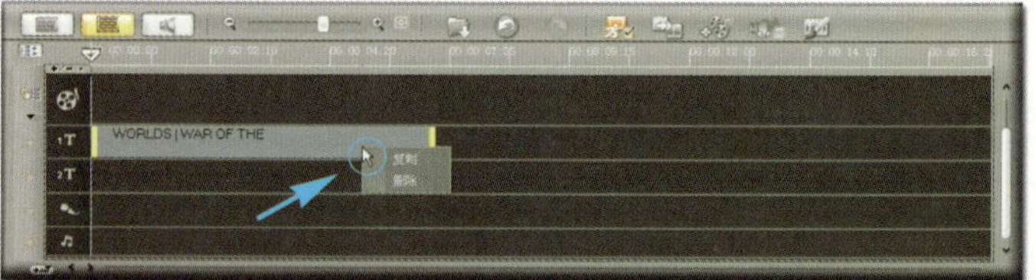

图12-51

这两个命令同**菜单栏**的相应命令一样。

※将鼠标移到**声音轨**或**音乐轨**的音乐素材上单击鼠标右键，会弹出右键菜单，如图12-52所示。

图12-52

这些命令同**菜单栏**或**选项面板**上的相应功能一样。

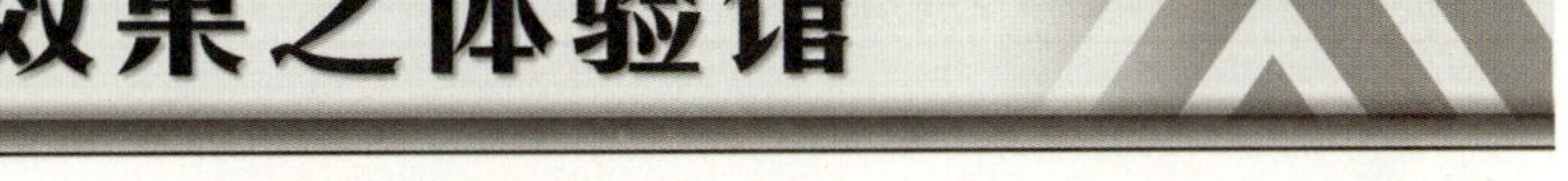

14:00-16:00 PM

第13章 效果之体验馆

在剪辑影片时，画面与画面之间的切换最基本、最常见的就是硬切，即两个画面紧接在一起，播放时从前一个画面的结尾直接跳转到下一个画面的开头。但是，有时候为了使两个画面之间的衔接更自然或更有趣味性，可在两者之间添加特效，又称为转场。

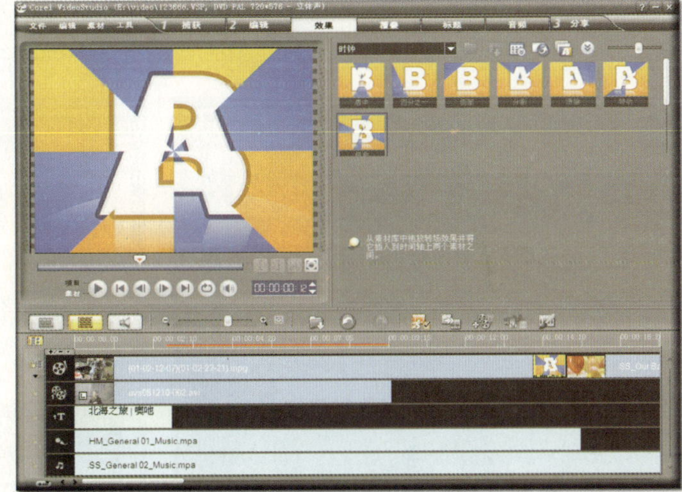

图13-1

单击**步骤面板**的**效果**项，即可跳转到相应的界面，如图13-1所示。

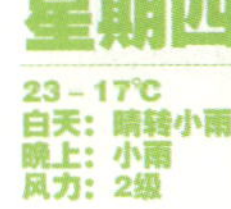

13.1 添加转场效果

【**I 星期四 I 添加转场效果.VSP** 视频重新链接路径：\会声会影安装目录\Samples\Video\HM_General 01_Start.wmv】

① 跳转到编辑界面

单击**步骤面板**的**编辑**项，以进入相应的界面。

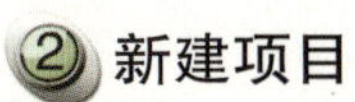

② 新建项目

执行**文件 | 新建项目**命令，然后在**素材库**中将**V9.wmv**和**V14.wmv**视频拖移到**视频轨**上，如图13-2所示。

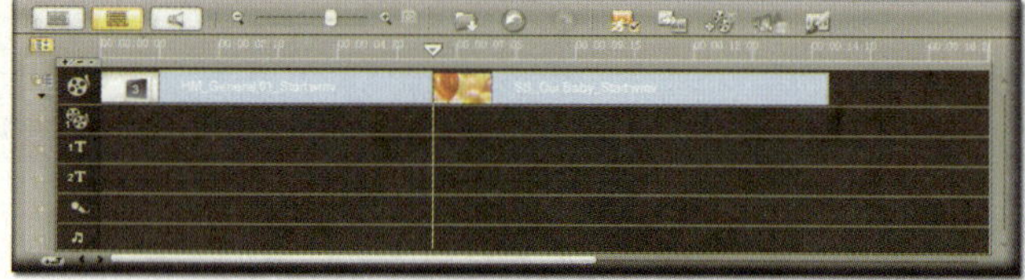

图13-2

这时两段视频之间是硬切。

③ 添加转场效果

单击**步骤面板**的**效果**项，以进入相应的界面，单击**画廊**后面的▼按钮，选择**转场 | 过滤**，将鼠标移到**素材库**中**喷出**缩略图上方按左键不动并往**视频轨**上两者间的连接处拖移，当指针变为箭头时，松开左键即可添加一个转场效果，如图13-3所示。

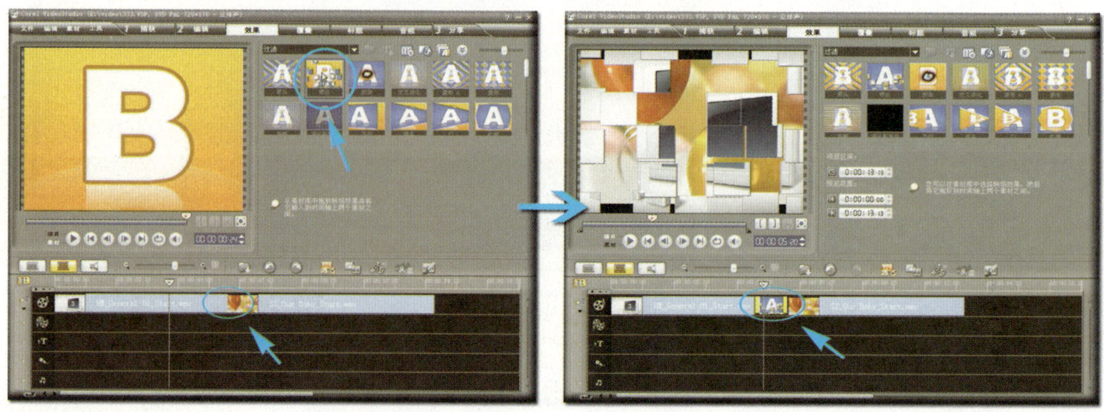

图13-3

13.2 批量添加转场效果

如果想对一组镜头添加同样的转场效果，按上例的方法显然比较麻烦，按以下方法则方便得多。

① 设置默认转场效果

执行**文件 | 参数选择**命令，会弹出对话框，单击**编辑**项，如图13-4所示。单击**默认转场效果**后面的▼按钮，在弹出的下拉式列表中选择**百叶窗**。

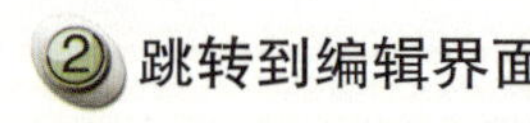

② 跳转到编辑界面

单击**步骤面板**的**编辑**项，以进入相应的界面。

③ 新建项目

执行**文件 | 新建项目**命令，新建一个项目。

④ 自动添加转场效果

首先在**素材库**中将**V9.wmv**拖移到**视频轨**上，跟上例不同的是，在拖移后面的素材**V14.wmv**到**视频轨**上时，让两者有部分叠加，松开左键后即可在叠加部分自动添加设置好的默认转场，如图13-5所示。

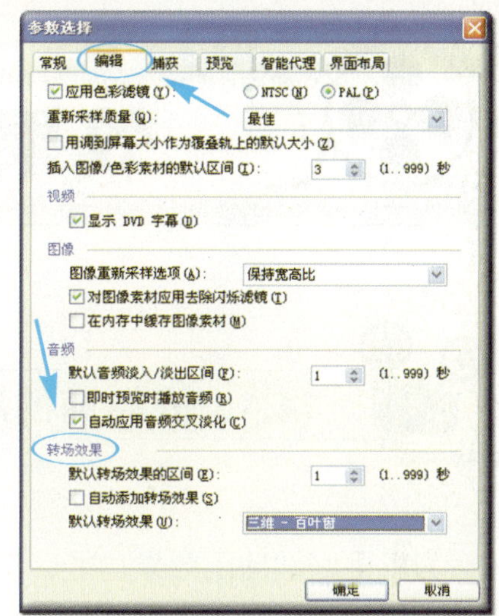

图13-4

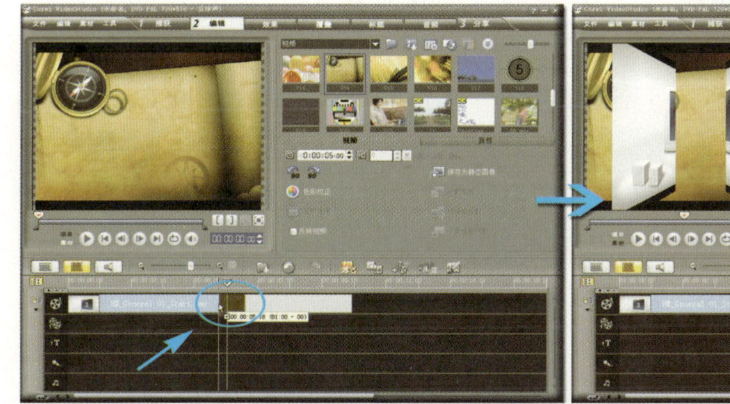

图13-5

用同样的方法接着剪辑后面的画面，软件都会自动为叠加的部分添加默认的转场，适合批量添加相同的转场效果，非常省事。

第14章 效果之深造馆

14.1 开始前的准备

为了更好地使用**效果**功能，应对一些默认参数进行设置，如设置默认的转场效果和转场区间等。

14.1.1 参数选择中的常规项

执行**文件 | 参数选择**命令，会弹出对话框，单击**常规**项，将进入相应的界面，如图14-1所示。

媒体库动画 勾选此项，在**素材库**中将显示效果的动态演示，可直观地了解该效果的样式，以便于选择，如图14-2所示。

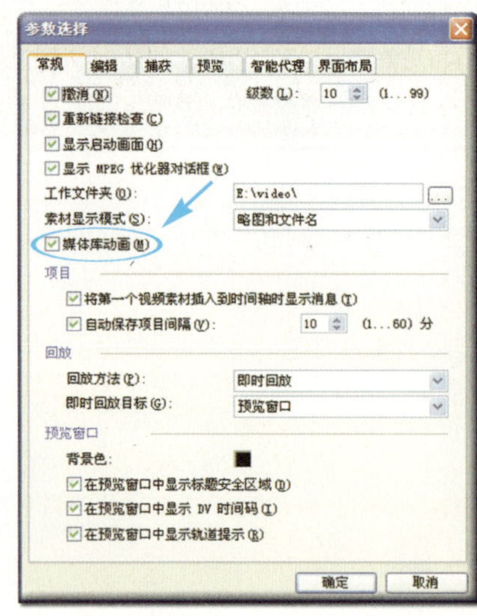

图14-1

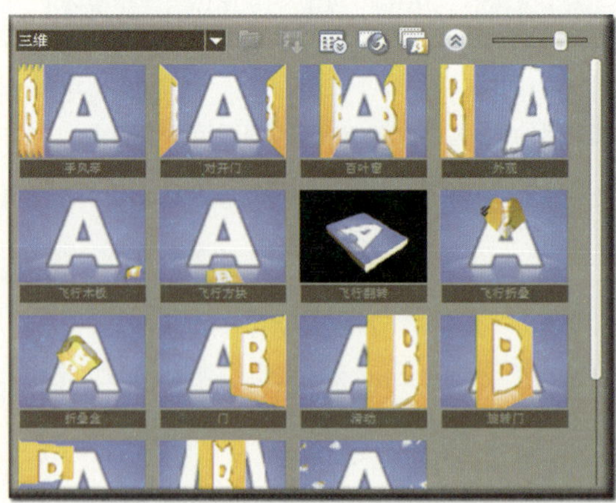

图14-2

14.1.2 参数选择中的编辑项

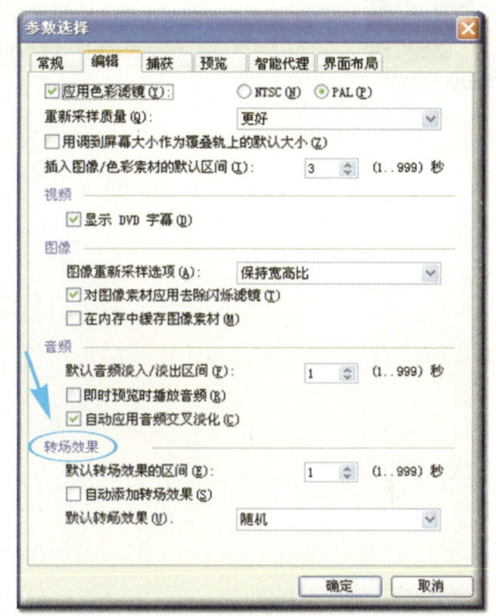

图14-3

执行**文件 | 参数选择**命令，会弹出对话框，单击**编辑**项，将进入相应的界面，如图14-3所示。

默认转场效果的区间 设置将转场效果添加到两段视频之间时的转场时间，通常为1秒。

自动添加转场效果 勾选此项，在**视频轨**上将鼠标移到后一段视频上按左键不动并往左边拖移，当其跟前一段视频有部分叠加时松开左键，即可自动在两者间添加一个指定的转场效果，叠加部分的长度就是转场的时间，如图14-4所示。

图14-4

在叠加时，鼠标指针下方会出现时间显示，如00:00:04:22表示重叠的开始位置，而01:21则表示叠加的时间长度。

默认转场效果 设置在**时间轴**上将两段素材叠加时，自动添加的转场效果的样式，单击按钮，会弹出下拉式菜单，可选择相应的样式，如图14-5所示。

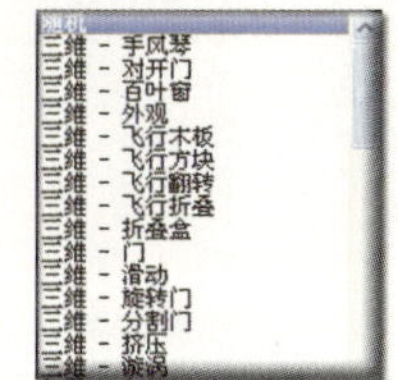

图14-5

其中，选择**随机**项，表示在自动添加转场效果时，会任意添加一个转场样式。

14.2 深入认识效果界面

14.2.1 选择转场效果

在**素材库**中单击**画廊**后面的▼按钮，在下拉式列表中将鼠标移到**转场**命令上，会弹出次级菜单，如图14-6所示。

有15种共100多个转场效果供选择，选择其中任意一种，就会在**素材库**中显示相应的预置效果，如图14-7所示。

图14-6

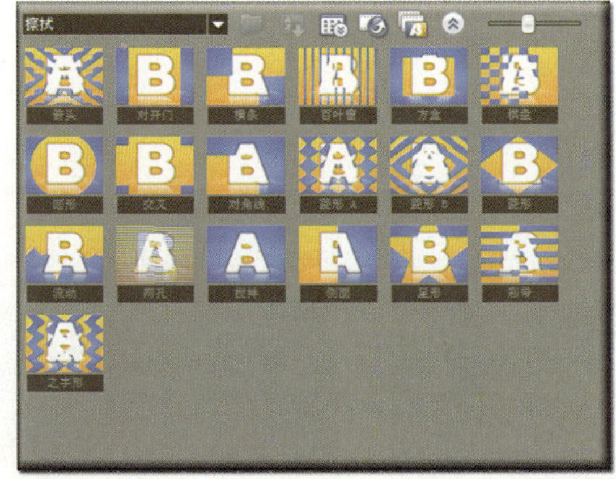

图14-7

软件预置的这上百种转场效果中，经常会用到的其实为数并不多，为了便于选择，可以将这些常用的效果添加到收藏夹中集中管理。

将鼠标移到转场效果的缩略图上单击鼠标右键，会弹出右键菜单，如图14-8所示。

图14-8

执行**添加到收藏夹**命令，即可将其放置到收藏夹中，在调用时单击**画廊**后面的▼按钮，在下拉式列表中执行**转场 | 收藏夹**命令，即可在**素材库**中显示收藏的转场效果，如图14-9所示。

图14-9

14.2.2 效果的选项面板

在**素材库**中选择转场，可在**预览窗口**中预览其效果，同时在**选项面板**处显示提示信息，如图14-10所示。

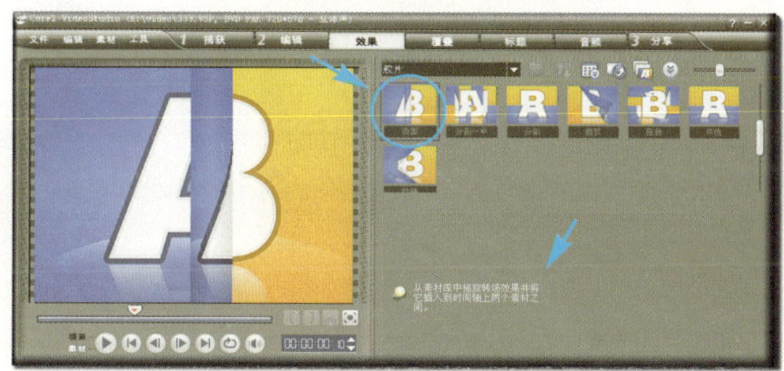

图14-10

在**视频轨**的素材上添加转场后，如果要细调其参数，单击该转场，**选项面板**将显示相应的调节参数，如图14-11所示，这里以**转场 | 时钟 | 扭曲**效果为例，不同的转场效果，其可调参数是不同的。

图14-11

转场持续时间 设置转场的时间长度，可直接输入数字，也可像拖移图像一样通过拖移加长或缩短转场时间。

边框 为效果边缘加颜色边，可直接在文本框中输入数字，值越大，边越宽，如图14-12所示。

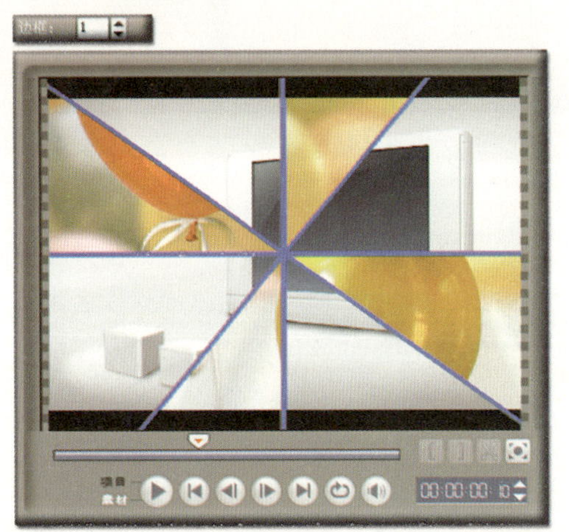

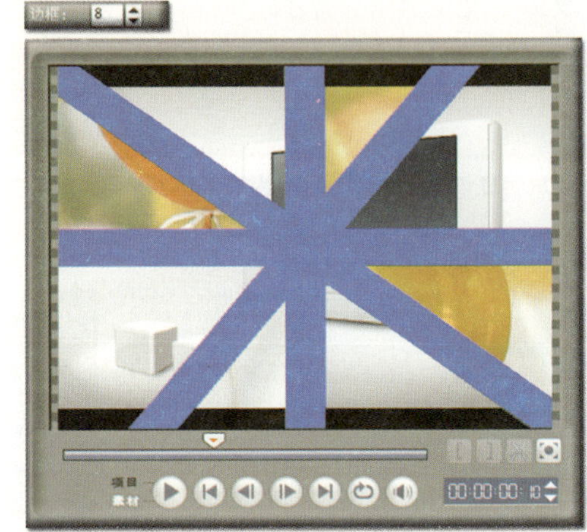

图14-12

方向 设置效果转动的方向，单击↺按钮，表示按逆时针方向旋转；单击↻按钮，表示按顺时针方向旋转。

色彩 设置效果边缘的颜色，在**边框**大于1时，此功能才有效，单击色块，可设置需要的颜色。

柔化边缘 设置效果边缘的柔化程度，在**边框**为0时，此功能才有效，从左往右柔化的程度越来越高，如图14-13所示。

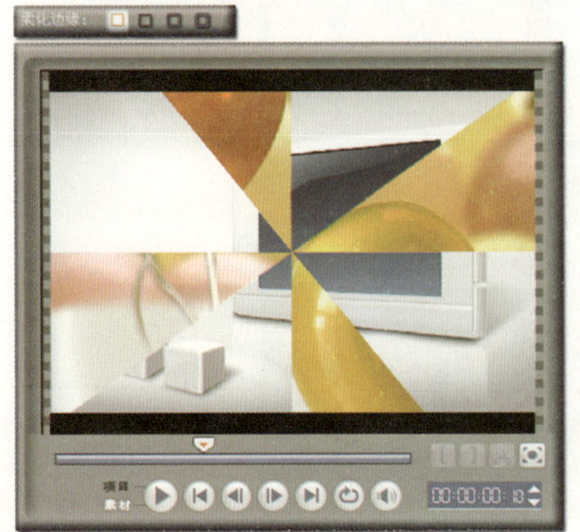

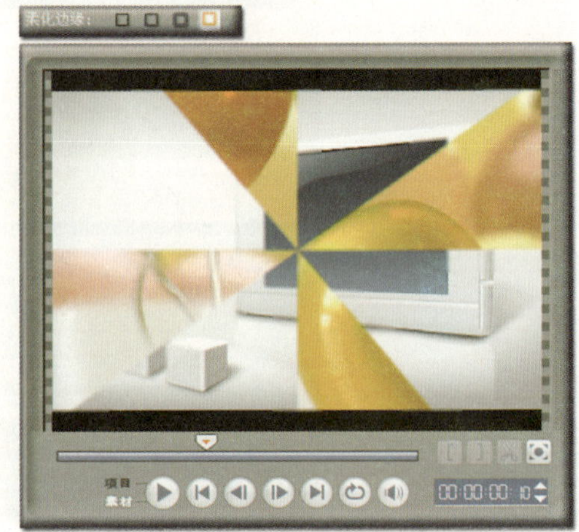

图14-13

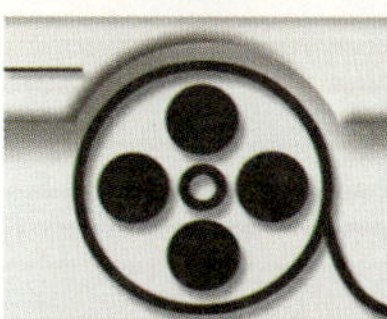

第15章 覆叠之体验馆

覆叠——乍一看有点晦涩难懂，实际上就是通常所说的画中画效果，会声会影发展到现在，覆叠轨已经增加到了7个，意味着可以叠加7个画中画，如果配合**画廊**中的**项目视频**反复导入，更可以无限叠加，完全能制作出电视墙的效果，使影片画面更加引人入胜。

单击**步骤面板**的**覆叠**项，即可跳转到相应的界面，其跟**编辑**项是一样的。

现在我们来制作画中画效果、抠像效果和飞像效果。

15.1 四连屏画中画效果

【 | 星期四 | 四连屏画中画效果.VSP　视频重新链接路径：\会声会影安装目录\Samples\Video\HM_General 05.wmv】

① 跳转到编辑界面

单击**步骤面板**的**编辑**项，以进入相应的界面。

② 新建项目

执行**文件 | 新建项目**命令，然后用鼠标将**素材库**中的**V8.wmv**拖移到**视频轨**上，如图15-1所示。

③ 将视频拖移到覆叠轨上

用鼠标将**素材库**中的**V20.wmv**拖移到**覆叠轨1**上，如图15-2所示。

图15-1

图15-2

这时**步骤面板**将自动跳转到**覆叠**项，**覆叠轨1**上的视频已经覆盖到**视频轨**的画面上，初步创建了画中画效果。

④ 缩放画中画

现在对画中画进行缩放。确保当前选中的是**覆叠轨1**上的**V20.wmv**视频，将鼠标移到**预览窗口**中画面的黄色定界点上按左键不动并拖移，将其缩小到屏幕的1/4大小，如图15-3所示。

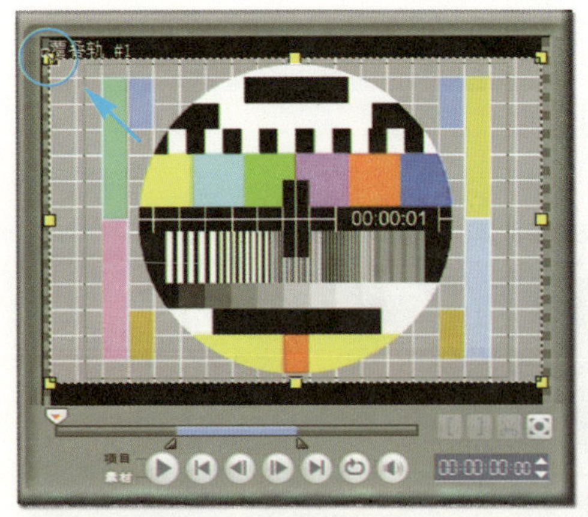

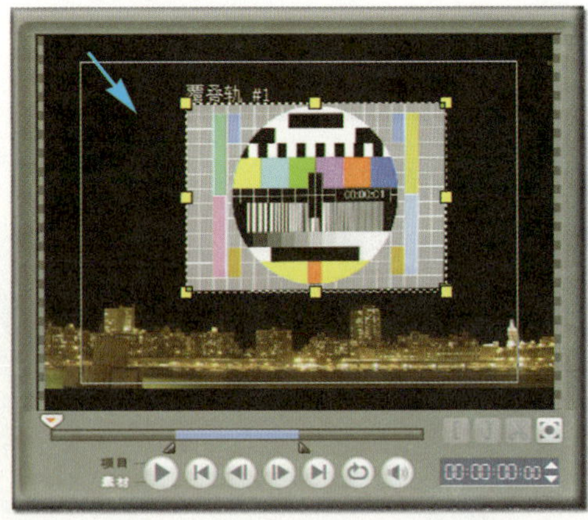

图15-3

⑤ 移动画中画

接着将鼠标移到定界框中，当指针变为✥时，按左键不动并往左上方拖移到合适位置，第1个画中画就算创建成功了，如图15-4所示。

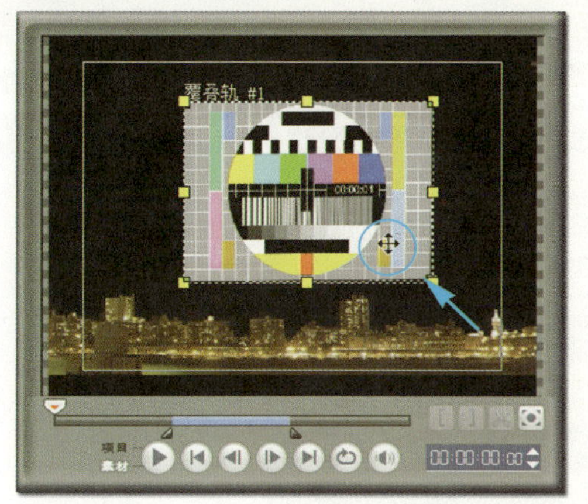

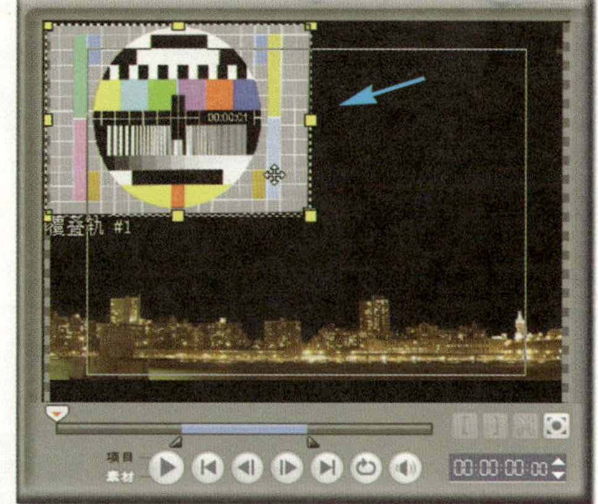

图15-4

⑥ 添加3个覆叠轨

现在准备创建另外3个画中画，首先需要添加3个覆叠轨用以放置素材。单击**时间轴工具栏**上的按钮，会弹出对话框，如图15-5所示。

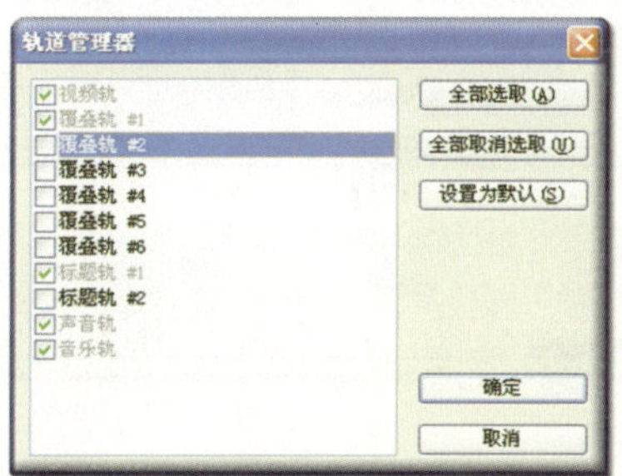

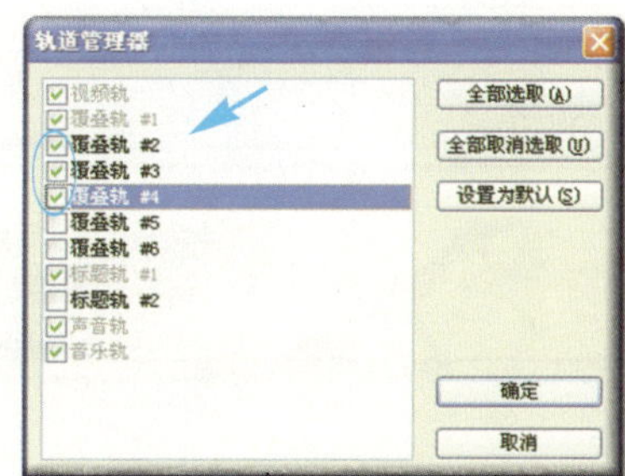

图15-5

将**覆叠轨2**、**覆叠轨3**和**覆叠轨4**勾选，即可在**时间轴**上添加3个覆叠轨，如图15-6所示。

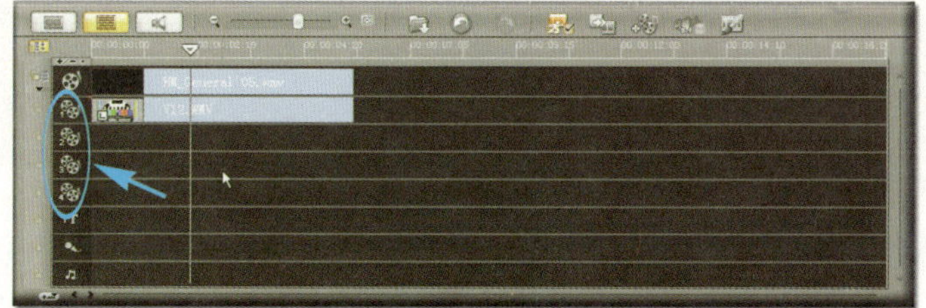

图15-6

⑦ 制作四连屏画中画

用同样的方法分别在新添加的**覆叠轨**上制作3个画中画并拖移到合适的位置，即可创建四连屏的画中画效果，如图15-7所示。

图15-7

16:10-18:00 PM

15.2 抠像效果

【 | 星期四 | 抠像效果.VSP 视频重新链接路径：\会声会影安装目录\Samples\Video\HM_Travel_End.wmv】

① 跳转到编辑界面

单击**步骤面板**的**编辑**项，以进入相应的界面。

② 新建项目

执行**文件 | 新建项目**命令，首先用鼠标将**素材库**中的**V17.wmv**拖移到**视频轨**上，然后将**V01.wmv**拖移到**覆叠轨1**上，如图15-8所示。

图15-8

③ 将覆叠轨1上的画面放大到全屏

将鼠标移到**预览窗口**中画面的黄色定界点上按左键不动并拖移，将其放大到全屏，如图15-9所示。

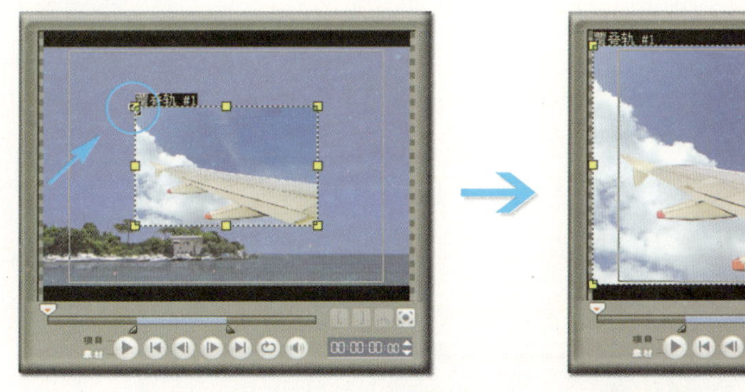

图15-9

④ 进入抠像界面

在**选项面板**处的**属性**项单击**遮罩和色度键**，对话框将变为如图15-10所示。

图15-10

⑤ 设置抠像的参数

勾选**应用覆叠选项**，**类型**项才有效，选择**色度键**，单击**相似度**后面的按钮，

将鼠标移到右侧的**预览窗口**中吸取蓝色，可将蓝色部分抠掉，跟**视频轨**上的画面组合在一起，获得了新的效果，如图15-11所示。

图15-11

15.3 飞像效果

【 星期四 | 飞像效果.VSP 视频重新链接路径：\会声会影安装目录\Samples\Video\HM_General 05.wmv】

① 设置飞入和飞出的方向

接着上例，单击对话框右上方的按钮，回到**属性**的上一级对话框，在**方向/样式**项单击**进入**处的按钮和**退出**处的按钮，即可设置画面从下方飞入和从左方飞出的效果，如图15-12所示。

图15-12

② 设置旋转效果

在**方向/样式**项下方如果单击或按钮，还可使画面在飞入或飞出时旋转。

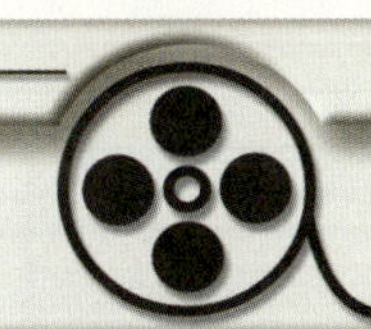

第16章 覆叠之深造馆

16.1 开始前的准备

为了更好地使用**覆叠**功能，应对一些默认参数进行设置。

16.1.1 预设覆叠时画面的大小

可设置将素材拖移到**覆叠轨**上时，是全屏显示还是按默认大小显示，执行**文件 | 参数选择**命令，会弹出对话框，单击**编辑**项，将进入相应的界面，如图16-1所示。

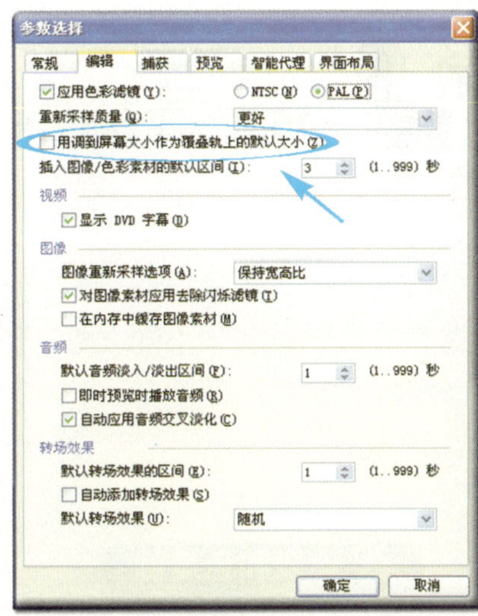

图16-1

用调到屏幕大小作为覆叠轨上的默认大小

勾选此项，将素材拖移到**覆叠轨**上时画面将全屏显示，否则画面将按软件默认的大小缩小显示，如图16-2所示。

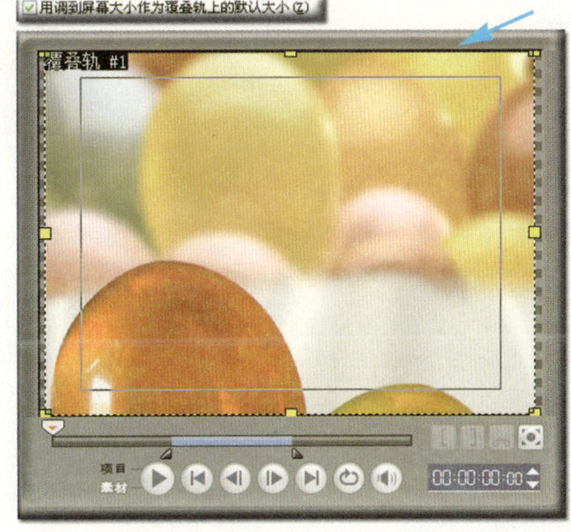

图16-2

16.1.2 设置覆叠轨的数量

在制作节目时，可根据需要画中画的多少设置**覆叠轨**的数量，单击**时间轴工具栏**上的按钮，会弹出对话框，可设置覆叠轨的数量，如图16-3所示。

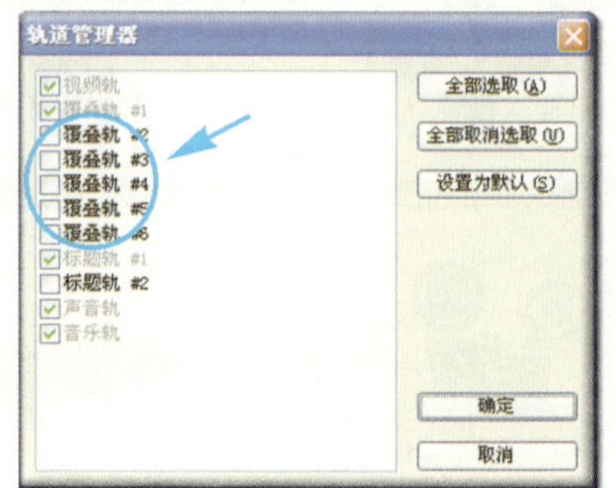

图16-3

16.2 深入认识覆叠界面

其界面跟**步骤面板**的**编辑**项基本上一样，惟一不同之处是**选项面板**的**属性**项部分，如图16-4所示。

图16-4

遮罩和色度键

可设置覆叠素材的边框和透明度，还可对其进行抠像和添加遮罩等处理。单击此按钮，界面会相应改变，如图16-5所示。

图16-5

透明度： 设置覆叠素材叠加到别的素材上的透明度，可在文本框中直接输入值，值越大，越透明，值为99时，全透明，值为0时，则不透明，如图16-6所示。

图16-6

边框： 为覆叠素材添加边框，可在文本框中直接输入值，值越大，外框越宽，反之，则越窄，值为10时，边框最宽，为0时，则表示不加边框，如图16-7所示。

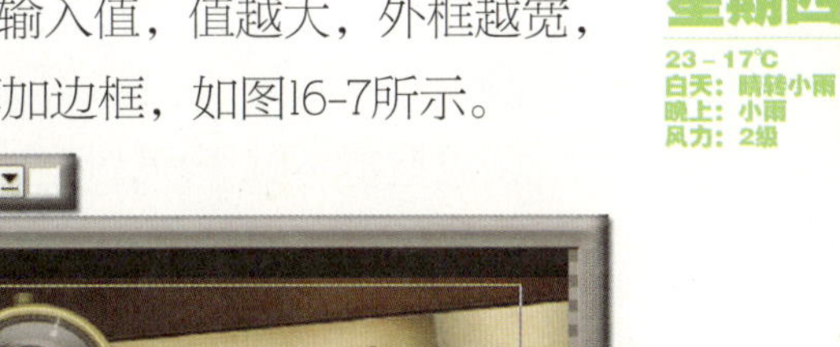

图16-7

如果要对边框的颜色进行设置，单击后面的色块，会弹出色彩选择工具，可指定需要的颜色。

应用覆叠选项： 勾选此项，可对覆叠素材进行抠像或添加遮罩。

类型： 选择需要处理的方式，只有在勾选**应用覆叠选项**后，此项才有效，单击按钮，会弹出下拉式菜单，如图16-8所示。

色度键
遮罩帧

图16-8

选择**色度键**，可通过**相似度**项对素材进行抠像，这是很重要的一个功能，大家经常会在电视上看到主持人背后有活动的背景，这就是抠像功能实现的；选择**遮罩帧**，则可为素材添加遮罩。

胶片库

如果需要对画面中的主体进行抠像，如主持人、广告商品等，在拍摄时就应将主体置于纯色背景之前，如我国电视台对主持人进行抠像时，通常用的是蓝色背景，而欧美国家电视台对主持人进行抠像时，通常用的是绿色背景，实际上只要能跟主体区别开来，用什么颜色的纯色背景都可以，这样才便于将主体提取出来。

相似度：当**类型**项指定为**色度键**时，此项才有效，可指定或吸取需要抠掉的颜色，并设置颜色的相似度，以确定抠像的范围。

覆叠遮罩的色彩：单击色块，会弹出色彩选择工具，可直接指定需要抠掉的颜色；也可以单击按钮，然后将鼠标移到右侧的小**预览窗口**中吸取需要抠掉的颜色。

如果抠得不够干净，可在后面的文本框中输入值，以调整抠像的效果，值越大，抠像范围越大，值越小，抠像范围越小，如图16-9所示。

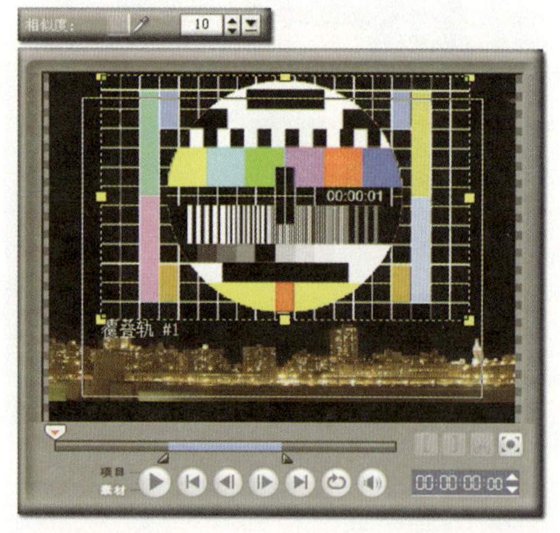

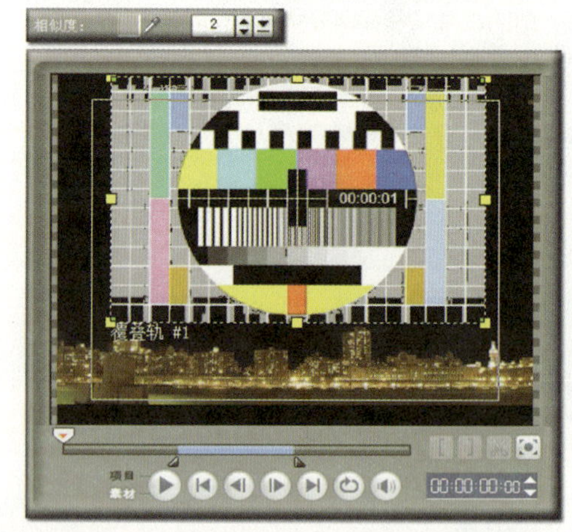

图16-9

宽度：对素材的宽度进行裁切，在文本框中输入值，值越大，裁切得越多，为0时，表示不裁切，如图16-10所示。

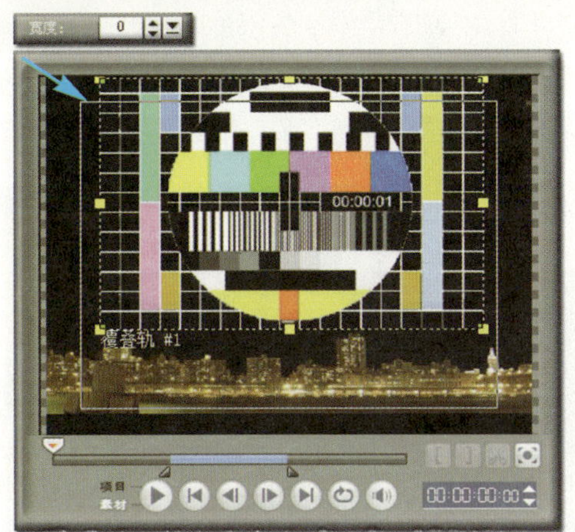

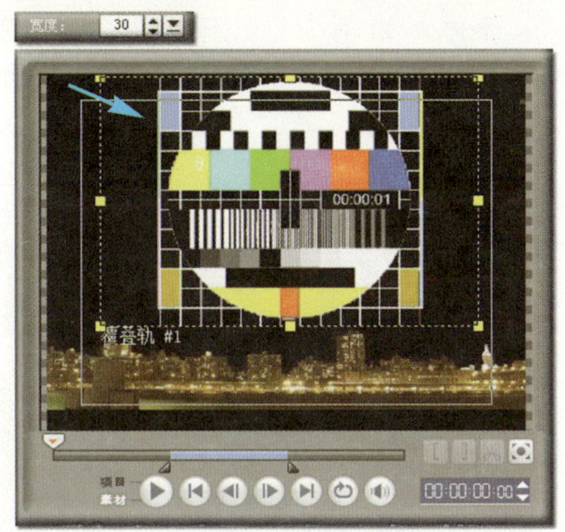

图16-10

高度：对素材的高度进行裁切，在文本框中输入值，值越大，裁切得越多，值为0时，表示不裁切，如图16-11所示。

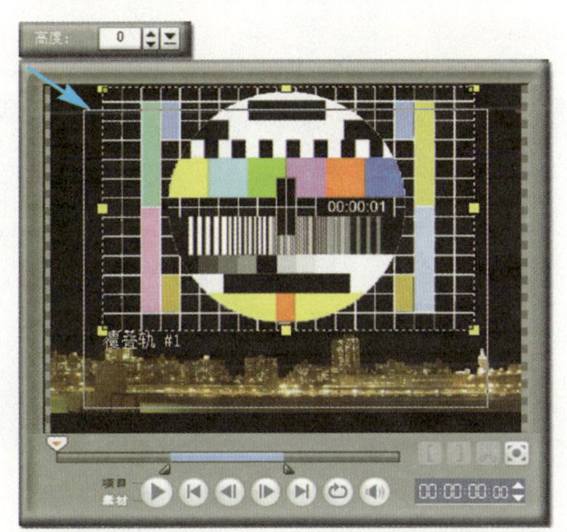

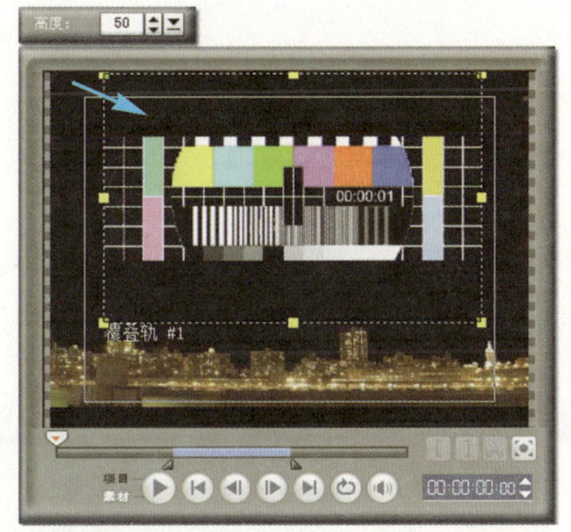

图16-11

添加遮罩：当**类型**项指定为**遮罩帧**时，将为素材添加一个遮罩，这时右侧的小**预览窗口**中显示预置的20多个遮罩供选择，单击目标遮罩，即可替换素材原有的遮罩，如图16-12所示。

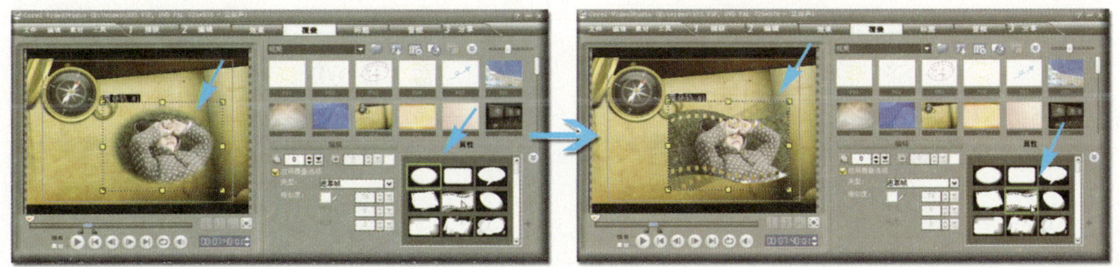

图16-12

✚添加遮罩项：如果想加入自己设计的遮罩，由于黑色部分全透明，白色部分不透明，灰色部分渐透明，所以导入的图像最好只含有上述色调，才能获得最佳效果。

用图像处理软件，如Photoshop来制作一个遮罩是很方便的，如图16-13所示。

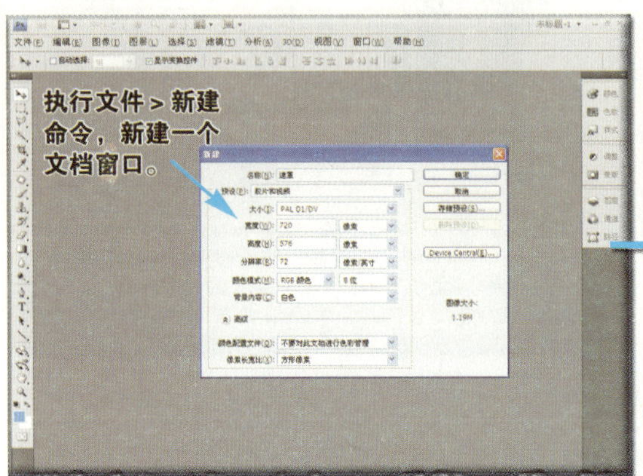

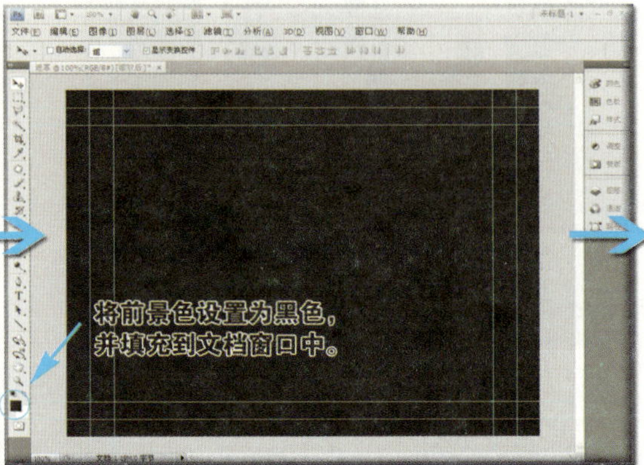

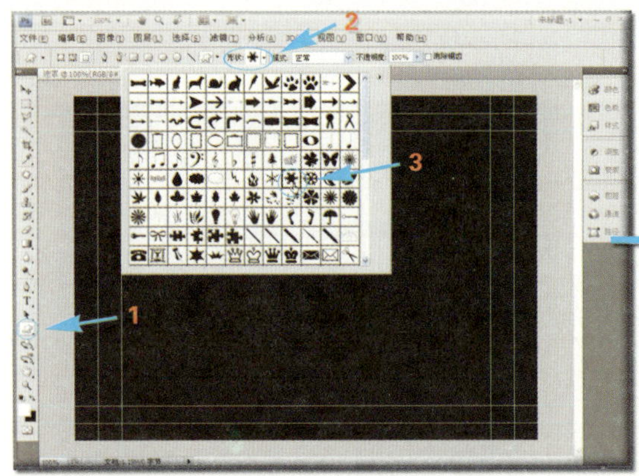

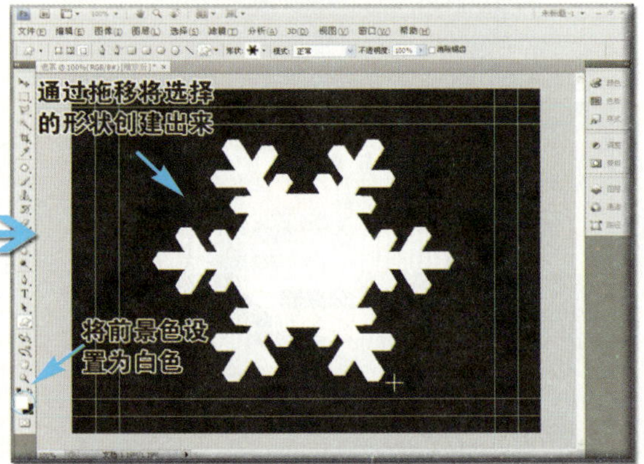

图16-13

最后执行**文件 | 存储为**命令，将其存储为**遮罩.jpg**文件，即可供会声会影调用，单击✚按钮，会弹出对话框，如图16-14所示。

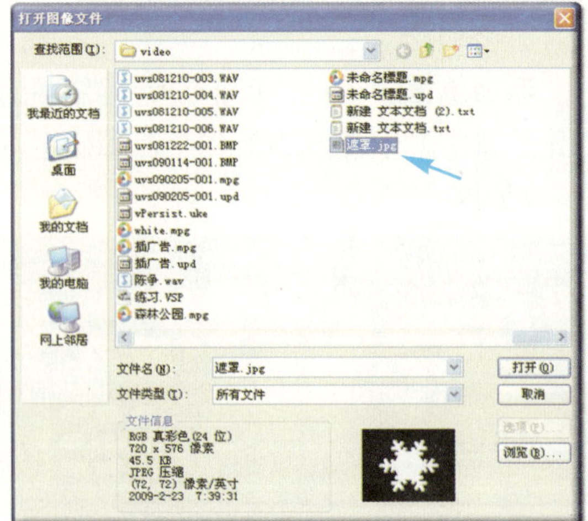

图16-14

单击 打开(O) 按钮，即可将选中的图像加载到列表中，如图16-15所示。

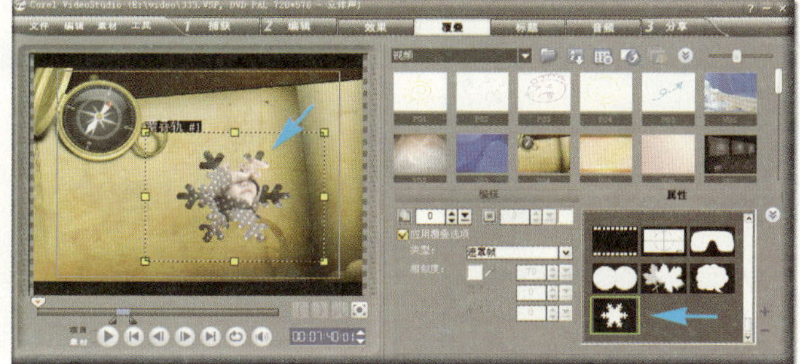

图16-15

—删除遮罩项：此功能对软件预置的遮罩不起作用，只能删除通过➕按钮载入的遮罩。在列表中选中自己载入的遮罩时，此功能才有效，单击此按钮，即可将其删除。

返回：单击此按钮，即可回到上一级界面。

对齐选项 设置覆叠素材相对于**预览窗口**的对齐方式及改变覆叠素材的大小。单击此按钮，会弹出下拉式菜单，如图16-16所示。

停靠在顶部：将覆叠素材相对于**预览窗口**的顶部进行对齐，将鼠标移到此命令上，会弹出次级菜单，如图16-17所示。

图16-16

图16-17

这3种对齐方式如图16-18所示。

图16-18

停靠在中央：将覆叠素材相对于**预览窗口**的中央进行对齐，将鼠标移到此命令上，会弹出次级菜单，如图16-19所示。

图16-19

这3种对齐方式如图16-20所示。

图16–20

停靠在底部：将覆叠素材相对于**预览窗口**的底部进行对齐，将鼠标移到此命令上，会弹出次级菜单，如图16-21所示。

图16–21

这3种对齐方式如图16-22所示。

图16–22

保持宽高比：执行此命令，将使变形的覆叠素材变回原来的宽高比，如图16-23所示。

图16–23

默认大小：执行此命令，将使覆叠素材变回软件预设的大小，如图16-24所示。

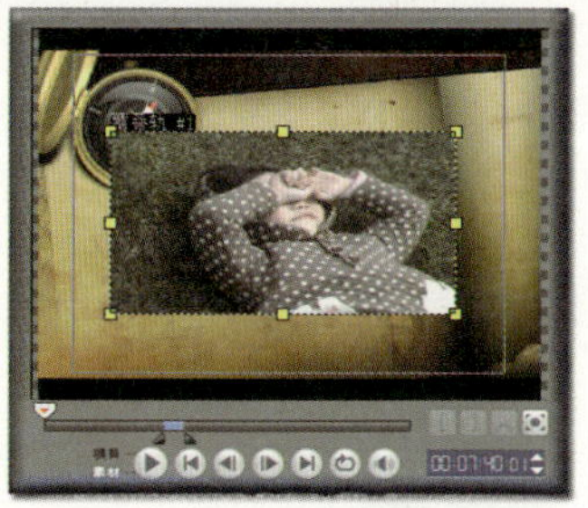

图16-24

原始大小：执行此命令，将使覆叠素材变回原来的大小，如图16-25所示。

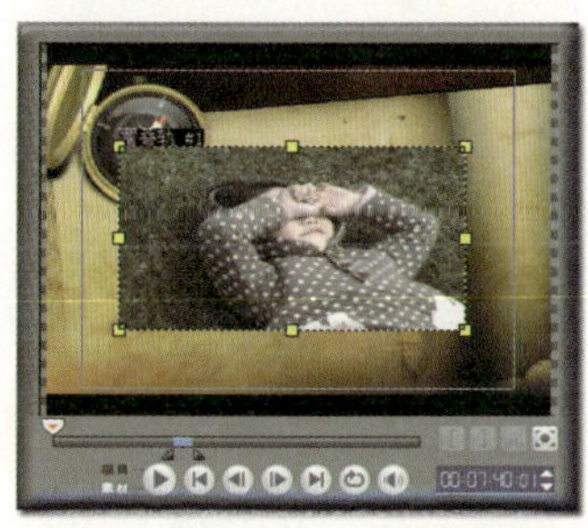

图16-25

调整到屏幕大小：执行此命令，将使覆叠素材全屏显示，如图16-26所示。

图16-26

重置变形：执行此命令，将使变形的覆叠素材恢复原貌，如图16-27所示。

图16-27

替换上一个滤镜 勾选此项，在已添加了视频滤镜的覆叠素材中再次添加新

的视频滤镜时，将替换掉最后添加的滤镜。

方向/样式 设置覆叠素材的运动方式。

进入：设置覆叠素材飞入屏幕的方向，箭头所指的方向即是运动方向，单击中间的按钮，则表示静止不动。

退出：设置覆叠素材飞出屏幕的方向，箭头所指的方向即是运动方向，单击中间的按钮，则表示静止不动。

暂停区间前旋转：单击此按钮，在覆叠素材飞入屏幕到停止之间，将进行旋转。

暂停区间后旋转：单击此按钮，在覆叠素材飞入屏幕停止后，到飞出屏幕之间，将进行旋转。

淡入动画效果：单击此按钮，在覆叠素材飞入屏幕时，将以淡入的方式飞入。

淡出动画效果：单击此按钮，在覆叠素材飞出屏幕时，将以淡出的方式飞出。

显示网格线 勾选此项，将在**预览窗口**中显示网格线，以辅助定位。单击后面的按钮，可对网格线进行设置。

星期五
⊙为影片添加标题文字；
⊙手写文字的创建；
⊙设置文字的大小、颜色、字体等属性；
⊙移动、缩放和旋转文字等。

08:00-10:00 AM

第17章 标题之体验馆

在影片中加入的文字，或是片名，或是说明，或是对话，都是画面的有机组成部分，可以强化和诠释画面的内容，是不可或缺的元素。

单击**步骤面板**的**标题**项，即可跳转到相应的界面，如图17-1所示。

图17-1

17.1 制作片名

【 **| 星期五 | 制作片名.VSP** 视频重新链接路径：\会声会影安装目录\Samples\Video\HM_Happy Birthday_Start.wmv】

我们经常需要为影片创建片名。

① 跳转到编辑界面

单击**步骤面板**的**编辑**项，以进入相应的界面。

② 新建项目

执行**文件 | 新建项目**命令，然后将鼠标移到**素材库**中将**V12.wmv**拖移到**视频轨**

上，如图17-2所示。

图17-2

③ 将标题模板拖移到标题轨上

单击**步骤面板**的**标题**项，以进入相应的界面，将鼠标移到**素材库**中将**My Title**标题样式拖移到**标题轨**上，如图17-3所示。

图17-3

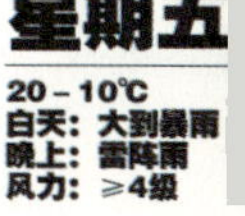

④ 输入文字

在**预览窗口**中双击文字，可进入编辑状态，将鼠标移到首文字处按左键不动并往尾文字处拖移，把需要修改的文字选中，然后输入新的文字即可将其替换，如图17-4所示。

图17-4

⑤ 缩放标题

单击**选项面板**处的**T↓**按钮，将其转换为直排，并通过拖移将其缩小为合适大小，片名就制作成功了，如图17-5所示。

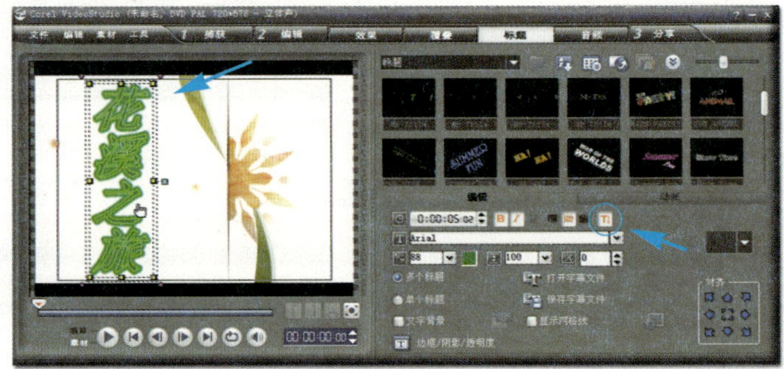

图17-5

17.2 制作手写文字

【**\星期五\制作手写文字.VSP** 视频重新链接路径：\会声会影安装目录\Samples\Video\HM_Happy Birthday_Start.wmv 文字重新链接路径：配套光盘\星期五\PaintingCreator_Animation\PaintingCreator~0.UVP】

大家肯定看到过有的片名像写字一样一笔一划地书写出来，感觉很是神奇，这就是手写动画，其实我们也能很容易地做到。

① 将视频处理成慢动作

接上例第2步。在选中**视频轨**上的视频后，单击**选项面板**上的**回放速度**按钮，会弹出对话框，如图17-6所示。

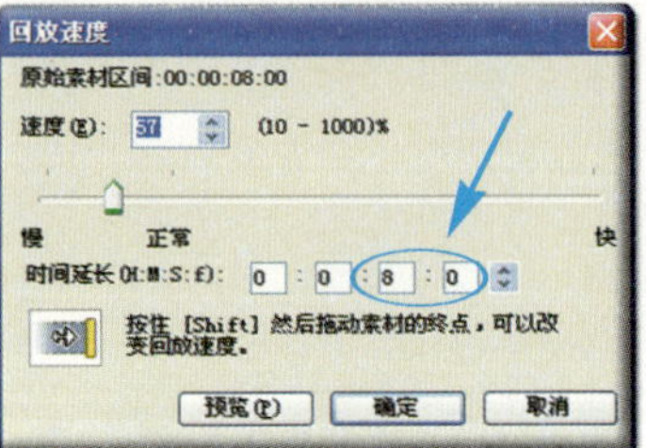

图17-6

将**时间延长**设置为8秒，以加长视频的时间。

② 进入绘图创建器对话框

单击**时间轴工具栏**上的按钮，会弹出对话框，如图17-7所示。

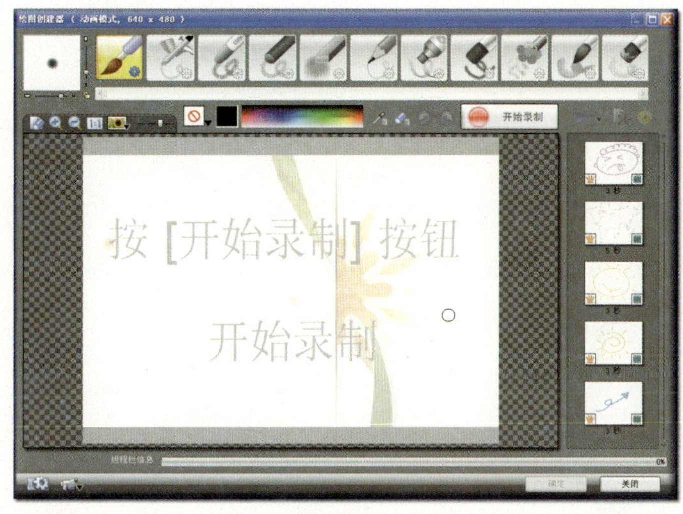

图17-7

星期五
20－10℃
白天：大到暴雨
晚上：雷阵雨
风力：≥4级

③ 选择笔刷

在**笔刷面板**中单击**碳笔**右下方的按钮，会弹出下拉式菜单，如图17-8所示。

按图中所示进行设置。可以在**画布预览窗口**中试着写一下。

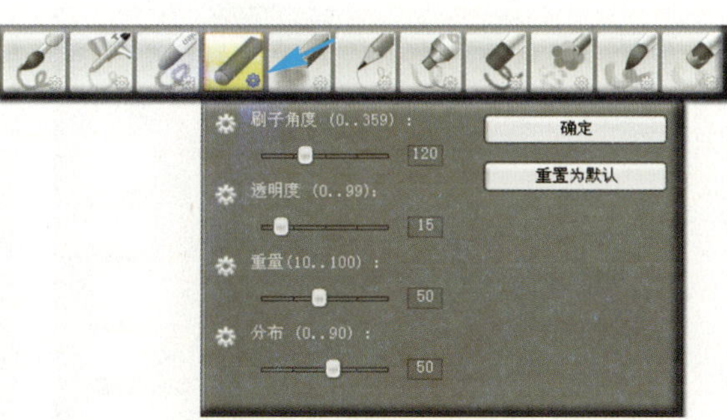

图17-8

④ 设置绘图的颜色

用鼠标直接在**工具栏**上的**色盘**中吸取蓝色，以指定给笔刷，如图17-9所示。

图17-9

⑤ 启用图层模式

单击对话框左下角的按钮，会弹出对话框，如图17-10所示。

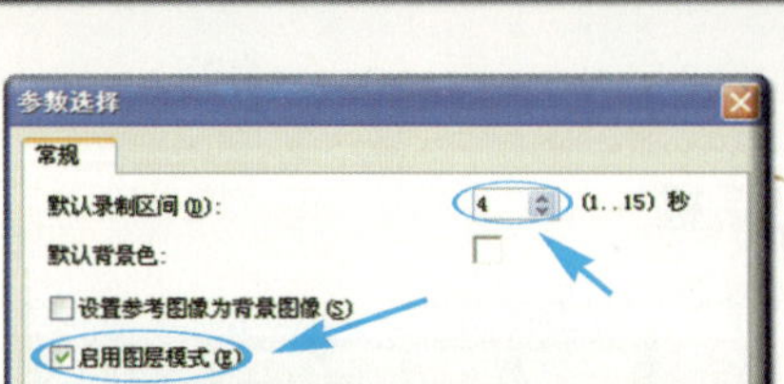

图17-10

要勾选**启用图层模式**，以确保书写的片名周围是透明的，否则会遮盖影片。同时，将**默认录制区间**设为6秒，表示用6秒的时间录制书写的过程。

⑥ 启用动画模式

单击对话框左下角的按钮，在下拉式菜单中执行**动画模式**，表示要将书写的过程录制下来。

⑦ 开始录制

一切准备就绪，单击**工具栏**上的[开始录制]按钮，即可进入录制状态，可以开始书写片名了，如图17-11所示。

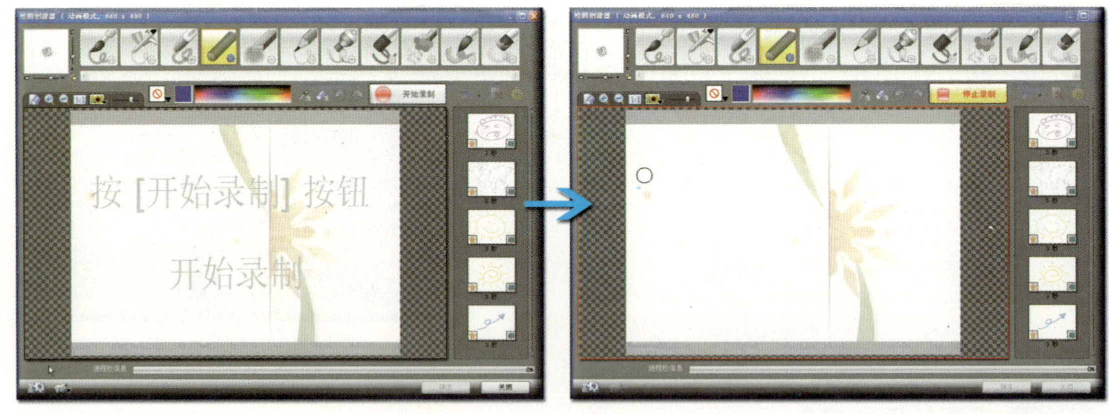

图17-11

⑧ 停止录制

这时在**画布预览窗口**中写的每一个步骤都会被记录下来，书写完毕，单击[停止录制]按钮即可将其存储到右侧的**画廊**中，如图17-12所示。

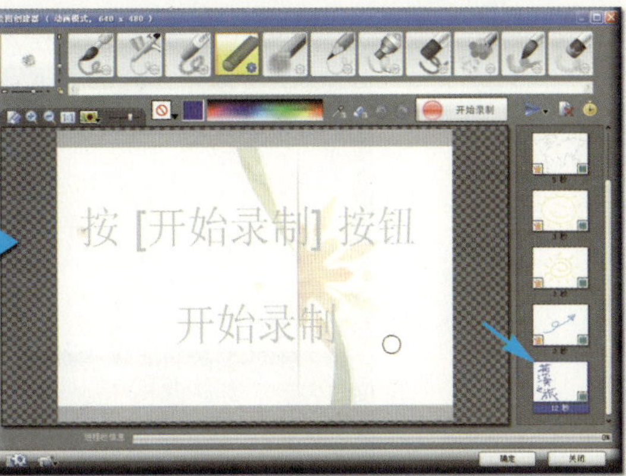

图17－12

⑨ 回看书写动画

回看一下动画，如果不满意，再重新录制。在**画廊**中单击刚才录制的动画，以将其选中，接着单击**工具栏**上▶按钮旁的▾按钮，在下拉式菜单中选择**项目回放**，然后再单击▶按钮，即可开始回看。

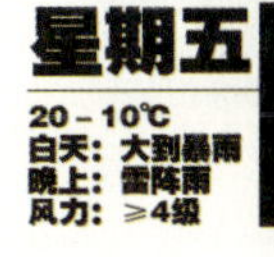

⑩ 将书写动画放置到时间轴上

如果觉得满意，将鼠标移到此动画上单击鼠标右键，在右键菜单中执行**将动画效果转换为静态**命令，可将最后一帧创建为图片，最后单击 确定 按钮，将有一个创建的过程，完成后动画部分会被放置到**素材库**的**视频**项中，图片部分则被放置到**图像**项中，先将动画拖移到**覆叠轨**上相应的位置，如图17-13所示。

图17－13

⑪ 延长定格时间

在预览时，你会发现书写的片名刚写完最后一笔就消失了，为了让观众看清楚，片名写完后应该静止一段时间，所以在**素材库**中选择**图像**项，找到刚才创建的片名图片，将其拖移到**覆叠轨**上书写动画的最后，并将其长度拖移成合适大小就大功告成了，如图17-14所示。

图17-14

胶片库

赶紧声明一下，由于没有配置手写板，例子中的片名是用鼠标估摸着写的，所以有点拿不上台面，如果以后经常会用到这个功能，最好购买一块灵敏度较高的有压感的手写板，可以尽情发挥你的绘画才能和硬笔书法。这类产品国产的有蒙恬千彩网际、水星，还有汉王笔的超能大将军、大学士等效果还不错，如果要求更高的话，可选择手写板领域的老大wacom的中、高端产品，不过价格也较贵。

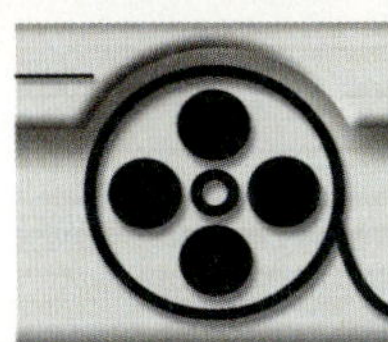

第18章 标题之深造馆

这里分两个部分进行讲解，一个是**绘图创建器**，一个是创建标题。其中**绘图创建器**准确地说并不隶属于**标题**项，但其作用跟**标题**项类似，都可以制作出文字，所以把它们放在一起讲解。

18.1 绘图创建器

此功能可以自由绘制图画、手写片名、描摹图像等，最为关键的是，可以将绘画或书写片名的过程录制下来，制作成动态的效果，如在婚礼光盘中绘制动态的接亲路线或在旅游光盘中绘制动态的游览路线等等，可使观众直观地了解活动的路线，为影片增加更多的趣味性和娱乐性。

单击**时间轴工具栏**上的按钮，会弹出对话框，如图18-1所示。

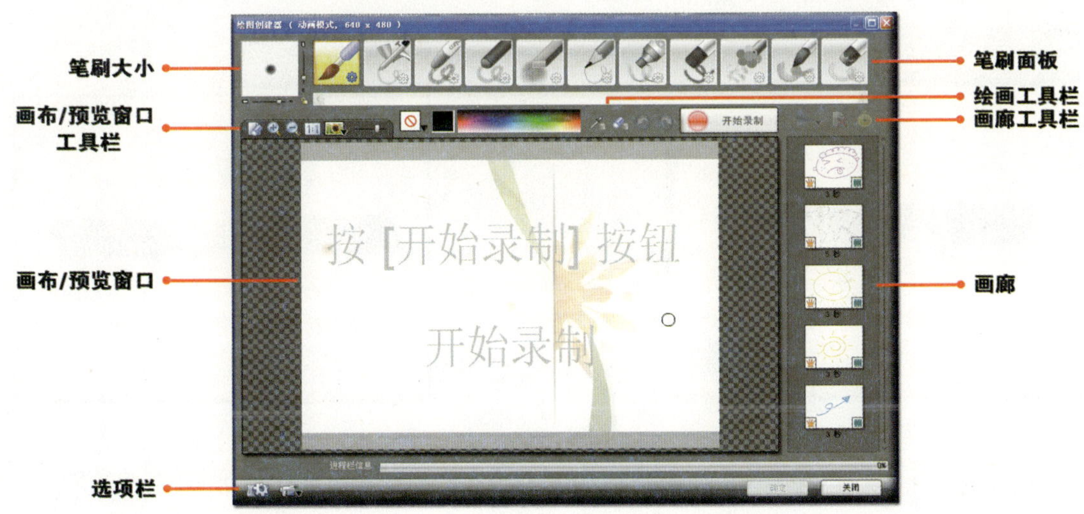

图18-1

18.1.1　画布/预览窗口

既可作为画布用于绘制图画和书写文字，也可作为预览窗口用于**画廊**条目的预览。

18.1.2　笔刷面板

提供了各种类型的笔刷供选择，这些笔刷模拟现实生活中相应画笔的效果，还有多个参数用于调整。

画笔　其效果如图18-2所示。

单击其右下方的按钮，会弹出对话框，如图18-3所示。

图18-2

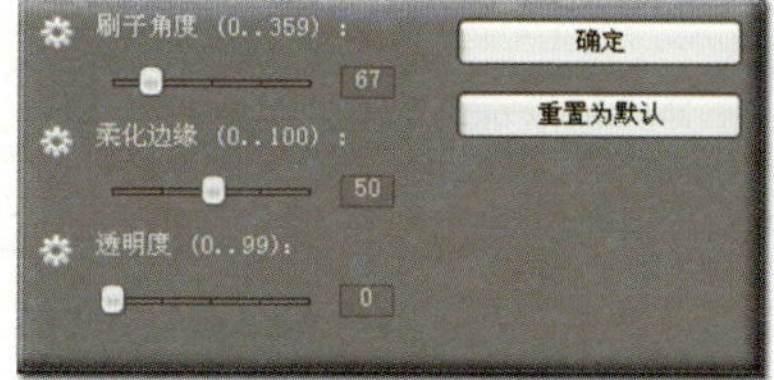

图18-3

刷子角度：设置笔刷的方向，如图18-4所示。

图18-4

柔化边缘：设置笔刷边缘的柔化程度，值越大，边缘越柔化，如图18-5所示。

图18-5

透明度：设置笔刷的透明度，值越大，越透明，如图18-6所示。

图18-6

重置为默认：单击此按钮，可将所有参数恢复为默认值。

喷枪 其效果如图18-7所示。

单击其右下方的按钮，会弹出对话框，如图18-8所示。

图18-7

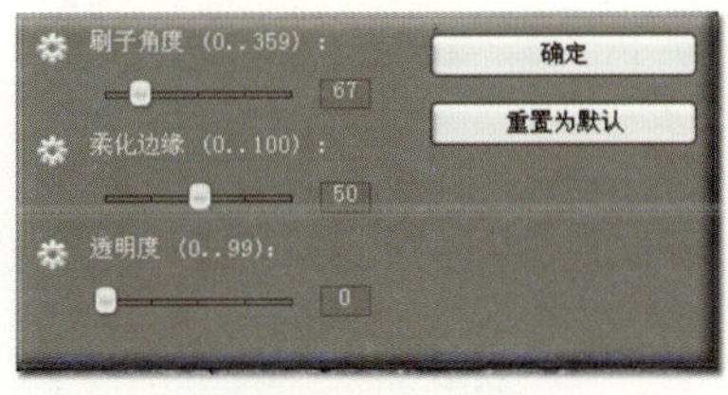

图18-8

星期五
20－10℃
白天：大到暴雨
晚上：雷阵雨
风力：≥4级

蜡笔 其效果如图18-9所示。

单击其右下方的按钮，会弹出对话框，如图18-10所示。

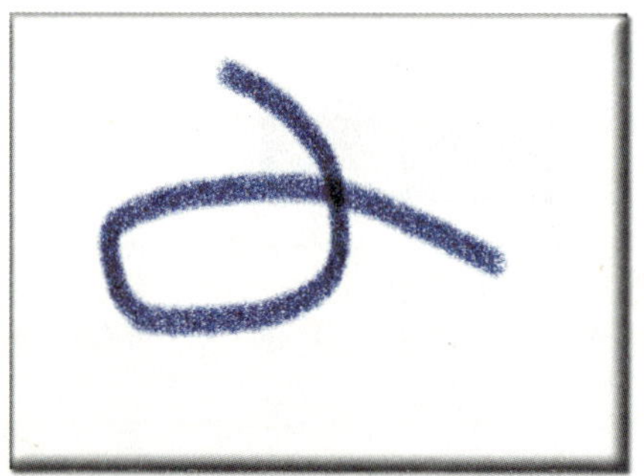

图18-9

刷子角度（0..359）： 0
透明度（0..99）： 0
重量（10..100）： 80
分布（0..90）： 30
确定
重置为默认

图18-10

重量：设置笔刷的浓度，如图18-11所示。

重量（10..100）： 100

图18-11

分布：设置笔刷的稀疏，如图18-12所示。

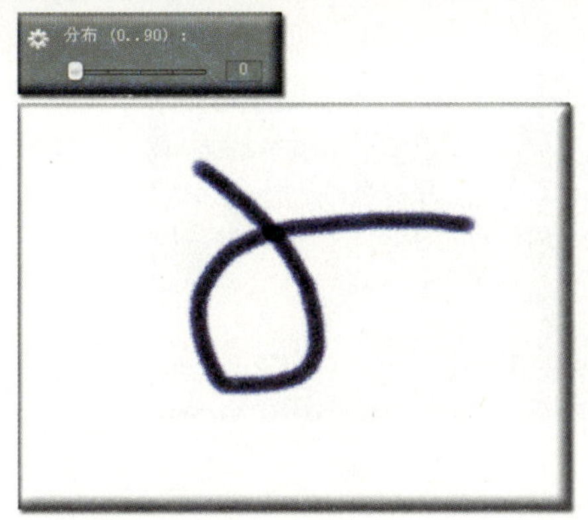

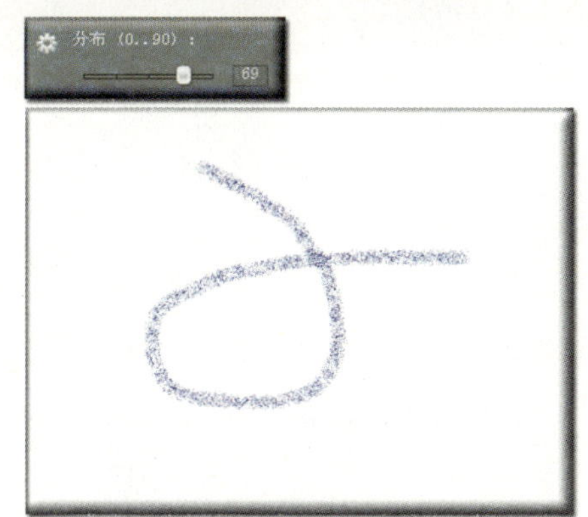

图18-12

炭笔 其效果如图18-13所示。

单击其右下方的按钮，会弹出对话框，如图18-14所示。

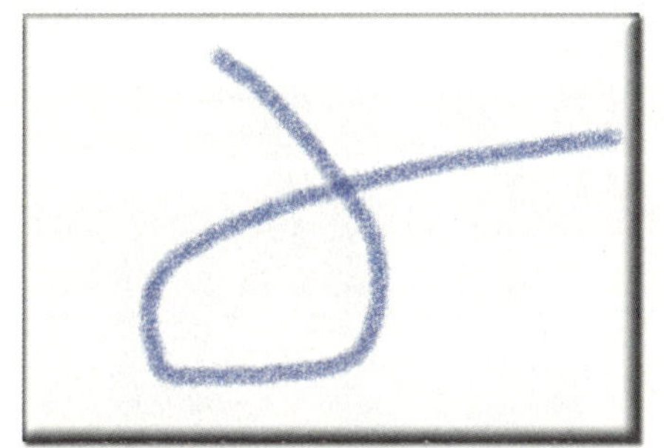

图18-13

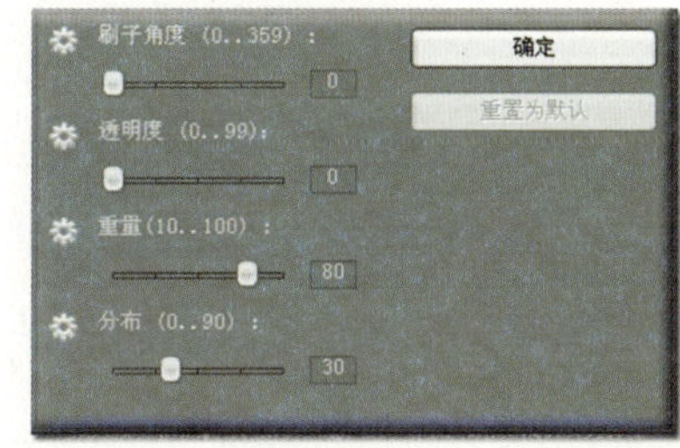

图18-14

粉笔 其效果如图18-15所示。

单击其右下方的按钮，会弹出对话框，如图18-16所示。

图18-15

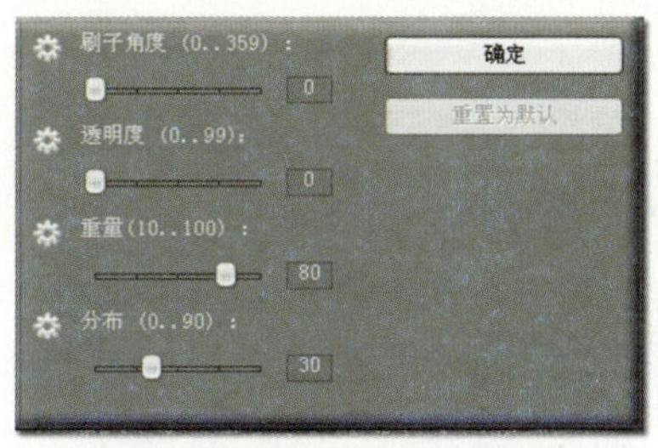

图18-16

铅笔 其效果如图18-17所示。

单击其右下方的按钮，会弹出对话框，如图18-18所示。

图18-17

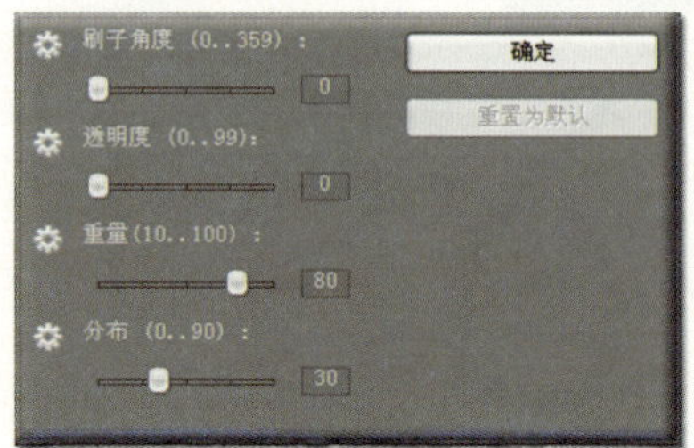

图18-18

标记 其效果如图18-19所示。

单击其右下方的按钮，会弹出对话框，如图18-20所示。

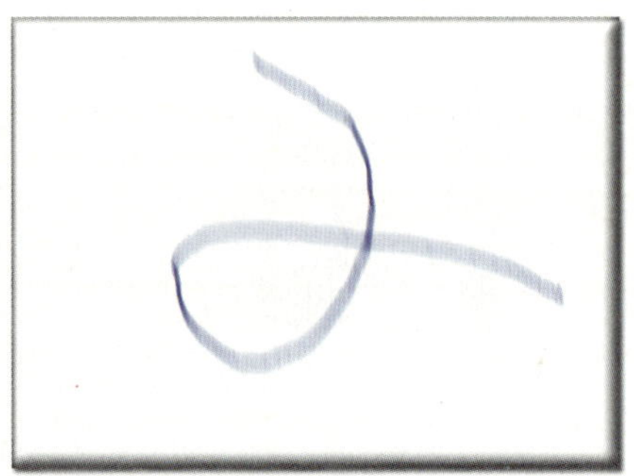

图18-19

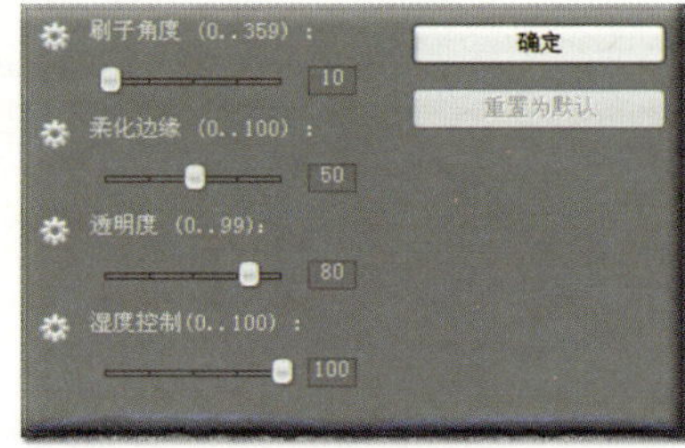

图18-20

湿度控制：设置颜料的湿度，如图18-21所示。

图18-21

油画 其效果如图18-22所示。

单击其右下方的按钮，会弹出对话框，如图18-23所示。

图18-22

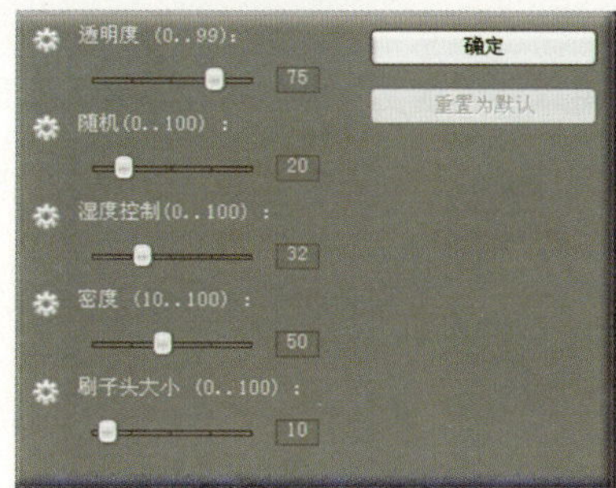

图18-23

随机：设置笔刷的分布，如图18-24所示。

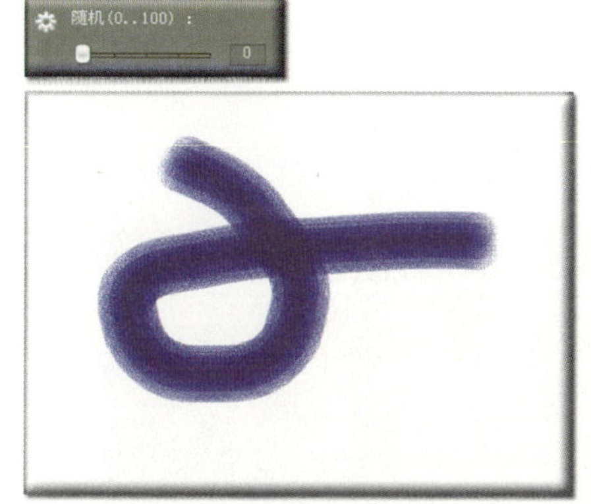

图18-24

密度：设置笔刷的浓密程度，如图18-25所示。

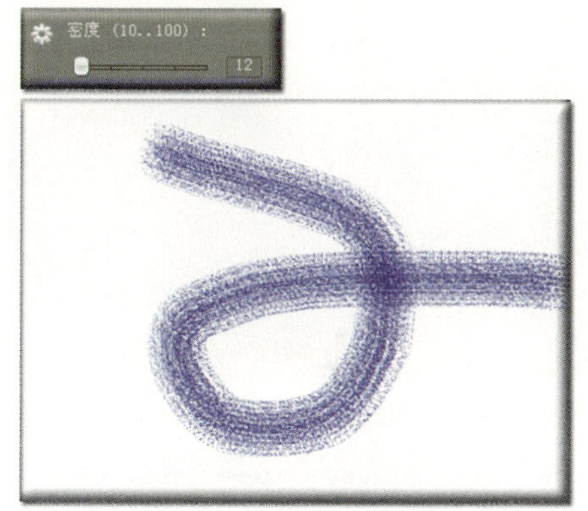

图18-25

刷子头大小：设置刷子头的大小，如图18-26所示。

星期五
20 - 10℃
白天：大到暴雨
晚上：雷阵雨
风力：≥4级

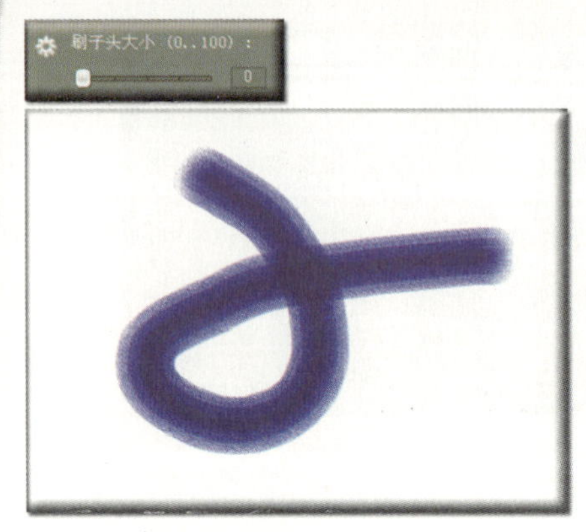

图18－26

微粒 其效果如图18-27所示。

单击其右下方的按钮，会弹出对话框，如图18-28所示。

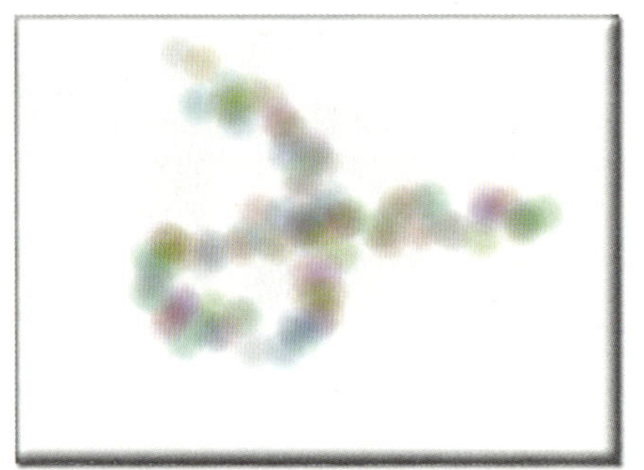

图18－27

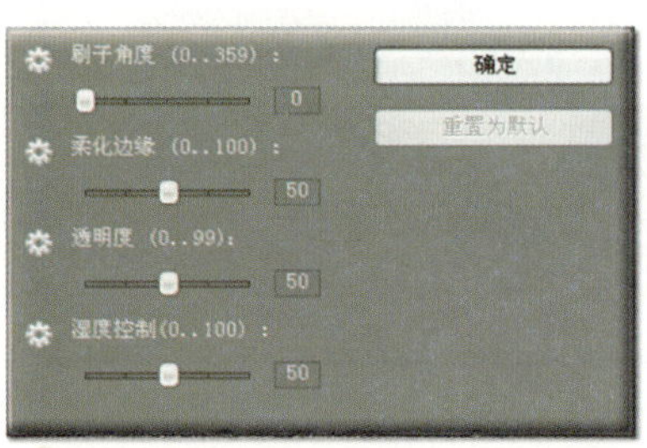

图18－28

滴水 其效果如图18-29所示。

图18－29

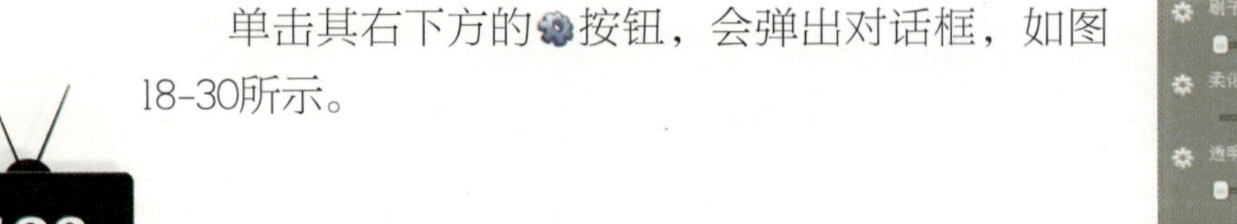

单击其右下方的按钮，会弹出对话框，如图18-30所示。

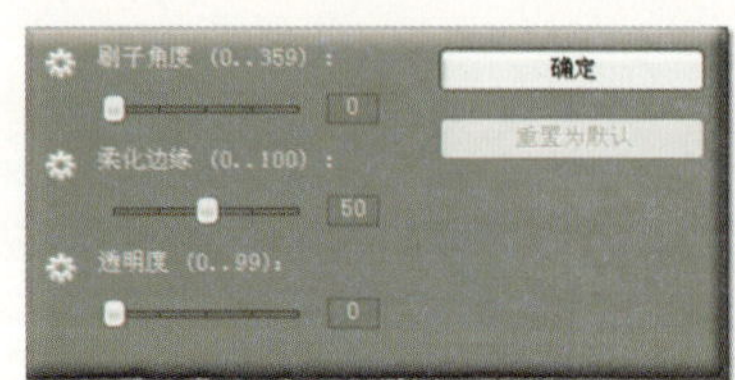

图18－30

硬手笔 其效果如图18-31所示。

单击其右下方的按钮，会弹出对话框，如图18-32所示。

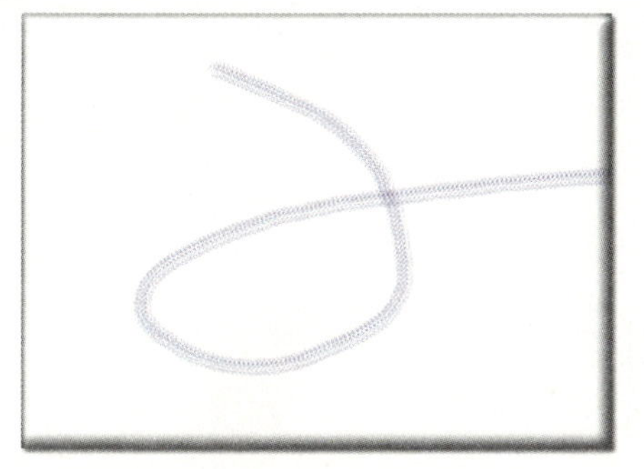

图18-31

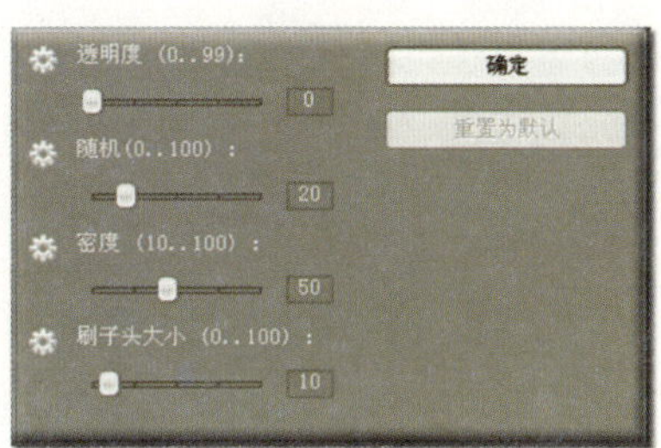

图18-32

18.1.3 笔刷大小

在**笔刷面板**选择了笔刷后，在这里可对其大小进行设置。

笔刷宽度 将鼠标移到滑块上按左键不动并往左边或右边拖移，可改变笔刷的宽度，如图18-33所示。

图18-33

如果在按Shift键或Ctrl键时拨动滑块，宽和高相等并同步缩放；如果在按Alt键时拨动滑块，宽和高将等比缩放。

笔刷高度 将鼠标移到滑块上按左键不动并往上方或下方拖移，可改变笔刷的高度，如图18-34所示。

图18-34

宽高相等 单击此按钮，变为时，在改变笔刷的宽度或高度时，其高度或宽度都会与之相等，否则可单独改变宽度或高度的大小。

18.1.4 画布/预览窗口工具栏

可对**画布/预览窗口**进行设置和操作。

清除预览窗口 单击此按钮，会将**画布/预览窗口**中的所有绘画清除干净。

放大 单击此按钮，会将**画布窗口**中的绘画放大显示，单击一次，放大一级，如图18-35所示。

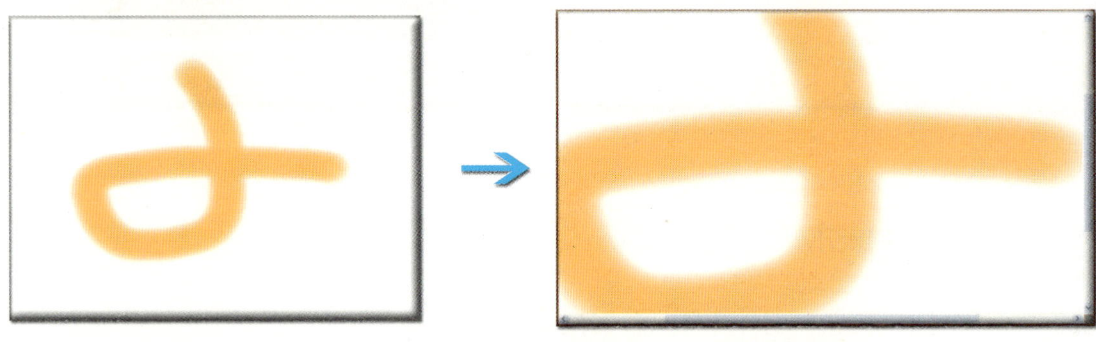

图18-35

缩小 单击此按钮，会将**画布窗口**中的绘画缩小显示，单击一次，缩小一级，如图18-36所示。

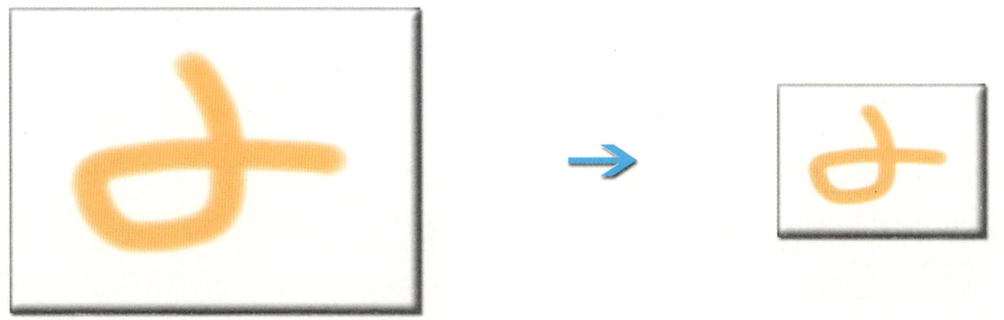

图18-36

实际大小 单击此按钮，会使被放大或缩小了的**画布窗口**复位为实际的大小。

预览窗口背景图像设置 设置**画布/预览窗口**的背景，以作为绘画或预览的参照。单击此按钮，会弹出对话框，如图18-37所示。

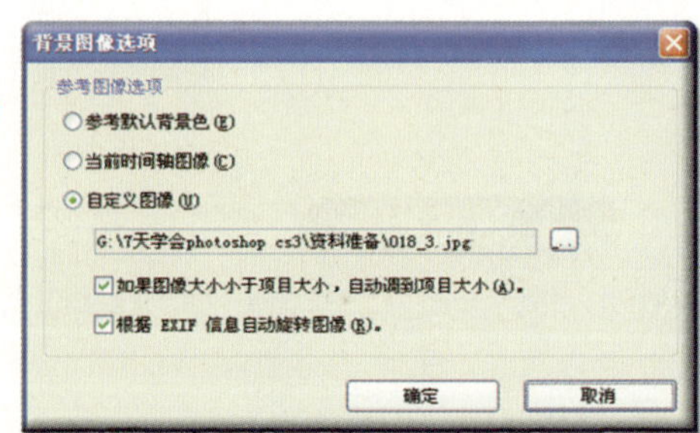

图18-37

参考默认背景色： 勾选此项，将以左下角**选项栏**的按钮设置的**默认背景色**作为背景，如图18-38所示。

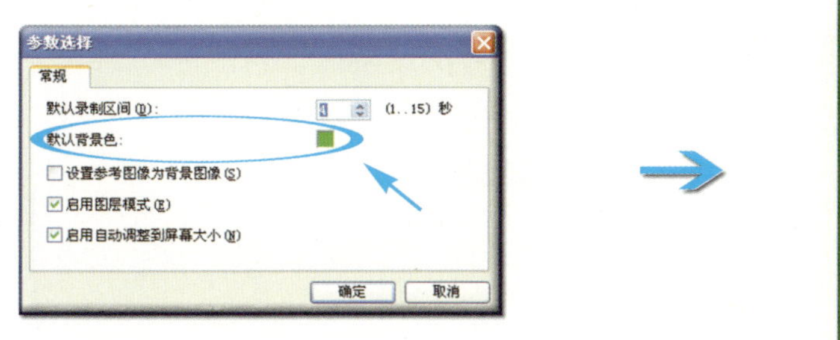

图18-38

当前时间轴图像： 勾选此项，将以当前**时间轴**上▽**时间轴滑块**预览的图像作为背景，如图18-39所示。

图18-39

自定义图像： 勾选此项，单击后面的按钮，可将硬盘上存储的图像作为背景，如图18-40所示。

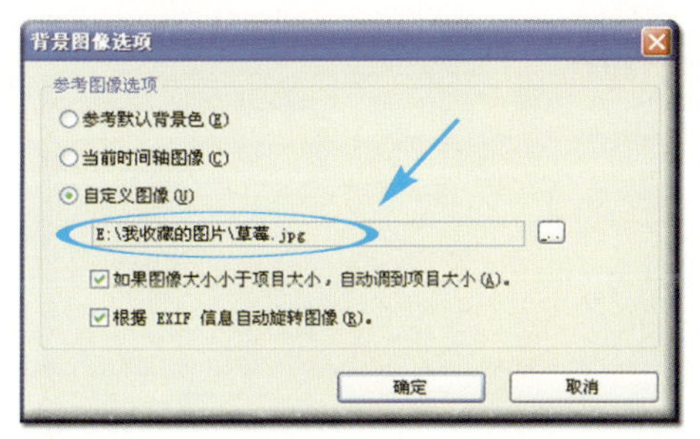

图18-40

如果图像大小小于项目大小，则自动调整到项目大小： 勾选此项，如果选择的图

像比项目小，会自动将其放大，以调整为与项目大小一致。

根据EXIF信息自动旋转图像： 勾选此项，软件将根据数码照片特有的EXIF信息自动将倒置的照片转正。

预览窗口背景图像透明度设置 设置背景图像的透明度，将鼠标移到滑块上按左键不动并往左边或右边拖移，可减小或增大透明度，如图18-41所示。

图18-41

18.1.5 绘画工具栏

可对笔刷的颜色、纹理等进行设置。

纹理选项 为当前选择的笔刷设置绘画的材质。单击此按钮，会弹出对话框，如图18-42所示。

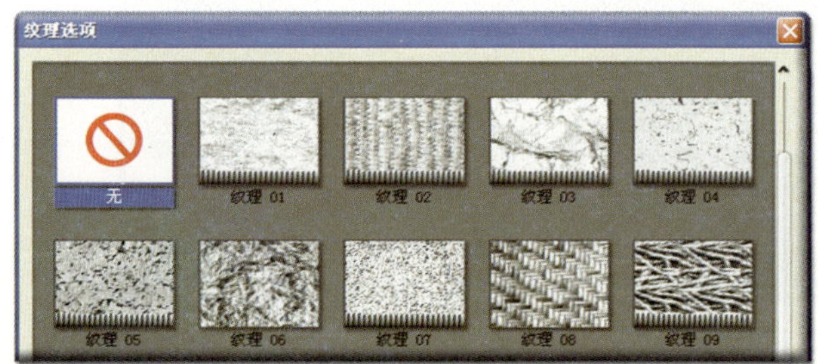

图18-42

其中，选择⊘，表示无纹理。选择纹理后，绘画的效果如图18-43所示。

图18-43

色彩选取器 可通过Corel和Windows色彩选取器为当前选择的笔刷指定绘画的颜色。单击此按钮，会弹出下拉式菜单，如图18-44所示。

图18-44

色盘 可直接在这里吸取颜色指定给笔刷。将鼠标移到色盘中，指针会变为吸管，单击目标颜色即可将其选中，如图18-45所示。

图18-45

滴管工具 可直接在**画布窗口**中吸取颜色指定给笔刷。单击此按钮，将鼠标移到**画布窗口**中时，指针会变为吸管，单击目标颜色即可将其选中，如图18-46所示。

图18-46

擦除模式 可擦除**画布窗口**中多余的笔画。单击此按钮，将鼠标移到**画布窗口**中按左键不动并拖移，即可将经过的部分擦除。

撤消 单击此按钮，将恢复到上一步的状态，单击一次，恢复一步。

重复 只有在单击撤消按钮后，此功能才有效，单击此按钮，将还原被撤消的状态，单击一次，还原一步。

开始录制 添加图像 当左下角**选项栏**的按钮选择的是**动态模式**时，显示的是“开始录制”按钮，如果要录制绘画的动画，单击此按钮，这时在**画布窗口**中的操作将被记录下来，如果要停止录制，单击“停止录制”按钮，即可将其添加到**画廊**中，如图18-47所示。

星期五
20－10℃
白天：大到暴雨
晚上：雷阵雨
风力：≥4级

图18−47

当左下角**选项栏**的按钮选择的是**静态模式**时，显示的是按钮，这时可在**画布窗口**中进行绘画，完成后单击此按钮，即可将其添加到**画廊**中，这样获得的将是静态的图像。

18.1.6 画廊

用于放置录制好的动画和添加的图像，如图18-48所示。

将鼠标移到**画廊**中的条目上单击鼠标右键，会弹出右键菜单，如图18-49所示。

更改区间 只有在当前条目是动画时，此功能才有效，可改变动画的持续时间，执行此命令，会弹出对话框，如图18-50所示。

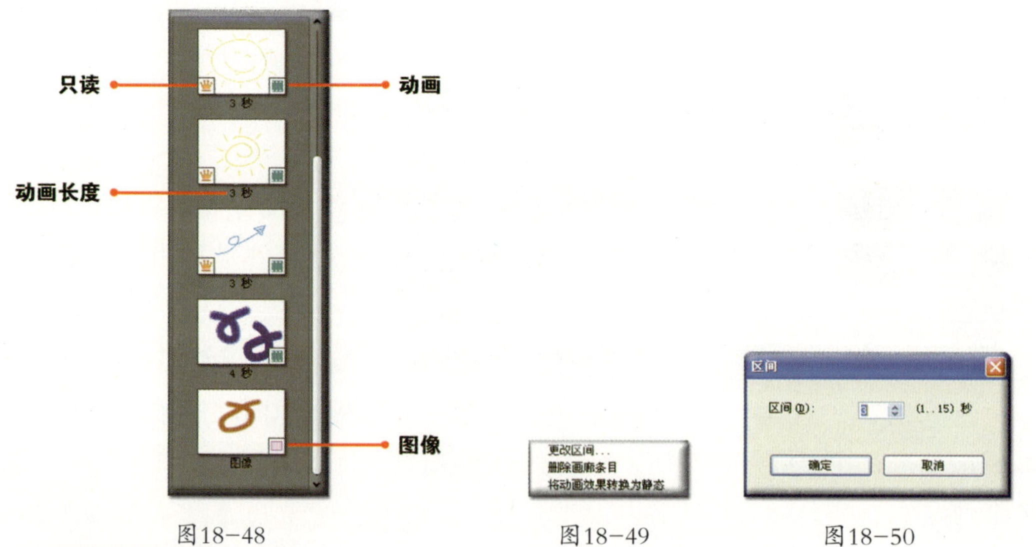

图18−48 图18−49 图18−50

删除画廊条目 执行此命令，会将当前选中的条目删除。

将动画效果转换为静态 只有在当前条目是动画时，此功能才有效，可将动画转换为图像。执行此命令，会将当前动画转换为图像，如图18-51所示。

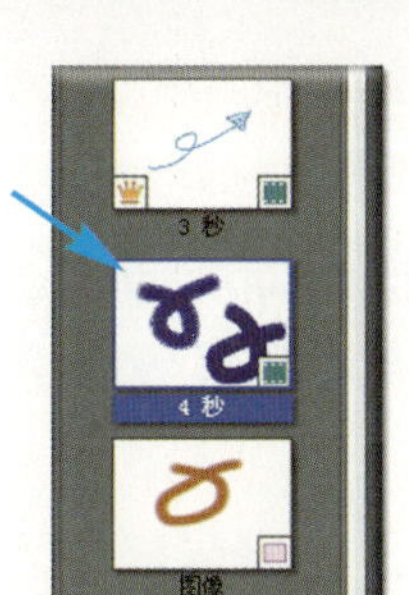

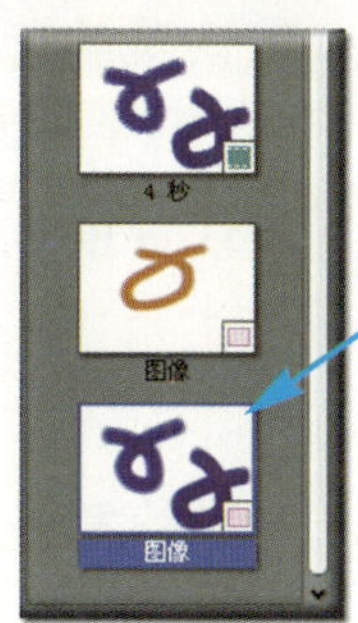

图18-51

18.1.7 画廊工具栏

可对**画廊**中的条目进行操作。

播放动画 只有当**选项栏**的按钮选择的是**动态模式**，并且在**画廊**中当前选中的条目是动画时，此功能才有效，将在**预览窗口**中播放当前选中的动画。单击右下角的按钮，会弹出下拉式菜单，如图18-52所示。

图18-52

录制回放：选择此项，将快速播放录制时的步骤，类似于看碟时的快进。

项目回放：选择此项，将在生成后完整播放动画。

删除条目 同右键菜单中的**删除画廊条目**命令，可将**画廊**中当前选中的条目删除。在**画廊**中选中条目后，单击此按钮，即可将其删除。

更改选择的画廊区间 同右键菜单中的**更改区间**命令，可改变当前选中动画的时间长度。

18.1.8 选项栏

可对**画布/预览窗口**的背景及当前编辑状态等进行设置。

优先项设置 可预先对动画的持续时间等进行设置，单击此按钮，会弹出对话框，如图18-53所示。

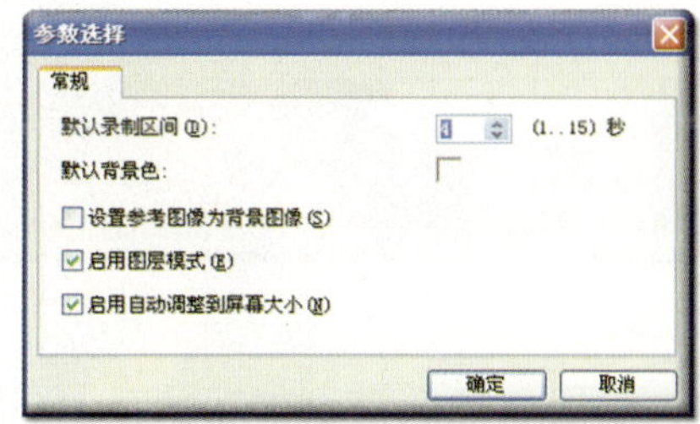

图18-53

默认录制区间：可预先设置动画的时间长度，可直接在后面的文本框中输入数值，最短1秒，最长15秒。

默认背景色：可为**画布/预览窗口**设置背景颜色，单击后面的色块，即可通过色彩选择工具进行设置。只有在**预览窗口背景图像设置**中勾选了**参考默认背景色**后，才会在**画布/预览窗口**中将相应的颜色作为背景。

设置参考图像为背景图像：勾选此项，在录制动画或添加图像时，会将背景作为绘画的组成部分存储下来，如图18-54所示。

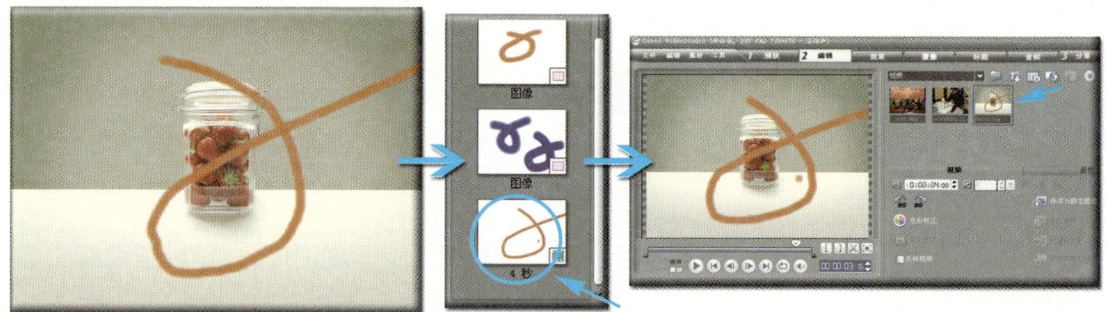

图18-54

在放置到**画廊**中时，虽然没有显示背景，但在将其生成到**素材库**中时即可看到。如果不勾选此项，背景仅仅用于绘画和预览的参照，在录制时不会进入成品中。

启用图层模式：勾选此项，生成的动画或添加的图像中笔划的周围将是透明的，无论是否勾选**设置参考图像为背景图像**，在将其放置到**时间轴**的**覆叠轨**上时都可叠加到视频上，否则笔划周围将以白色或背景图像填充，如图18-55所示。

图18-55

启用自动调整到屏幕大小：勾选此项，在将生成的动画或添加的图像放置到**时间轴**的**覆叠轨**上时，将自动调整为全屏，否则将按原大小显示，如图18-56所示。

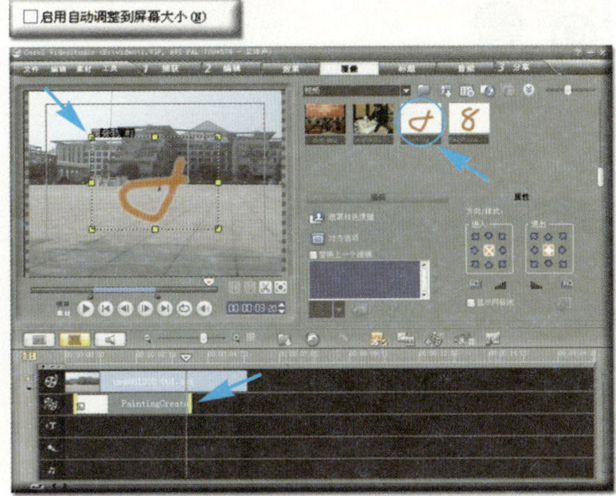

图18-56

胶片库

对于设置参考图像为背景图像、启用图层模式和启用自动调整到屏幕大小三项的设置，只在最后单击 确定 按钮，生成并添加到素材库中时才起作用，所以在生成前最好确认一下这三项的设置是否符合要求。

星期五
20－10℃
白天：大到暴雨
晚上：雷阵雨
风力：≥4级

模式切换 在动画模式和静态模式之间切换。单击此按钮，会弹出下拉式菜单，如图18-57所示。

图18-57

动画模式：将录制整个绘画的过程，得到的是动态的图像。

静态模式：创建的将是静态的图像。

其作用是将当前**画廊**中选中的条目生成并添加到**素材库**中。

18.2 创建标题

18.2.1 开始前的准备

为了更好地使用**标题**功能，应对一些默认参数进行设置。

1.设置标题轨的数量

软件默认有一个**标题轨**，如果需要在同一个位置放置不同的字幕，还可以单击**时间轴工具栏**上的按钮，再添加一个**标题轨**，如图18-58所示。

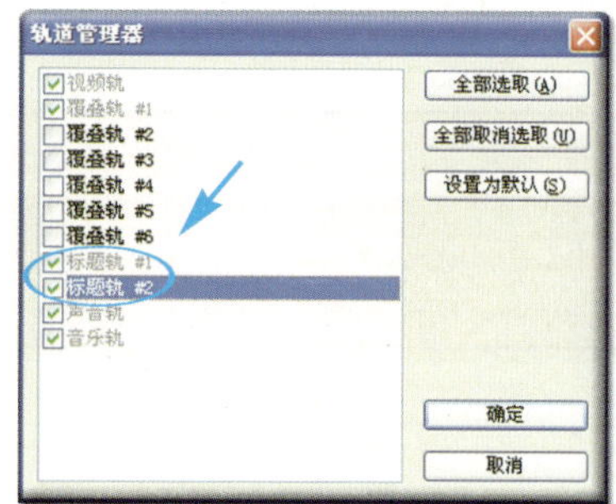

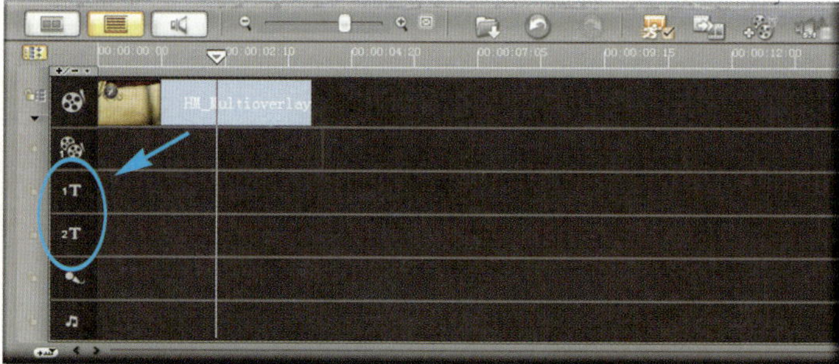

图18-58

2.在素材库中显示标题动画效果

执行**文件 | 参数选择**命令，会弹出对话框，单击**常规**项，将进入相应的界面，如图18-59所示。

媒体库动画 勾选此项，在**素材库**中将显示标题的动态演示，可直观地看到该标题的入屏和出屏样式，以便于选择。

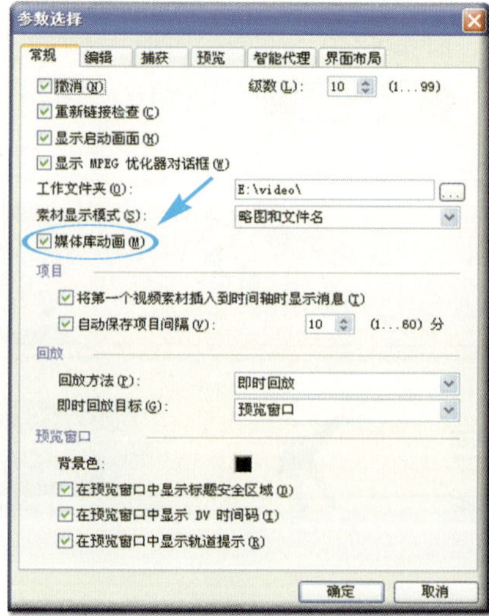

图18-59

3.在预览窗口中显示安全区域

由于影片的边缘有一定的区域在电视上是看不到的，所以在创建标题时，必须放置在安全区域中，才能确保其不会超出电视屏幕。

在**参数选择**的**常规**项中，勾选**在预览窗口中显示标题安全区域**，在对标题排版时，即可在**预览窗口**中显示矩形的安全区域，以辅助对标题的定位，如图18-60所示。

图18－60

18.2.2 标题的创建和编辑

制作标题有两种方式，一种是在**素材库**中选择模板，通过修改模板来创建，一种是直接创建。

1.通过模板创建

在**素材库**的**标题**项中有30多个软件预置的标题模板，如果想使用这些现成的模板，只需将鼠标移到目标模板的缩略图上按左键不动并往**标题轨**上拖移，接着用鼠标在**标题轨**上双击该模板，在**预览窗口**中将显示相应的文字，如图18-61所示。

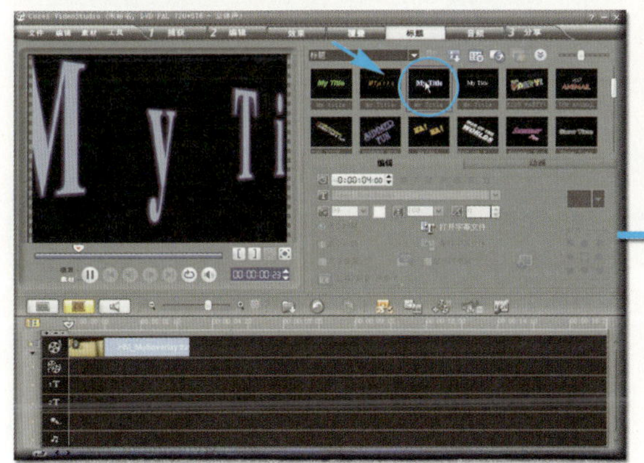

图18－61

这时在**预览窗口**中用鼠标双击文字，可进入编辑文字的状态，将鼠标移到文字的左侧按左键不动并往右侧拖移，以将文字全部选中，接着输入新的文字，可把选中的

文字替换掉，最后单击定界框外即可将模板创建为新的标题，如图18-62所示。

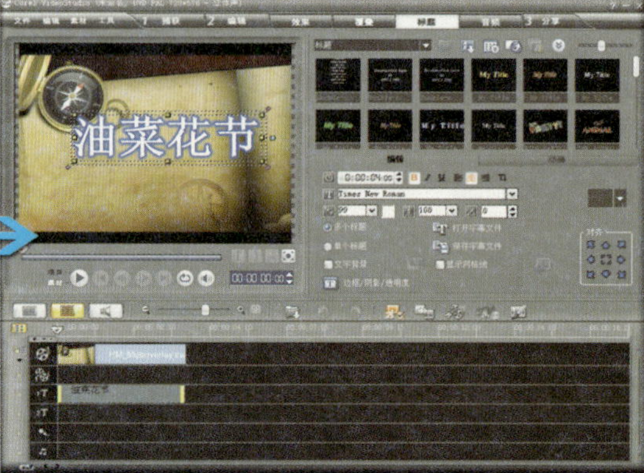

图18-62

最后单击**预览工具栏**上的▶按钮，可看到标题的动画效果。

胶片库

通过模板创建标题时，如果不拖移到标题轨上，而是在素材库中选中目标模板后，直接在预览窗口中对文字进行编辑修改，这时是对模板进行修改。

2.自行创建

在跳转到**标题**步骤项时，可以发现**预览窗口**显示**双击这里可以添加标题**，用鼠标双击此处，可进入输入文字的状态，如图18-63所示。

图18-63

输入新的文字后，单击定界框外即可在**时间轴**的**标题轨**上当前▽**时间轴滑块**所处位置添加新建的标题，如图18-64所示。

图18-64

你会发现，虽说是新建的标题，但也已经具有了动画效果，这其实是软件默认用上次选择的模板赋给当前新建的标题，可通过**选项面板**设置自己需要的效果。

3.移动标题

在**预览窗口**中单击文字，文字边缘会出现定界框，将鼠标移到定界框中，当指针变为👆时，按左键不动并拖移，可移动文字的位置，如图18-65所示。

图18-65

4.缩放、旋转标题

在**预览窗口**中可通过拖移定界框的定界点对标题进行缩放，将鼠标移近定界点■，当指针变为↖、↕或↔等时，按左键不动并拖移，可等比缩放其大小；将鼠标移近定界点●，当指针变为↻时，按左键不动并按顺时针或逆时针方向拖移，可旋转标题。

5.标题的叠加

在对标题进行排版时，如果有两行以上的文字，而且有部分叠加，可设置相互间的叠加关系，在**预览窗口**中将鼠标移到文字上单击鼠标右键，会弹出右键菜单，如图

18-66所示。

图18-66

移到顶端 执行此命令，可将当前选中文字移到最上层，如图18-67所示。

图18-67

向上一层 执行此命令，可将当前文字往上移动一层，如图18-68所示。

图18-68

向下一层 执行此命令，可将当前文字往下移动一层，如图18-69所示。

图18-69

移到底端 执行此命令，可将当前文字移到最下层，如图18-70所示。

图18-70

6.复制标题

在制作影片时，有的标题字幕会在多处出现，或者在不同的地方使用样式相同而内容不同的标题字幕，这时只要将设置好的标题复制一份到**素材库**中，即可随时调用。在**时间轴**的**标题轨**上将鼠标移到目标字幕上单击鼠标右键，会弹出右键菜单，如图18-71所示。

图18-71

复制 执行此命令，会将当前字幕复制到剪贴板中，接着将鼠标移到**素材库**的**标题**项中空白位置单击鼠标右键，会弹出右键菜单，执行**粘贴**命令，即可将其粘贴到**素材库**中，如图18-72所示。

图18-72

删除 执行此命令，会将当前字幕删除。

7.打印标题

如果想将制作的标题打印出来，要将鼠标移到**素材库**中的目标字幕上单击鼠标右

星期五
20－10℃
白天：大到暴雨
晚上：雷阵雨
风力：≥4级

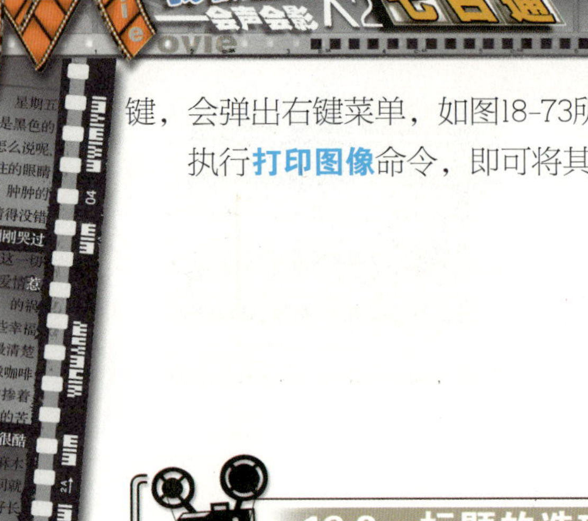

键，会弹出右键菜单，如图18-73所示。

执行**打印图像**命令，即可将其打印出来。

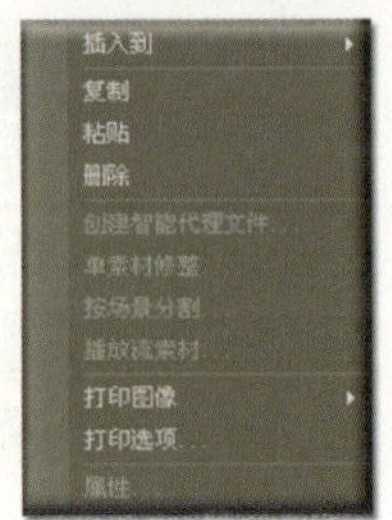

图18-73

18.3 标题的选项面板

在**预览窗口**中单击文字或在**标题轨**上双击文字，这时可通过**选项面板**对其颜色、字体、阴影等进行设置，如图18-74所示。

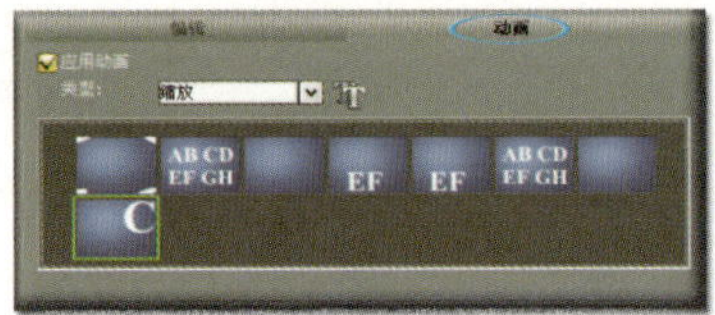

图18-74

标题持续时间 设置当前选中标题的时间长度，可直接输入数字，也可像拖移图像一样在**标题轨**上通过拖移加长或缩短标题的时间长度。

B 粗体 单击此按钮，会将当前选中的文字加粗，如图18-75所示。

图18-75

I 斜体 单击此按钮，会将文字变倾斜，如图18-76所示。

图18-76

下划线 单击此按钮，将给文字添加下划线，如图18-77所示。

图18-77

左对齐 如果输入的文字有两行以上，单击此按钮，会将每行文字左边对齐，如图18-78所示。

图18-78

居中 如果输入的文字有两行以上，单击此按钮，会将每行文字居中对齐，如图18-79所示。

星期五
20－10℃
白天：大到暴雨
晚上：雷阵雨
风力：≥4级

图18-79

右对齐 如果输入的文字有两行以上，单击此按钮，会将每行文字右边对齐，如图18-80所示。

图18-80

将方向更改为垂直 单击此按钮，会将横排改为直排，如图18-81所示。

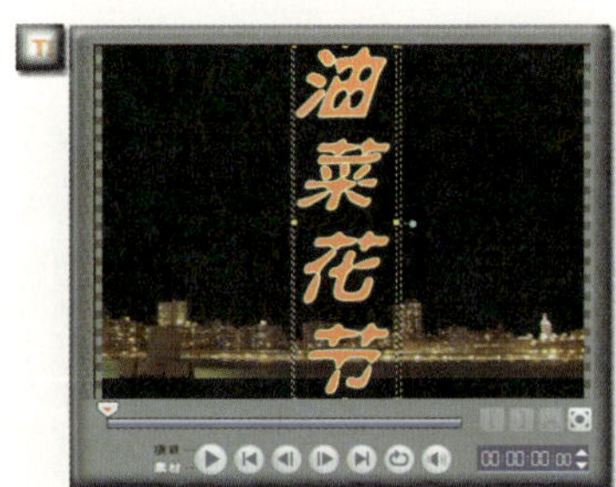

图18-81

字体 可为选中文字指定字体，单击按钮，会弹出下拉式菜单，可选择需要的字体，如图18-82所示。

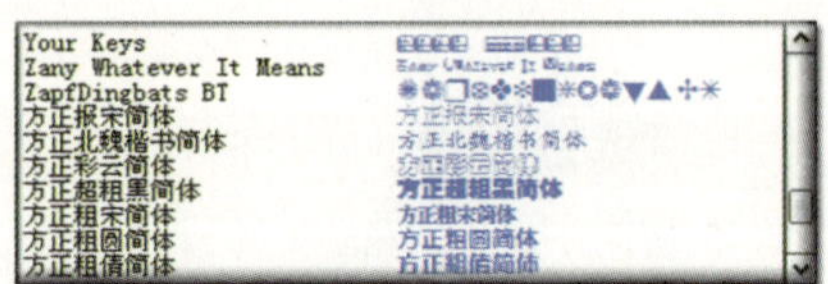

图18-82

胶片库

这些字体并不是会声会影自带的，需要自己在Windows中进行安装才能使用。安装字体的方法是：在Windows的控制面板中，进入字体项，执行文件 > 安装新字体命令，在对话框中指定字体所在的驱动器和文件夹，在字体列表中选择需要的字体即可将其安装好。

字体大小 设置当前选中文字的大小，可直接在文本框中输入数值，也可以单击按钮，会弹出下拉式菜单，可选择需要的大小，取值范围从1-200。

色彩 单击此按钮，可通过色彩选取器设置文字的颜色。

行间距 设置多行文字行与行之间的间距，如图18-83所示。

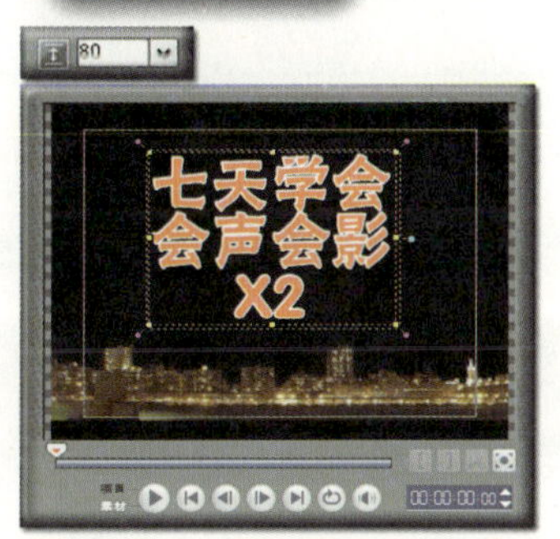

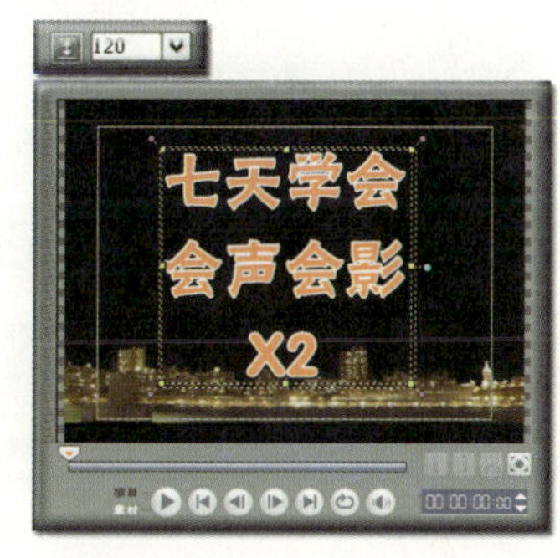

图18-83

按角度旋转 设置文字旋转的角度，如图18-84所示。

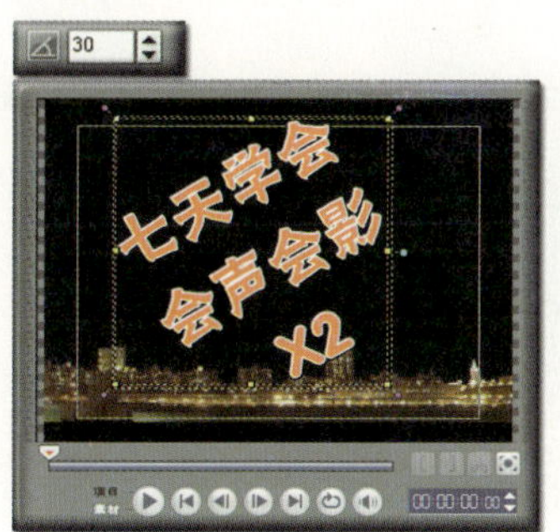

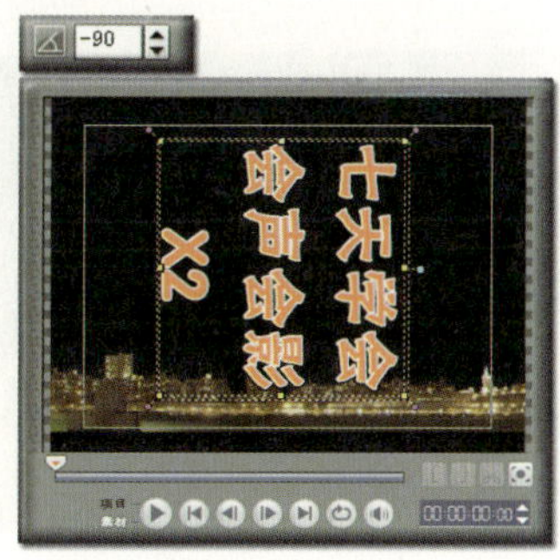

图18-84

多个标题 勾选此项，可在**预览窗口**中创建多个不同的文字框，可自由地设置不同的效果，主要用于创建不超过一屏的标题，如图18-85所示。

在**预览窗口**中用鼠标双击空白位置，即可输入新的文字，其跟原来创建的标题可共存。

单个标题 勾选此项，只能在**预览窗口**中创建一个文字框，适合创建文字较多，超过一屏的上滚字幕、左飞字幕等，如图18-86所示。

图18-85

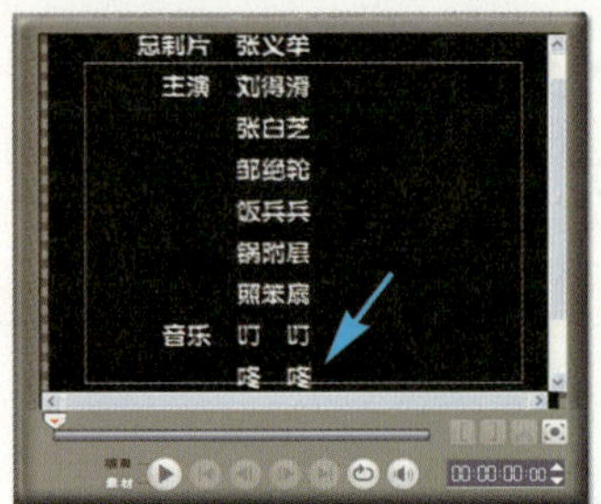

图18-86

在创建时，侧边栏和底边栏会出现滚动条，表示可无限延长，便于排版。结束时要单击**时间轴标尺**才能将其添加到**标题轨**上当前▽**时间轴滑块**所处的位置。

文字背景 只有在勾选**多个标题**时，此功能才有效，勾选此项，可为当前文字创建背景，如图18-87所示。

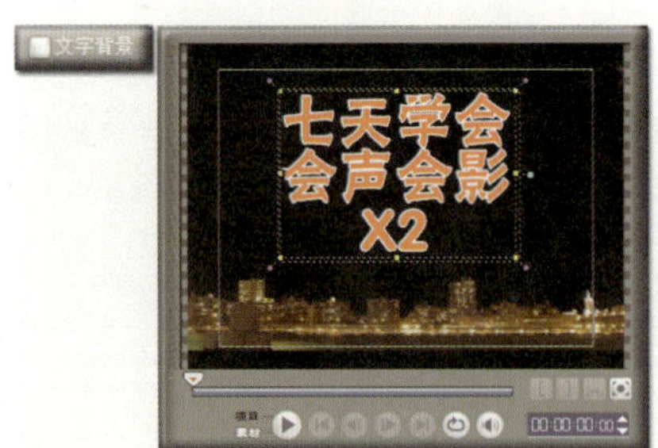

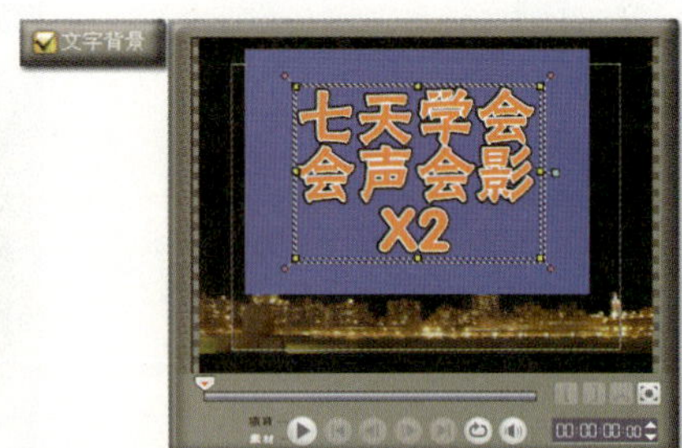

图18-87

单击后面的按钮，会弹出对话框，可对背景进行设置，如图18-88所示。

单色背景栏：勾选此项，将用指定的颜色作为底色，并沿文字定界框上、下沿进行填充，如图18-89所示。

图18-88

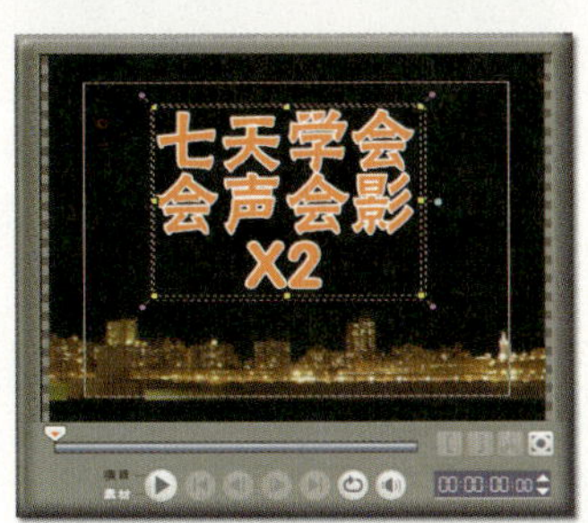

图18－89

与文本相符：勾选此项，将用指定的颜色作为底色，并沿文字按设置的形状进行填充，如图18-90所示。

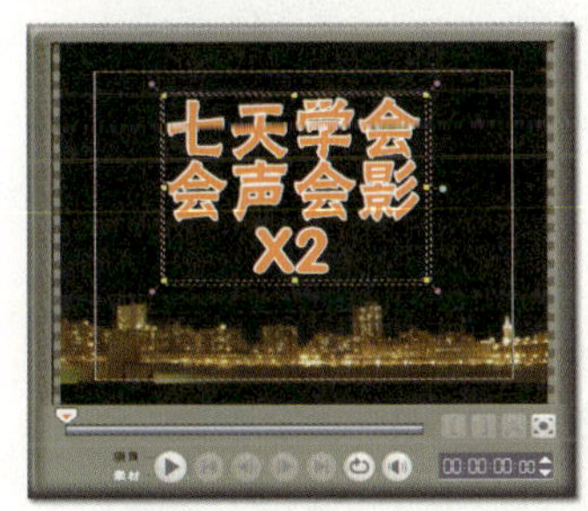

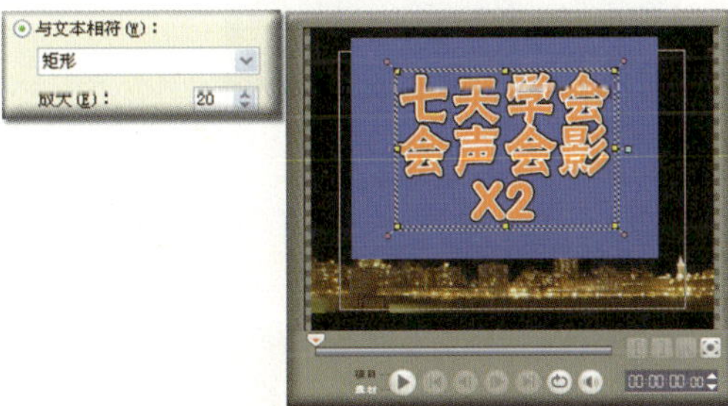

图18－90

星期五

20－10℃
白天：大到暴雨
晚上：雷阵雨
风力：≥4级

形状：指定填充的形状，单击按钮，会弹出下拉式菜单，可选择预置的形状，如图18-91所示。

图18－91

这些形状的效果如图18-92所示。

图18－92

放大：设置形状的大小，取值范围从0～99。

单色：勾选此项，可用单种颜色对背景进行填充，单击后面的色块，可通过色彩选取器进行设置。

渐变：勾选此项，可用渐变色对背景进行填充。

色块：分别设置起始颜色和结束颜色，如图18-93所示。

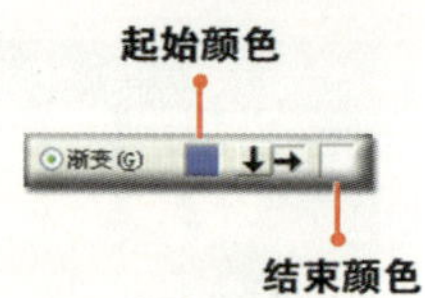

图18-93

渐变方向：设置颜色渐变的方向，⬇表示从上方往下方渐变；➡则表示从左边往右边渐变，如图18-94所示。

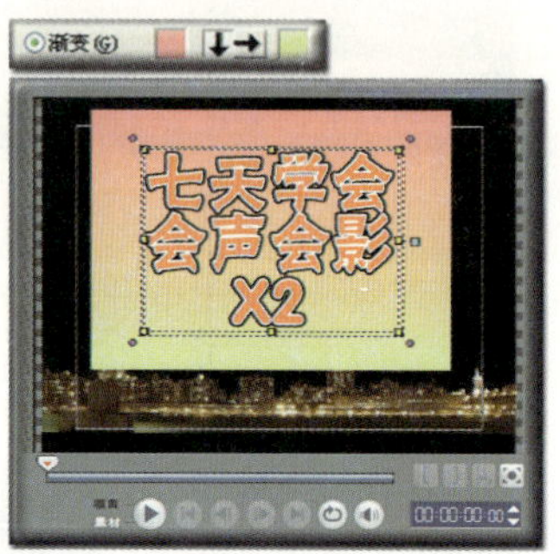
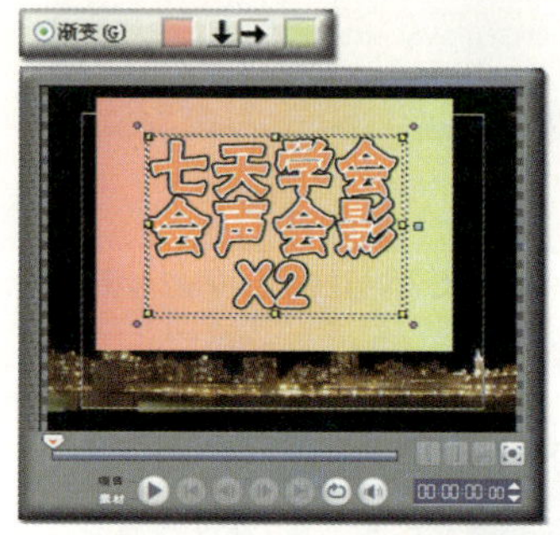

图18-94

透明度：设置文字背景的透明度，值越大，越透明，如图18-95所示。

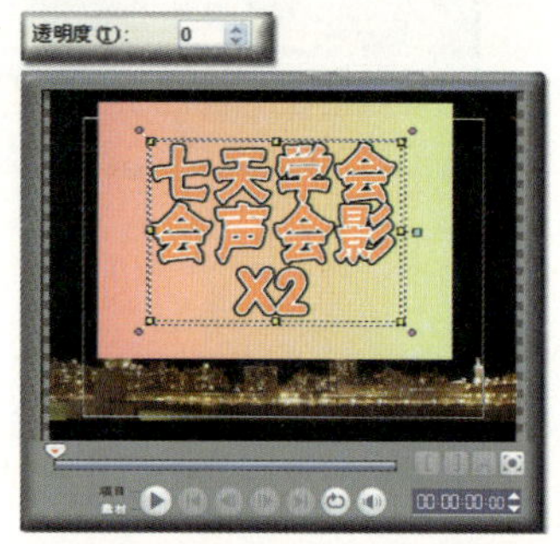

图18-95

边框/阴影/透明度 设置文字的边框、阴影和透明度，单击此按钮，会弹出对话框，如图18-96所示。

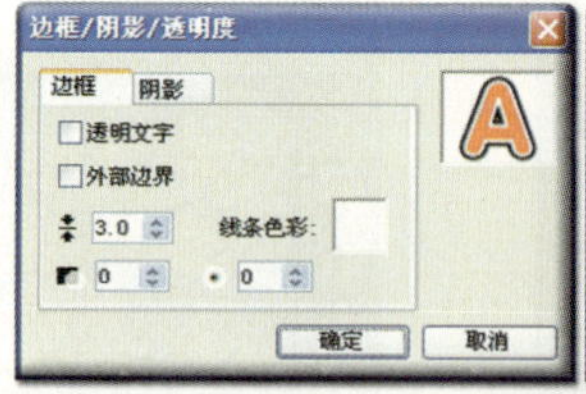

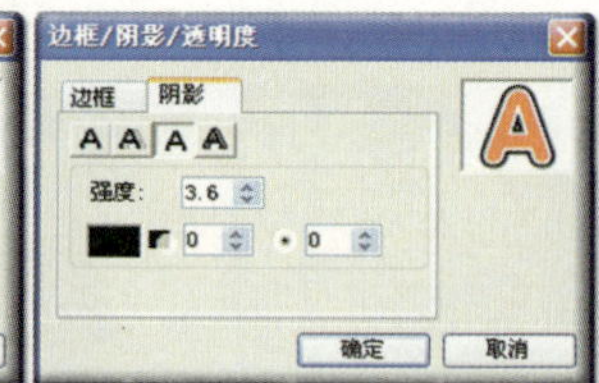

图18-96

透明文字：勾选此项，会将文字镂空，制作成空心字，如图18-97所示。

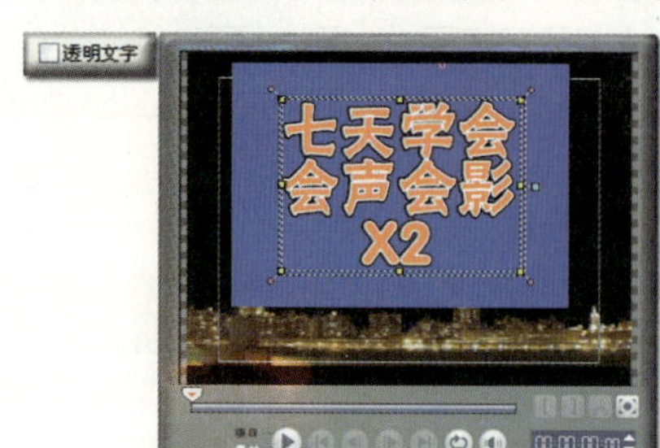

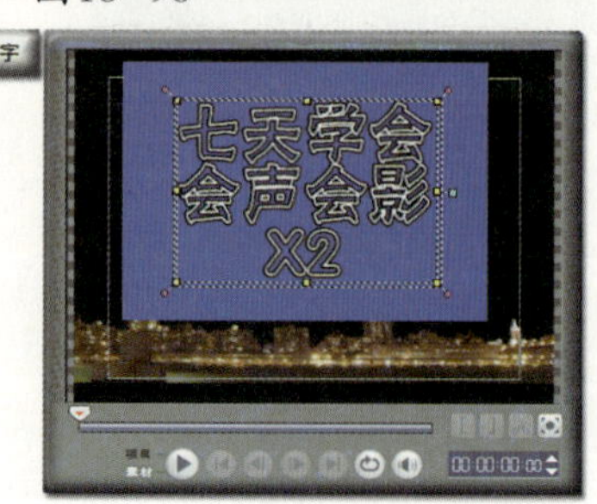

图18-97

外部边界：勾选此项，将对文字添加外部边界，如图18-98所示。

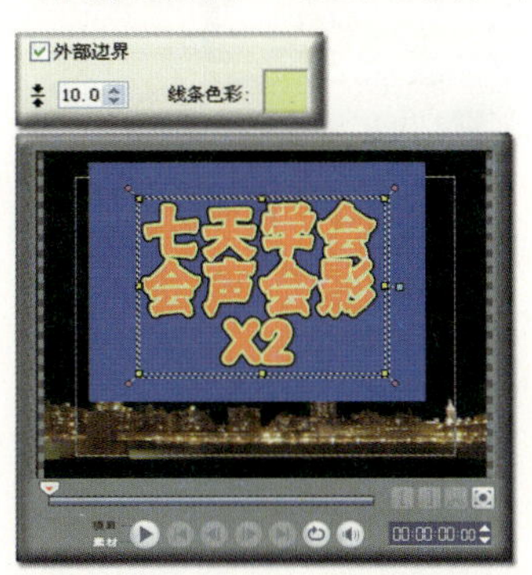

图18－98

边框宽度：设置文字边缘的宽度，值越大，边越宽，如图18-99所示。

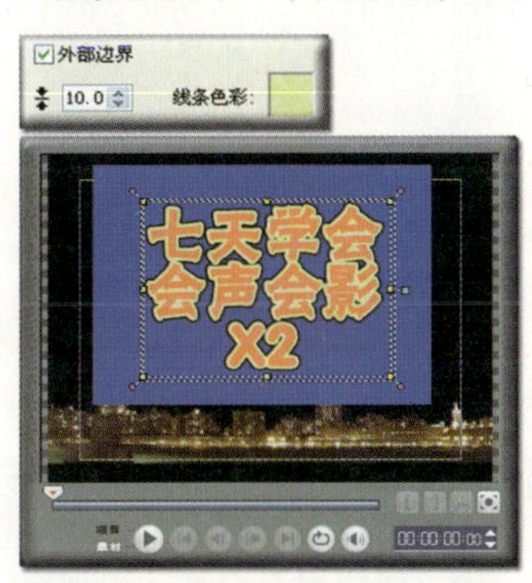

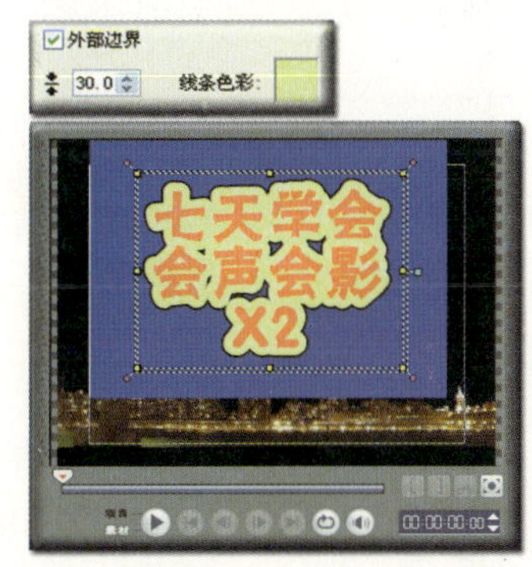

图18－99

线条色彩：单击色块，可通过色彩选取器设置文字边缘的颜色。

文字透明度：设置文字的透明度，值越大，越透明，如图18-100所示，此时**阴影**项设置为**无阴影**。

图18－100

柔化边缘：将边缘柔化，值越大，越柔和，如图18-101所示。

图18-101

A 无阴影：单击此按钮，表示不添加阴影，如图18-102所示。

图18-102

A 下垂阴影：单击此按钮，将添加下垂式阴影，如图18-103所示。

图18-103

X 水平阴影偏移量：设置阴影在水平方向的位置，负值表示往左偏，正值表示往右偏。

Y 垂直阴影偏移量：设置阴影在垂直方向的位置，负值表示往上偏，正值表示往下偏。

下垂阴影色彩：单击色块，可通过色彩选取器工具设置阴影的颜色。

下垂阴影透明度：设置阴影的透明度，值越大，越透明。

下垂阴影柔化边缘：将阴影的边缘柔化，值越大，越柔和。

A 光晕阴影：单击此按钮，将添加光晕式阴影，其特点是从文字四围发散出来，如图18-104所示。

强度：设置光晕的大小，值越大，阴影越宽。

图18-104

突起阴影： 单击此按钮，将添加突起的阴影，其特点是阴影跟文字笔划连成一体，使文字看起来具有立体感，如图18-105所示。

图18-105

这个效果粗看跟 **下垂阴影** 一样，实际上两者是有区别的，对**X**、**Y**作相同的设置，注意观察“七”的阴影即可看出来，如图18-106所示。

图18-106

打开字幕文件 可将 **保存字幕文件** 存储的对话字幕导入到标题轨上，单击此按钮，会弹出对话框，如图18-107所示。

其中，**字体**、**字体大小**、**字体颜色**、**光晕阴影**和**垂直文字**等，可预先设置对话字幕的属性，便于批量创建；**导入到标题轨编号**则可指定对话字幕放置的位置。

图18-107

保存字幕文件 可将当前项目中**标题轨**上的对话字幕存储下来，以便再次调用。在添加对话字幕时，往往需要边听边输入，如果每一句话都要设置属性和排版显然工作量巨大，所以此时不必顾及字幕的属性和排版，只要根据对话输入相应的文字并使其与对话对齐即可，在存储后，可通过**打开字幕文件**根据设置的字幕属性批量创建对话字幕，大大提高了制作效率。

单击此按钮，会弹出对话框，如图18-108所示。

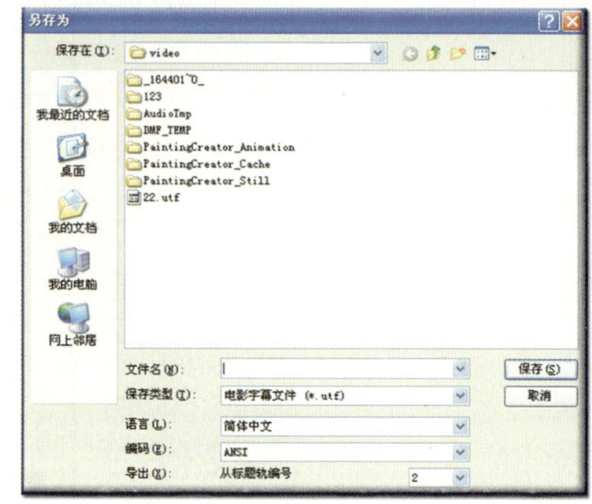

图18-108

语言： 根据**标题轨**上的文字选择正确的语言。

编码： 字符的代码，一般中文、日文等亚洲语言选择**Unicode**，英文等可选择**ANSI**。

导出从标题轨编号： 指定需要导出对话字幕的**标题轨**。

显示网格线 勾选此项，将在**预览窗口**中显示网格线，便于对标题定位，单击后面的按钮，可对网格线进行设置。

预设样式 软件预置了24个标题样式，单击按钮，会弹出下拉式菜单，可选择需要的样式，如图18-109所示。单击目标缩略图，即可将其应用到当前选中的文字上。

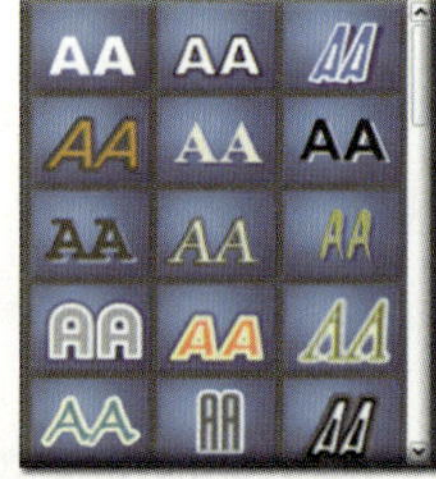

图18-109

对齐 设置当前选中文字相对于**预览窗口**的对齐方式，单击箭头图标，可进行相应的对齐，如图18-110所示。

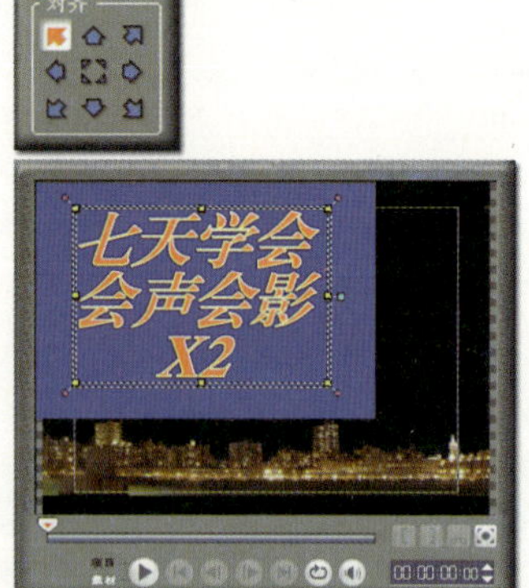

图18-110

应用动画 勾选此项，可在**类型**项选择动画效果应用到当前选中的文字上。

类 型 只有勾选了**应用动画**项，此项才有效，软件预置了7种动画类型供选择，单击按钮，会弹出下拉式菜单，如图18-111所示。

淡化：预置了8种淡入、淡出的方式，如图18-112所示。

单击动画的缩略图，即可将其应用到当前选中的文字上，每段文字只能应用一种动画效果。

单击按钮，会弹出对话框，还可自定义淡化的动画效果，如图18-113所示。

图18-111

图18-112

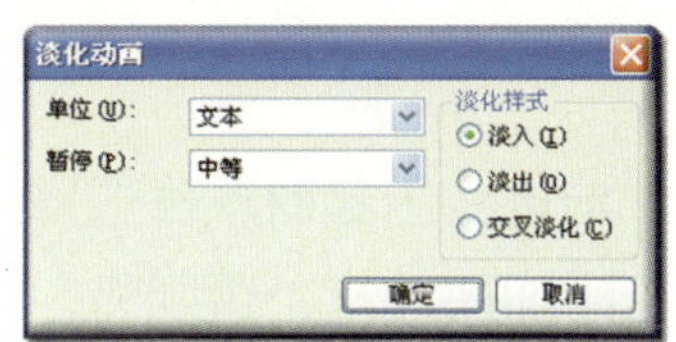

图18-113

单位：可设置淡入、淡出时文字的淡化方式，是逐字淡化还是整体淡化。其中，**字符**表示以字母或单个汉字为单位进行淡化；**单词**表示以单词为单位进行淡化；**行**表示以行为单位进行淡化；**文本**表示整体进行淡化。

暂停：可设置淡入、淡出之间的暂停时间，以**淡化样式**选择为**交叉淡化**为例，**无暂停**表示不停顿，在淡入后紧接着淡出；**短**、**中等**和**长**设置的是淡入后暂停的时间，然后才淡出，观察**预览工具栏**，其中蓝色条表示暂停的持续时间，如图18-114所示。

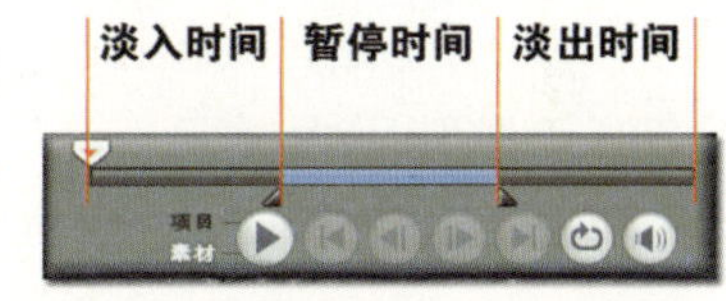

图18-114

也可将鼠标移到**修整拖柄入点**或**修整拖柄出点**上按左键不动并往左边或右边拖移，以加长或缩短暂停时间，跟**暂停**项选择**自定义**相同。

淡化样式：可设置淡化的样式，其中，**淡入**表示只对文字添加淡入动画；**淡出**表示只对文字添加淡出动画；**交叉淡化**表示对文字同时添加淡入和淡出动画，如图18-115所示。

图18-115

翻转：同样预置了8种翻转的方式，单击按钮，会弹出对话框，还可自定义翻转的动画效果，如图18-116所示。

图18-116

进入：设置翻转时进入的方向。

离开：设置翻转时离开的方向。

暂停：设置翻转进入后是否暂停，如果选择**无暂停**，表示进入后直接翻转离开；选择**短**、**中等**、**长**和**自定义**，表示进入后将暂停相应的时间，然后才离开。

飞行：同样预置了8种飞行的方式，单击按钮，会弹出对话框，还可自定义飞行的动画效果，如图18-117所示。

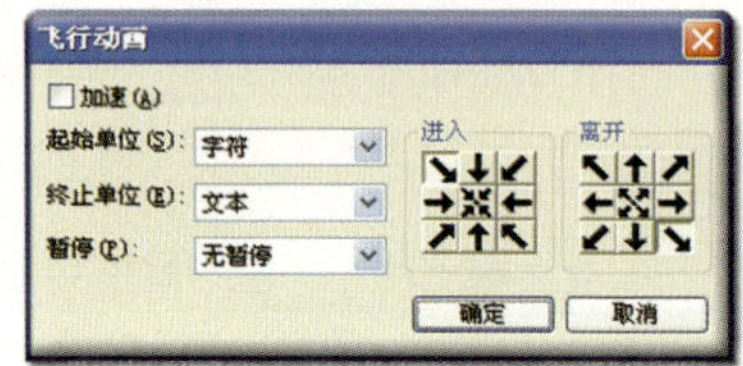

图18-117

加速：当**起始单位**选择的不是**文本**时，此功能才有效，勾选此项，表示在进入或离开时加快速度，否则将匀速运动。

起始单位：设置进入时是逐字进入还是整体进入。

终止单位：设置离开时是逐字离开还是整体离开。

暂停：设置暂停的持续时间。

进入：通过箭头图标设置相对于**预览窗口**的进入方向，如果单击按钮，表示不进入而直接居中显示。

离开：通过箭头图标设置相对于**预览窗口**的离开方向，如果单击按钮，表示不离开而继续居中显示。

缩放：同样预置了8种缩放的方式，单击按钮，会弹出对话框，还可自定义缩放的动画效果，如图18-118所示。

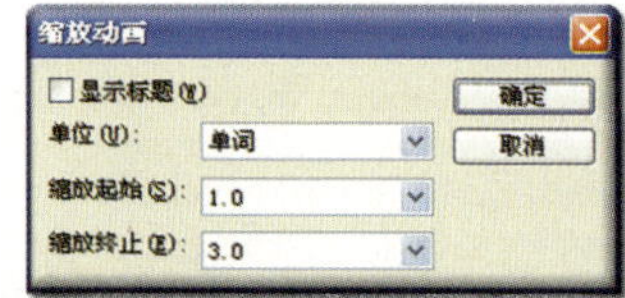

图18-118

显示标题：勾选此项，在放大文字时，放大后文字仍然停留在**预览窗口**中，否则将放大并飞出**预览窗口**；而在缩小文字时，缩小后文字仍然停留在**预览窗口**中，否则将缩小到不显示。

单位：设置缩放时是逐字缩放还是整体缩放。

缩放起始：设置文字初始时的大小，其中，**1.0**表示原大。

缩放终止：设置文字缩放后的大小。

下降：预置了4种下降的方式，单击按钮，会弹出对话框，还可自定义下降的动画效果，如图18-119所示。

图18-119

加速：勾选此项，表示在下降时可加快速度，否则将匀速运动。

单位：设置下降时是逐字下降还是整体下降。

摇摆：预置了8种摇摆的方式，单击按钮，会弹出对话框，还可自定义摇摆的动画效果，如图18-120所示。

图18-120

暂停：设置以摇摆的方式进入后暂停的持续时间。

摇摆角度：设置摇摆时晃动的角度。

进入：设置进入的方向，其中，选择**中间**时，表示不摇摆而直接显示；勾选下方的**顺时针**，则表示按顺时针方向摇摆。

离开：设置离开的方向，其中，选择**中间**时，表示不摇摆也不离开；勾选下方的**顺时针**，则表示按顺时针方向摇摆。

移动路径：预置了26种移动的方式，可惜的是不能自定义动画的效果。

我的电影
我做主
——会声会影X2
七日通
Du Shu Bi Ji
读书笔记

星期六
⊙为影片配乐；
⊙感受5.1声道的神奇魔力；
⊙将制作完成的影片输出到DVD光盘、网页、DV磁带，甚至屏幕保护程序；
⊙DVD影片菜单的制作等。

08:00-10:00 AM

第19章

音频之体验馆

音频的内涵是很丰富的，除了同期声，还可为影片加入音乐、解说，以增强感染力，使影片上升到一个艺术的高度，视、音频的关系就如同人以两条腿走路，缺一不可，所以音频也是影片不可或缺的重要组成部分。

单击**步骤面板**的**音频**项，即可跳转到相应的界面，如图19-1所示。

图19-1

19.1 为影片配乐

【 **| 星期六 | 为影片配乐.VSP** 视频重新链接路径：\会声会影安装目录\Samples\Video\SS_Our Baby_Start.wmv】

在影片剪辑完成后，往往会为其配上合适的音乐。

① 新建项目

执行**文件 | 新建项目**命令，然后将鼠标移到**素材库**中将**V14.wmv**拖移到**视频轨**上，如图19-2所示。

图19-2

②跳转到音频界面

单击**步骤面板**的**音频**项，以进入相应的界面。

③选择音乐

在**素材库**中单击**A06.mpa**缩略图，然后单击**预览工具栏**上的▶按钮，可预听音乐，在需要的片段标记入、出点。然后将鼠标移到其缩略图上单击鼠标右键，在右键菜单中执行**插入到 | 音乐轨**命令，即可将其放置到**音乐轨**上，如图19-3所示。

图19-3

④将音乐对齐视频

由于音乐素材比影片长，在**音乐轨**上单击音乐素材，接着将鼠标移到其结尾处，当指针变为↔时，按左键不动并往左边拖移，在与视频结尾对齐时松开左键即可，如图19-4所示。

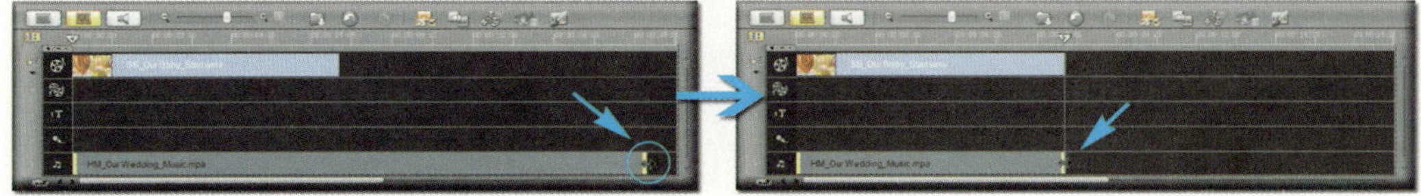

图19-4

⑤设置音乐的淡出

由于音乐素材是被裁切过的，其结尾的声音没有处理成逐渐淡出，结束得比较突兀，所以在**音乐轨**上单击音乐素材，将其选中，然后在**选项面板**上单击按钮，即可自动在结尾处添加淡出效果，单击**时间轴工具栏**上的按钮，通过音频视图可观察到相应的效果，如图19-5所示。

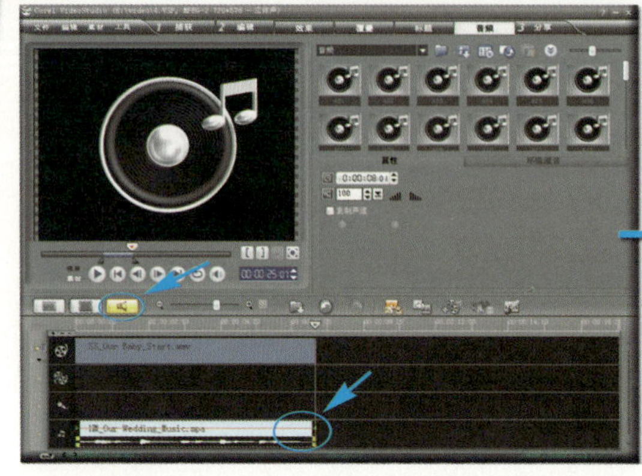

图19-5

19.2 感受5.1声道的神奇魔力

【**星期六 | 感受5.1声道的神奇魔力.VSP** 视频重新链接路径：\会声会影安装目录\Samples\Audio\A38.mpa】

人们在电影院看电影或在家看D9碟的影片时，通过DTS或杜比5.1声道的音响系统配合画面的内容对声音进行定位，往往会使观众有身临其境的感觉，其实通过会声会影，我们自己也能轻松地将家庭录像制作出5.1声道的影院效果，下面我们用一个简单的例子感受一下5.1声道的神奇魔力。

① 新建项目

执行**文件 | 新建项目**命令，以按当前**项目属性**新建一个项目。

② 跳转到音频界面

单击**步骤面板**的**音频**项，以进入相应的界面。

③ 选择汽车音效

在**素材库**中将鼠标移到**A38.mpa**的缩略图上单击鼠标右键，在右键菜单中执行**插入到 | 音乐轨**命令，即可将其放置到**音乐轨**上，如图19-6所示。

图19-6

④ 进入创建5.1声道的界面

单击**时间轴工具栏**上的按钮，进入音频视图，接着单击**时间轴工具栏**上的按钮，将当前模式切换为**环绕声**，如图19-7所示。

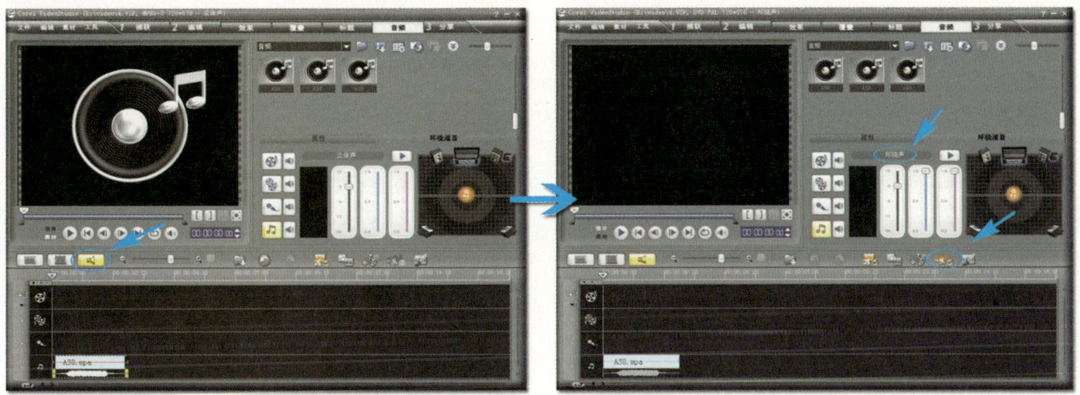

图19-7

⑤ 设置汽车声从左边运动到右边

由于大家的电脑外接的音箱一般都是2.1声道，没有中置、左环绕和右环绕音箱，所以这里我们只测试声音从左边运动到右边的效果，其他声道的设置方法是一样的。

首先在**时间轴**上将▽**时间轴滑块**移到音频文件的开始位置，这时在**环绕混音**选项中将**中央**和**副低音**的滑块都拖移到0的位置，接着将鼠标移到声场中央的按钮上按左键不动并往左前音箱拖移，如图19-8所示，表示声音从左前音箱位置开始运动。

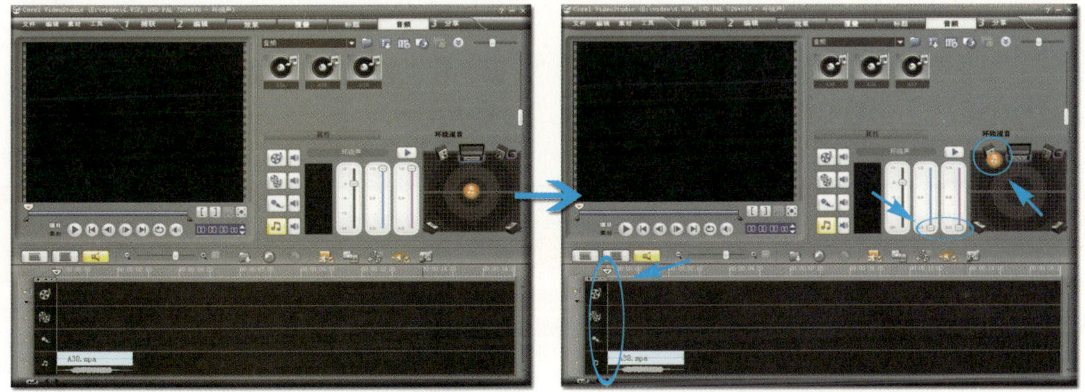

图19-8

胶片库

由于电脑用的2.1声道的音箱放置的距离一般都很近，所以只有把中央和副低音关了，才好判断声音的运动方向，在真正制作片子时应该使这两个音箱也有效，才能在5.1声道的音响系统中播放时更加真实地传递声音的运动效果。

在**时间轴**上将▽**时间轴滑块**移到音频文件的结束位置，将鼠标移到声场左前音箱位置的按钮上按左键不动并往右前音箱拖移，如图19-9所示，表示声音的结束位置在右前音箱。

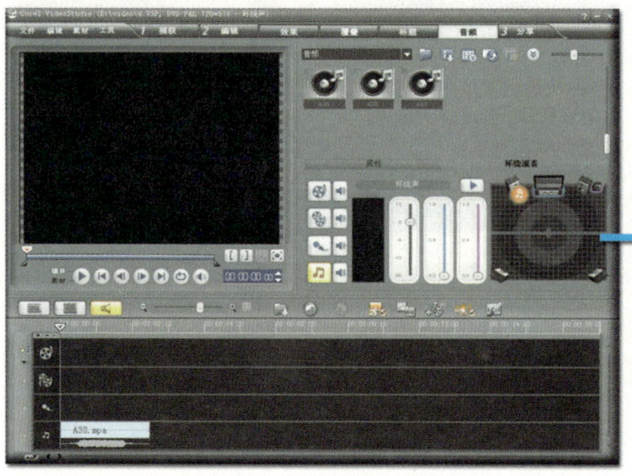

图19-9

⑥ 预览最后的效果

单击**预览工具栏**上的▶按钮，即可听到汽车声从左边运动到右边，如果再配上相应的画面，效果就更好了。

如果物体的运动较复杂，多次变换方位，可用同样的方法进行跟踪设置即可。

胶片库

现在已经有很多DV摄像机在拍摄时就可直接录制成5.1声道的立体声效果，如索尼的HDR-TG1E等就可以做到，这样就省去了后期设置的麻烦，可直接导入会声会影进行编辑处理并按5.1声道进行输出，可获得家庭影院般的声场效果。

第20章 音频之深造馆

音频看似简单，实际上也有很大的创作空间，除了可创建激动人心的5.1环绕音效，还可将声音处理成变调、回音等效果，甚至可将音频中的噪音去除。

会声会影设置了两个轨道专门用于放置音频文件，一个是**语音轨**，一个是**音乐轨**，如果加上视频自带的同期声，相当于有三个音频轨，如图20-1所示。

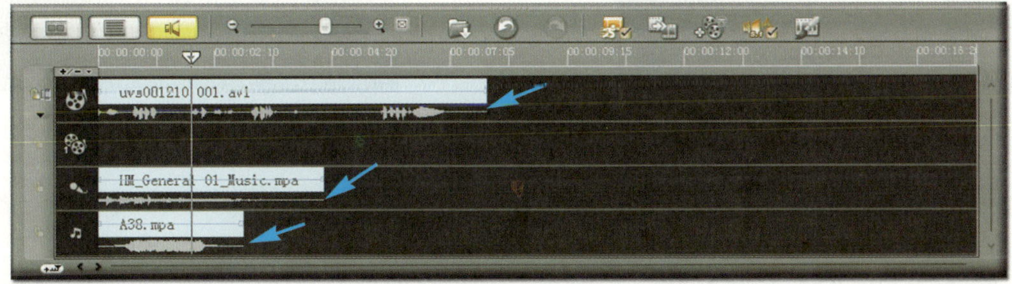

图20-1

20.1 开始前的准备

为了更好地使用**音频**功能，应对一些默认参数进行设置。

执行**文件 | 参数选择**命令，会弹出对话框，单击**编辑**项，将进入相应的界面，如图20-2所示。

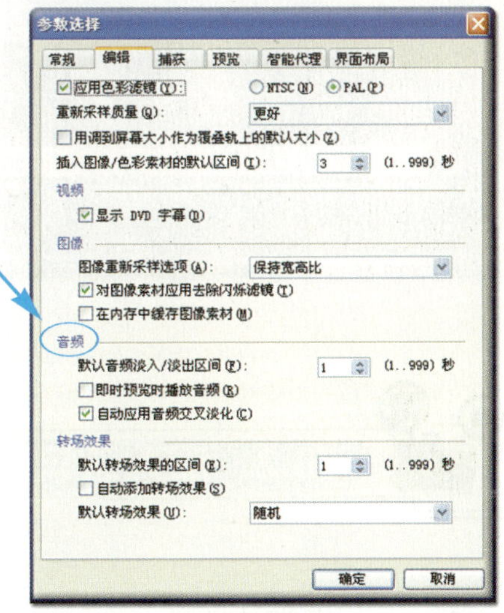

图20-2

默认音频淡入/淡出区间 此项是针对**选项面板**上淡入和淡出声音的和

按钮而设，可预先设置淡入和淡出的时间长度，如图20-3所示。

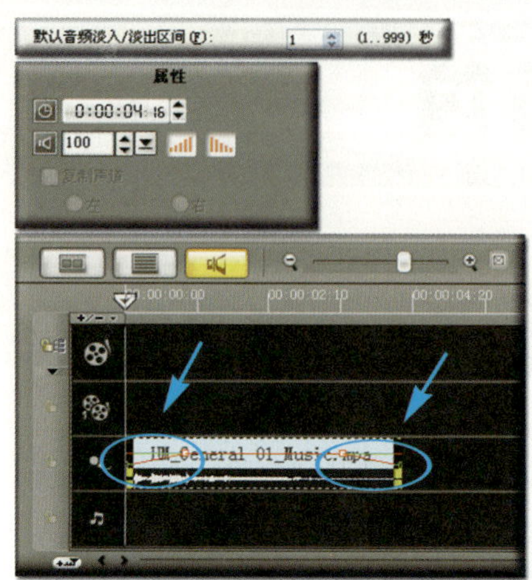

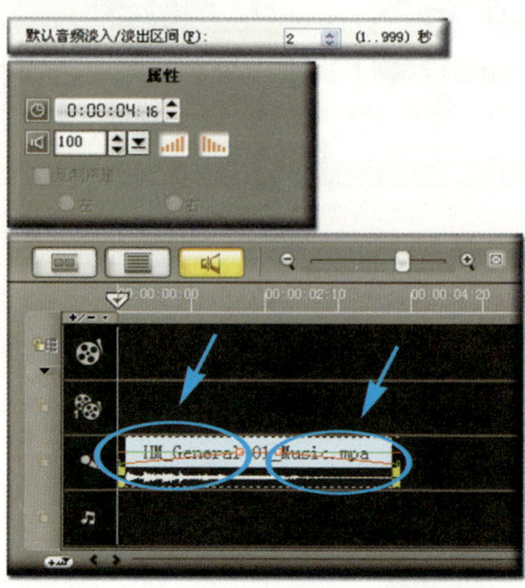

图20-3

即时预览时播放音频 勾选此项，在**时间轴**上拖移▽**时间轴滑块**时，可预听到经过的音频文件。

自动应用音频交叉淡化 勾选此项，在**时间轴**上将后一段音频的开头拖移到前一段音频的结尾上时，两者的叠加部分将自动添加淡入/淡出效果，使音频的衔接变得自然，如图20-4所示。

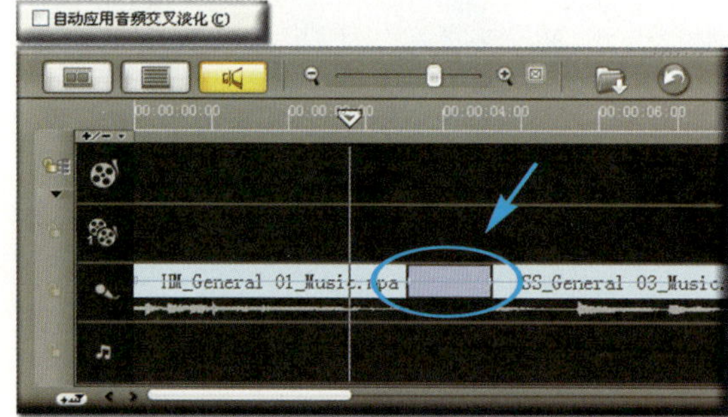

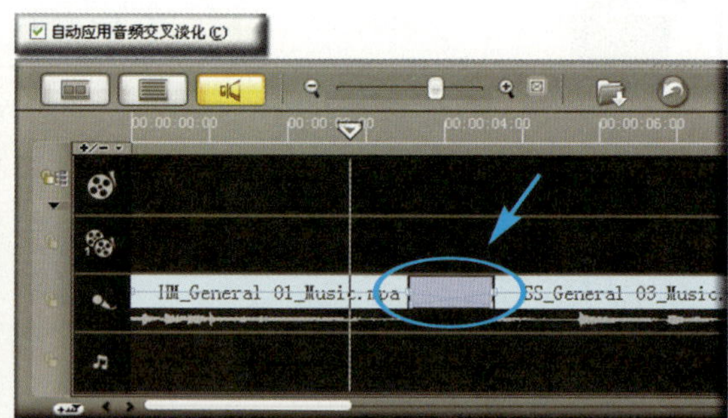

图20-4

20.2 深入认识音频界面

20.2.1 画廊的选择

在**画廊**中有两个项目放置音频素材。

1.音频

进入**音频**项后，**素材库**默认显示的是**音频**中的素材，如图20-5所示。

图20-5

2.Windows媒体库

在**画廊**处选择**Windows媒体库 | 音频库**，**素材库**将显示你的电脑中**Windows Media Player**媒体库中的相应素材。

20.2.2 选项面板

音频的**选项面板**随视图的不同而有所不同。

1.时间轴视图

在**时间轴工具栏**上单击按钮，这时在**素材库**中或**时间轴**上选中音频素材，其**选项面板**如图20-6所示。

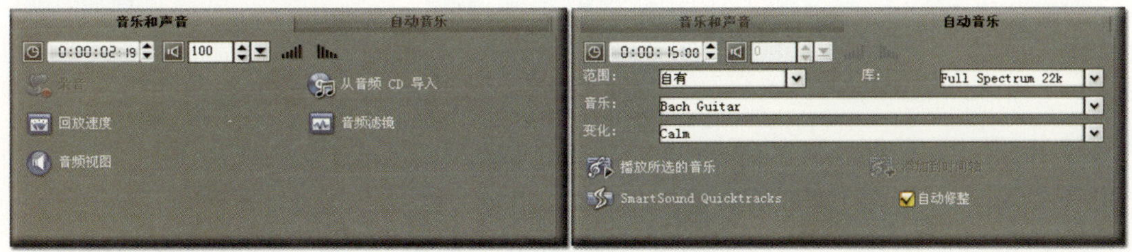

图20-6

时间长度 显示当前选中音频的时间长度，并可改变其长度。

音量 设置当前选中音频的音量大小，值越大，音量越大，可直接在文本框中输入值，也可以单击按钮，会弹出调音表，将鼠标移到滑块上按左键不动并往上方或下方拖移，即可改变音量大小。

淡入 单击此按钮，可将当前选中音频的开头部分淡入，在**时间轴工具栏**上单击按钮，可看到相应的效果，如图20-7所示。

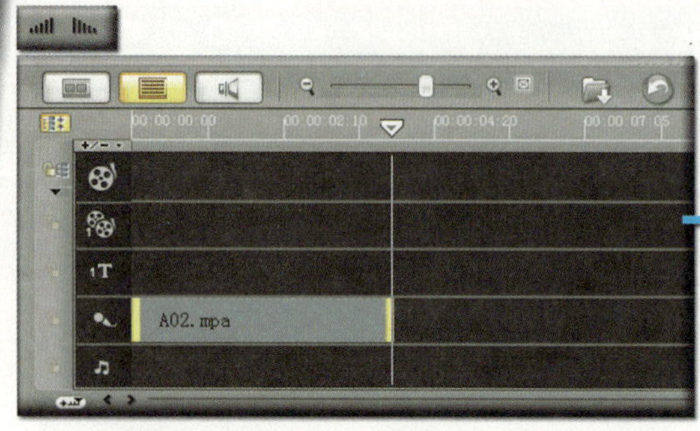
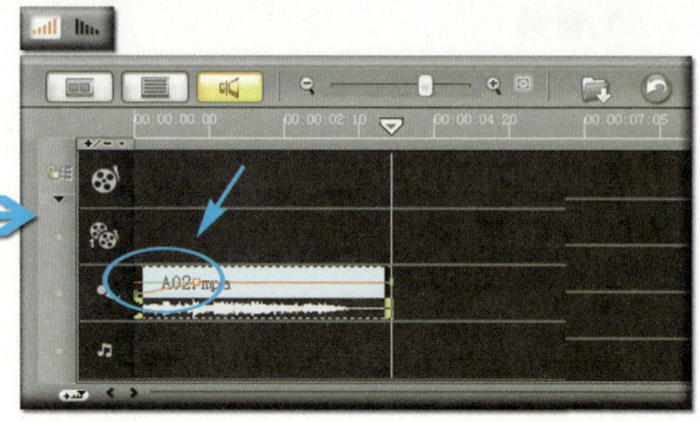

图20-7

淡出 单击此按钮，可将当前选中音频结尾部分淡出，如图20-8所示。

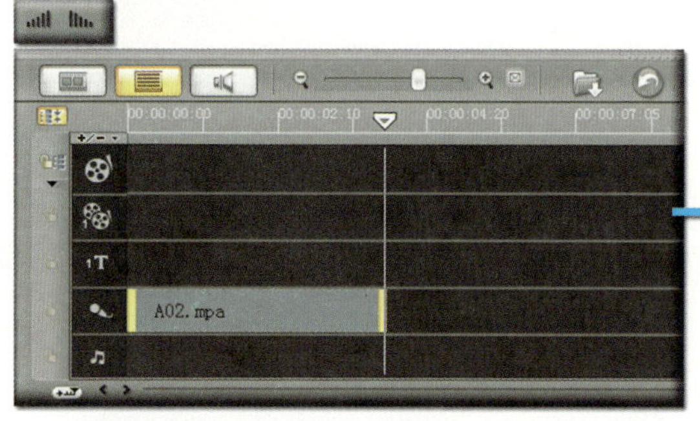
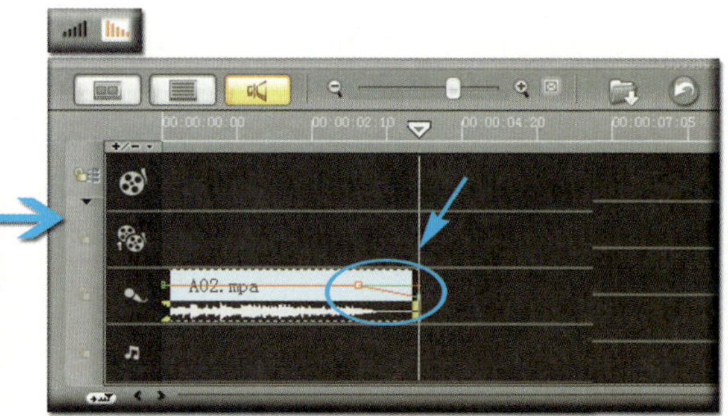

图20-8

录音 在**声音轨**上，当前▽**时间轴滑块**的位置如果没有放置音频素材，此功能才有效，可录制话筒等音频设备输入的声音到当前位置，单击此按钮，会弹出对话框，如图20-9所示。

单击[开始(S)]按钮，即可开始录音，这时**录音**变成了**停止**，再次单击，即可结束录制并自动将其放置到**声音轨**上。

话筒插的位置就是大家QQ聊天时耳机上的话筒插的地方，如图20-10所示。

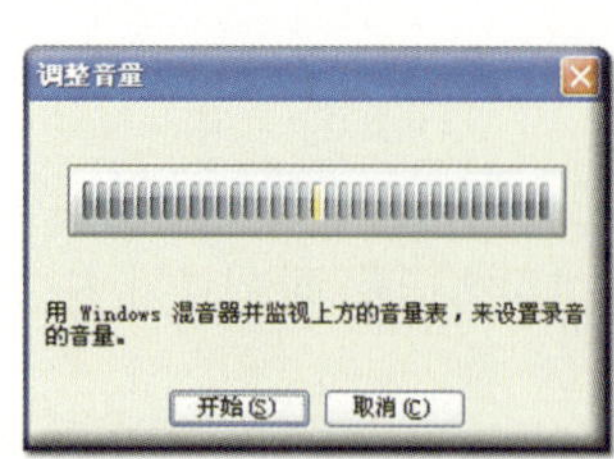

图20-9

图20-10

胶片库

在步骤面板的捕获项捕获的主要是视频和图片，如果要捕获音频，需要通过音频项的录音、从音频CD导入等功能实现。

回放速度 在**时间轴**上选中音频，此功能才有效，可改变其播放的速度。单击此按钮，会弹出对话框，如图20-11所示。

其调整方法跟设置视频播放速度一样。改变音频播放的速度，往往会得到意想不到的奇妙效果。

音频视图 其作用跟**时间轴工具栏**上的按钮相同，单击此按钮，可切换到相应的视图。

从音频CD导入 可将CD上的音乐导入到**素材库**中，将CD放入光驱，然后单击此按钮，会弹出对话框，如图20-12所示。

图20-11

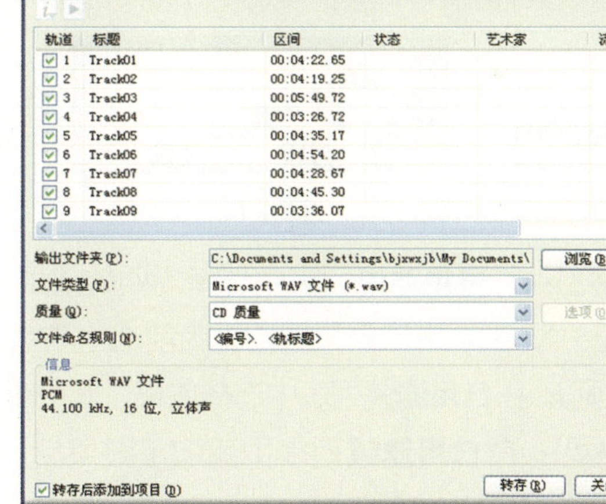

图20-12

音频驱动器： 如果电脑上安装了多个光驱，鼠标单击按钮，可选择放入CD的光驱。如果要退出光盘，单击按钮即可。

获取CD和文件信息： 显示在列表中当前选中曲目的相关信息。

播放所选文件： 播放在列表中当前选中的曲目。

列表： 显示CD上的所有音乐文件，勾选需要导入的音乐，单击转存(R)按钮，即可将其导入到**素材库**中。

输出文件夹： 单击浏览(B)...按钮，可指定将选中音乐转存到硬盘的位置。

星期六
26－21℃
白天：晴
晚上：多云
风力：微风

文件类型：当前格式**Microsoft WAV文件（*.wav）**是默认格式，不可更改。

质量：可设置导入音乐时的音频质量，单击按钮，会弹出下拉式菜单，如图20-13所示。

选择**自定义**时，后面的选项(O)...按钮才有效，可根据需要设置导入CD音频时的音质。

文件命名规则：可批量命名导入的CD音乐文件，单击按钮，会弹出下拉式菜单，如图20-14所示。

信息：显示当前设置的音频**质量**。

转存后添加到项目：勾选此项，可将音乐直接加载到**时间轴**上和**素材库**中。否则，只能将其转存到指定的文件夹中。

音频滤镜 只有在选中音频后，此功能才有效，可对当前选中的音频进行删除噪音、添加混响等特殊处理，犹如外接了一个简易的调音台，软件预置了11种效果，单击此按钮，会弹出对话框，如图20-15所示。

图20-13

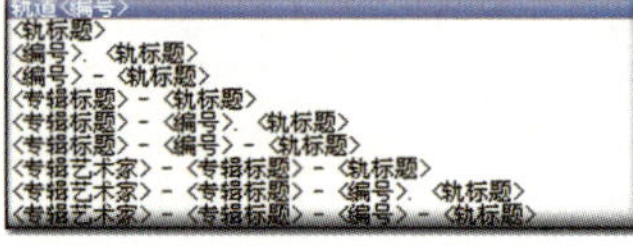

图20-14

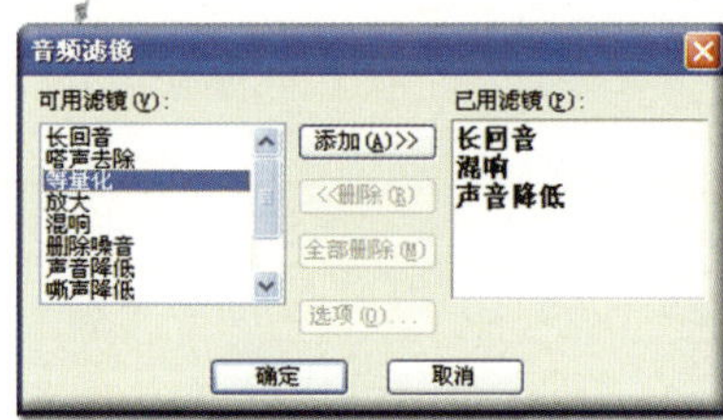

图20-15

添加(A)>>：在**可用滤镜**列表中选择需要的效果，然后单击此按钮，会将其添加到**已用滤镜**列表中，表示将该效果应用于当前选中的音频，可将多个效果同时叠加使用。

<<删除(R)：在**已用滤镜**列表中选择效果，此按钮才有效，单击此按钮，会将其删除。

全部删除(M)：在**已用滤镜**列表中添加了效果后，此按钮才有效，单击此按钮，可将其中的所有效果全部删除。

选项(O)...：在**已用滤镜**列表中选择部分效果后，此按钮才有效，可对其相应的参数进行设置。

自动音乐项专门用于导入第三方——SmartSound的音乐，美国的SmartSound公司是世界上著名的影片配乐的领导者，他提供了海量的音乐素材库供世界各地的影像编辑者选用，这些音乐素材可通过付费从网上获得，会声会影不但随软件附送了数十首免费音乐，还引进了SmartSound Quicktracks专利技术，可对同一音乐选用不同的乐器或节奏来表现，以尽最大可能满足影片的配音需要。

时间长度 可任意设置当前选中的SmartSound音乐的时间长度，简直就

是配音的好伴侣。

音量 只有在**时间轴**上选中SmartSound音乐文件时，此功能才有效，可调整其音量大小。

淡入 只有在**时间轴**上选中SmartSound音乐时，此功能才有效，单击此项，可将其开头部分淡入。

淡出 只有在**时间轴**上选中SmartSound音乐时，此功能才有效，单击此项，可将其结尾部分淡出。

范围 指定搜索SmartSound音乐的路径，单击按钮，会弹出下拉式菜单，如图20-16所示。

图20-16

本地：将搜寻存储在硬盘上的SmartSound音乐。

固定：将搜寻存储在硬盘和光盘上的SmartSound音乐。

自有：将搜寻拥有的硬盘和光盘上的SmartSound音乐。

全部：将搜寻硬盘、光盘和网络上的SmartSound曲库中的音乐。

库 在**范围**选择路径后，这里将显示寻找到的相应SmartSound素材库。

音乐 每个**库**中都预置了相当数量的音乐，这些音乐可在这里进行选择。

变化 为在**音乐**中选择的音乐指定不同的乐器或节奏来表现。

播放所选的音乐 单击此按钮，将播放当前选中的音乐。

SmartSound Quicktracks 可对SmartSound素材库进行管理，单击此按钮，会弹出对话框，如图20-17所示。

添加到时间轴 只有在**时间轴**上的**时间轴滑块**当前所处位置有视频素材而没有音频素材时，此功能才有效，单击此按钮，会将当前选中的SmartSound音乐放置到**时间轴**的**音乐轨**上。

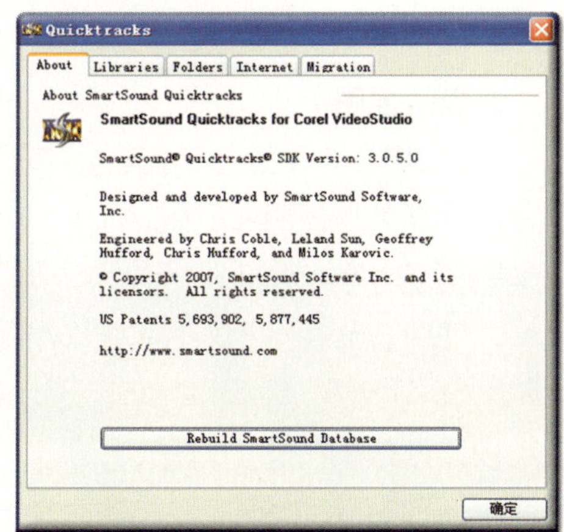

图20-17

自动修剪：勾选此项，在将SmartSound音乐放置到**时间轴**的**音乐轨**上时，软件将自动裁剪其长度，使其与视频素材的末端自动对齐，如图20-18所示。

星期六 26－21℃ 白天：晴 晚上：多云 风力：微风

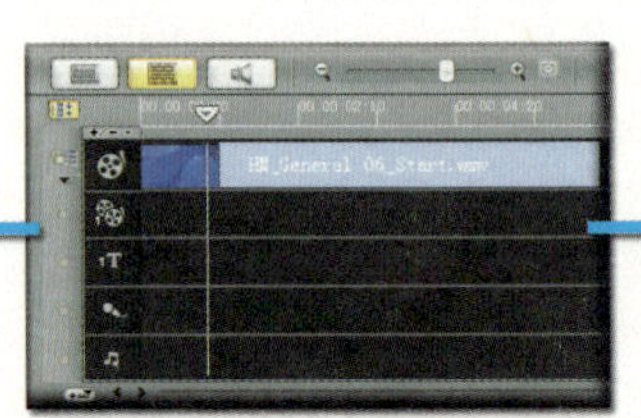
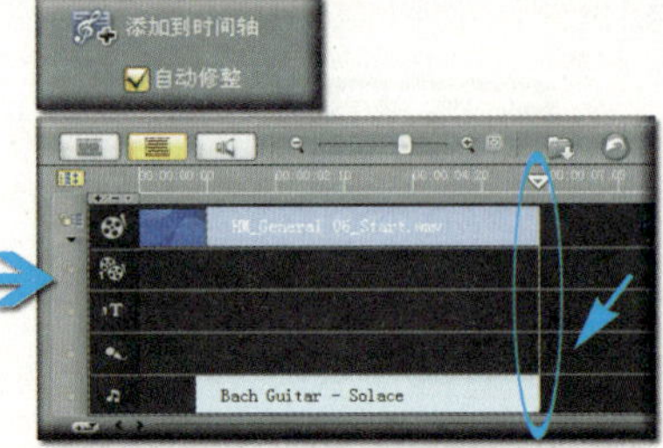

图20-18

胶片库

SmartSound公司除了提供内容丰富的音乐素材，还发布了一款音乐创作软件——SmartSound Sonicfire Pro，你不必懂乐理就可以作曲，是完全傻瓜式的操作，在短时间内就可以为影片创建一段专家级的音乐效果，有了它的帮助，人人都可以成为"作曲家"。而且从这里也可方便地在网上对SmartSound曲库进行试听、下载和购买。

2.音频视图

在**时间轴工具栏**上单击按钮，这时在**素材库**中或**时间轴**上选中音频素材，其**选项面板**如图20-19所示。

图20-19

在此视图模式下，**声音轨**和**音乐轨**上的音频素材将显示出音量调节线，可通过拖移自由进行调节，如图20-20所示。

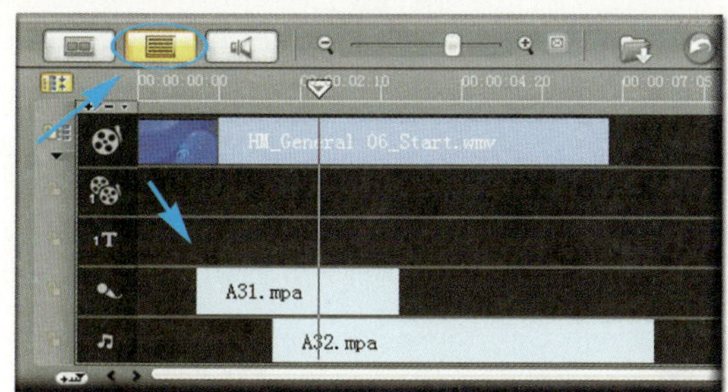

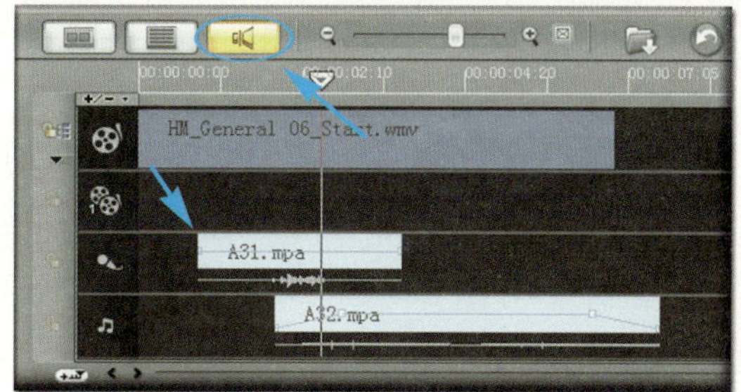

图20－20

时间长度 显示当前选中音频的时间长度，并可改变其长度。

音量 设置当前选中音频的音量大小，在当前视图模式下，还可将鼠标移到**时间轴**上当前选中音频文件的红色音量调节线上，当指针变为↑时，按左键不动并往上方或下方拖移，可改变该处的音量大小，如图20-21所示。

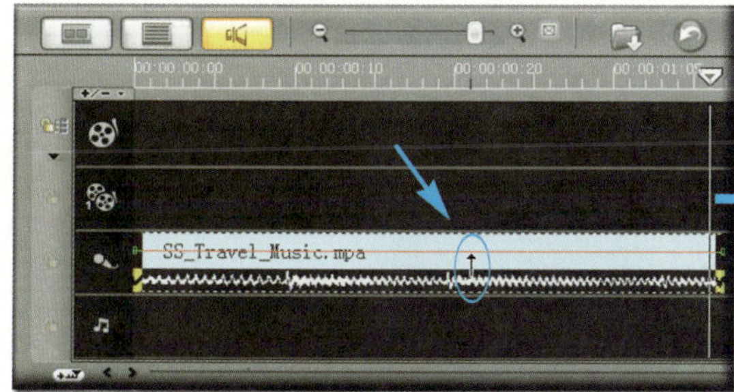

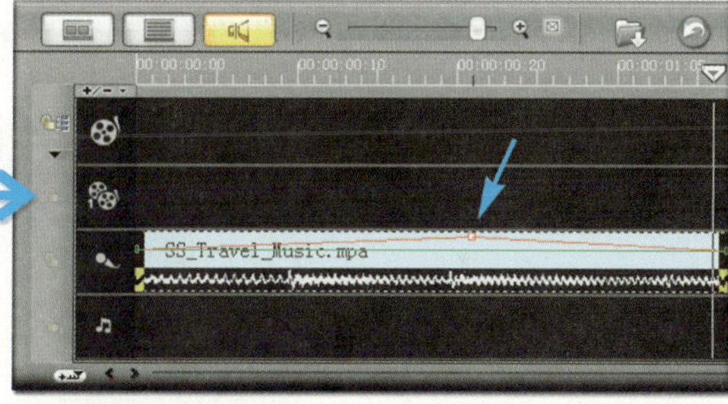

图20－21

淡入 单击此按钮，可将当前选中音频的开头部分淡入，同样也可将鼠标移到**时间轴**上当前选中音频文件距开头1秒钟的红色音量调节线上，当指针变为↑时，单击左键，以创建一个关键点，接着将鼠标移到最开头的位置，当指针变为手形时，按左键不动并往下方拖移，可将该处的音量调整为0，这样就得到了淡入的效果，如图20-22所示。

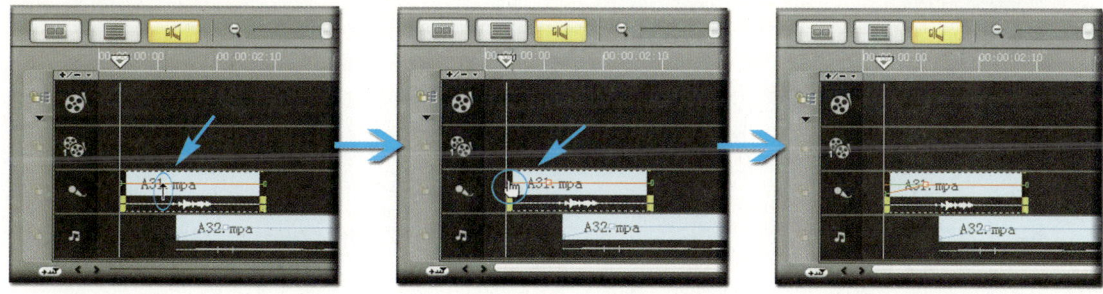

图20－22

淡出 单击此按钮，可将当前选中音频的结尾部分淡出。

复制声道 如果当前选中的音频含有两个声道，如配音和背景声分别放置在不同的声道上，勾选此项，并指定**左**或**右**，表示只有左声道或右声道发声，否则两个声道将同时发声。

在**环绕混音**选项面板中可对环绕声和立体声进行设置，可自由地将不同轨道上的音频指定给各个音箱。特别是对5.1声道的支持，是一个激动人心的功能，试想一下，如果你剪辑的影片，其中的同期声、配音、配乐等分别从五个喇叭发送到观众的耳朵里，营造了一个立体的声场，其感染力是立体声无法比拟的，如果拍摄时用的是支持5.1声道录制声音的DV，那么连同期声本身都是5.1声道的，效果就更好了。

单击此选项卡，其界面如图20-23所示。

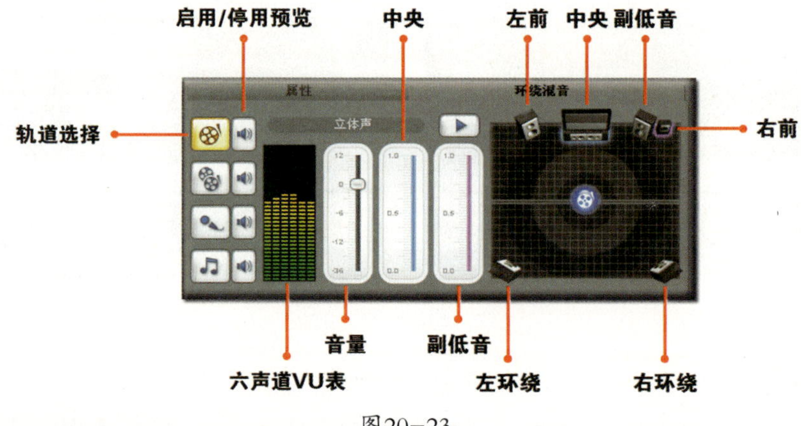

图20-23

环绕声/立体声 此处显示当前选择的声场模式，单击**时间轴工具栏**上的按钮，可启用5.1**环绕声**，再次单击，则启用**立体声**。

轨道选择 可对**视频轨**、**覆叠轨**、**声音轨**和**音乐轨**等4个轨道上的声音进行设置，单击相应的按钮，即可对其发声的音箱及音量的大小等进行设置。

启用/停用预览 单击目标轨道后面的此按钮，将停用对该轨道的预览，单击按钮进行预览时，该轨道将不发声，这时按钮变为，再次单击，则可启用对相应轨道的预览。

六声道VU表 可显示六个声道——即左前、右前、中央、副低音、左环绕和右环绕的音量大小，如图20-24所示。

音量 可设置选择的声道在各个音箱的音量大小，中央和副低音音箱除外。将鼠标移到滑块上按左键不动并往上方或下方拖移，可增大或减小音量，如图20-25所示。

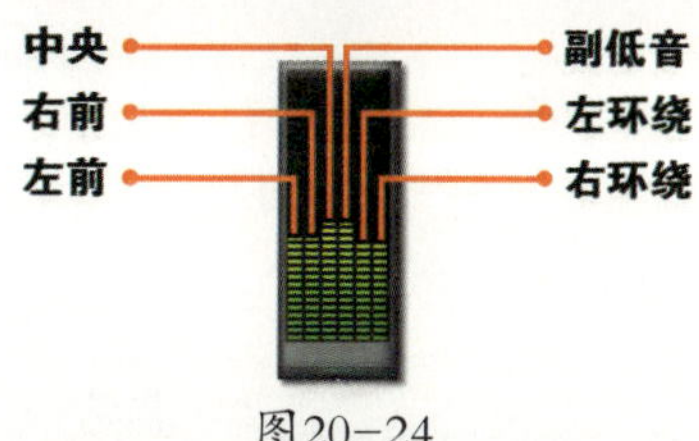

图20-24

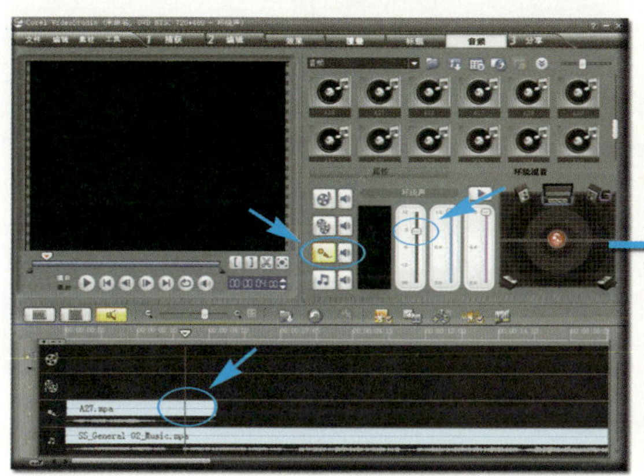
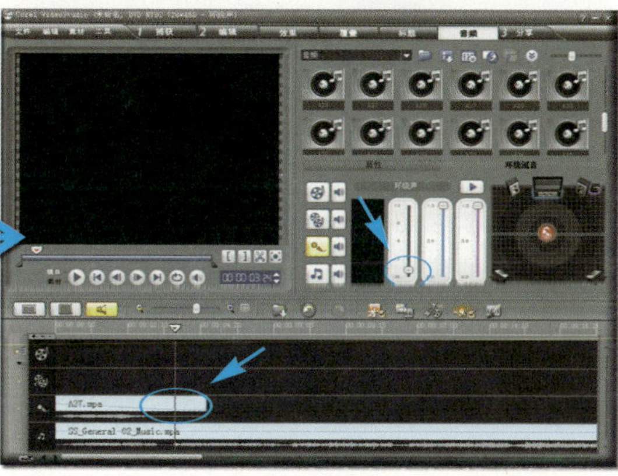
图20-25

将鼠标移到此界面上单击鼠标右键，会将音量恢复为默认大小。

中央 当声场模式为**环绕声**时，此功能才有效，可设置选择声道在中央音箱的音量大小。

副低音 当声场模式为**环绕声**时，此功能才有效，可设置选择声道在副低音音箱的音量大小。

播放 单击此按钮，将从当前**时间轴**上▽**时间轴滑块**所处位置开始播放，这时按钮变为⏸，再次单击，则会停止预览。

指定发声位置 软件绘制了一个形象的声场图，方便用户在模拟声场中设置选择声道的发声位置。

当声场模式为**立体声**时，只有左前和右前音箱发声；当声场模式为**环绕声**时，则有左前、右前、中央、左环绕、右环绕和副低音音箱发声，可通过关键帧来进行设置。

指定发声位置的方式有两种，一种是固定位置发声，一种是可变位置发声。

⊙固定位置发声

将选择的声道固定为指定音箱发声。

① 以**音乐轨**为例，将**素材库**中的**A11.mpa**插入到**音乐轨**上。

② 在**时间轴**上将▽**时间轴滑块**移到音乐文件的开始位置，然后在模拟声场中将鼠标移到中间的音符符号上按左键不动并往左前音箱拖移，使其在此音箱发声，如图20-26所示。

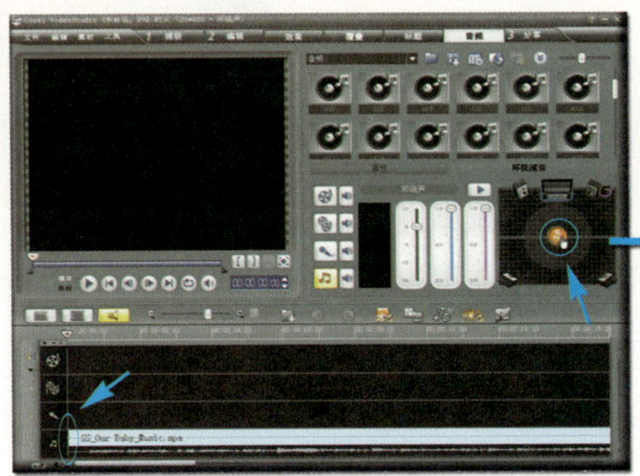

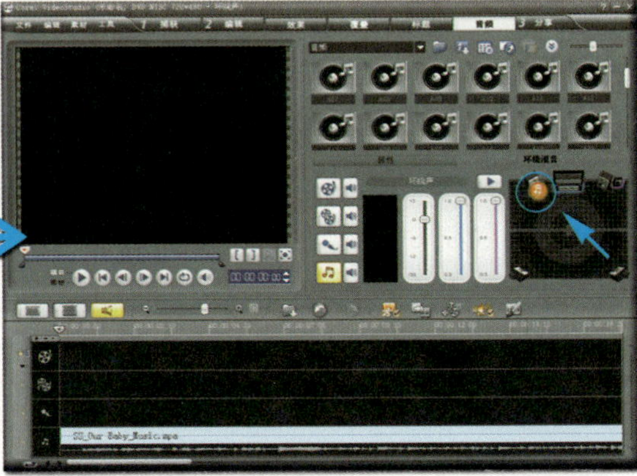

图20-26

③ 由于只在音乐的开始位置设置关键帧，故后面的状态与之相同，这时单击▶按钮，可听到整段音乐都是从左前音箱发出。

⊙可变位置发声

环绕声最大的魅力就是随画面中人物或物体的运动而移动，营造出真实的声场效果，使观众通过声音就可判断出画面中主体的运动方向。

在拍摄时如果录制的不是5.1声道的声音，那么就只有通过后期编辑来设置，将选择的声道指定为不同音箱动态地发声实际上也是很容易的，在指定音箱发声时，通过关键帧的创建来跟踪画面中主体的运动以使相应位置的音箱发声。※有关可变位置发声的设置参见星期六220页※

第21章 分享之体验馆

影片编辑完成后必然要进行输出，这样才能与观众见面，所以**分享**步骤可以说是整个制作环节的最后一步。

会声会影输出的途径很多，可以满足各方面的需要，如图21-1所示。

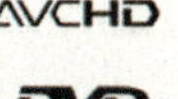

图21-1

在输出时，既可采用高压缩模式，兼顾质量与大小的平衡，以便上网发布或传给家人、朋友；也可采用高码率的编码方式，以创建高质量的高清影片，刻录成蓝光影片来欣赏；甚至还可用普通的DVD刻录机和DVD光盘刻录高清AVCHD光盘，无需提高成本，就可享受到高清的效果。

单击**步骤面板**的**分享**项，即可进入相应的界面，如图21-2所示。

图21-2

21.1 刻录DVD影片

由于此例要涉及到刻录光盘，如果你手上有需要剪辑的录像，那么在剪辑好后再进入这一步的学习，正好可将其刻录成DVD影片。否则，我们这里就以**素材库**中的**V14.wmv**为例来进行讲解，为了避免浪费光盘，可准备一张可擦写的DVD-RW来进行刻录。

下面将剪辑的影片刻录成DVD。

① 跳转到编辑界面

单击**步骤面板**的**编辑**项，以进入相应的界面。

② 新建项目

执行**文件 | 新建项目**命令，然后将鼠标移到**素材库**中将**V14.wmv**拖移到**视频轨**上，如图21-3所示。

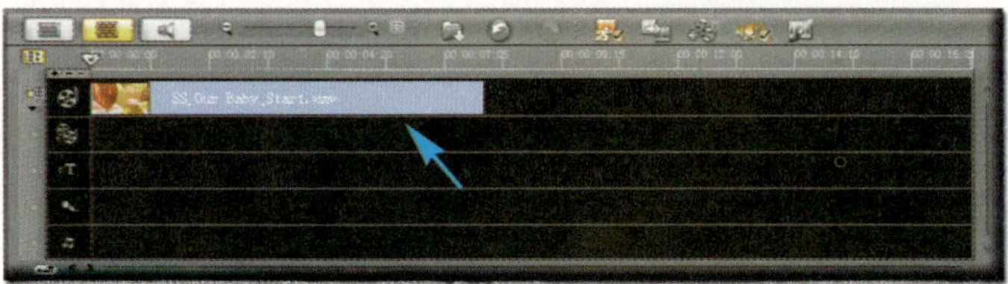

图21-3

③ 跳转到分享界面

单击**步骤面板**的**分享**项，以进入相应的界面，如图21-4所示。

图21-4

③ 创建光盘

将空白光盘放入DVD刻录机，然后在**选项面板**单击**创建光盘**按钮，式菜单，如图21-5所示。

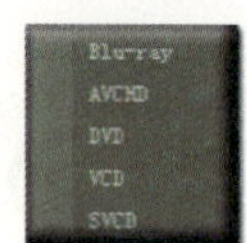

图21-5

在下拉式菜单中执行**DVD**命令，会弹出对话框，单击**创建菜单**前方的复选框，以取消勾选，表示不创建菜单，接着单击 下一步 按钮，会弹出对话框，如图21-6所示。

胶片库

在这一步可对DVD的成片质量进行设置，如果不满足于软件默认的参数，想获得更好的效果，单击对话框左下角的 按钮即可进行设置。

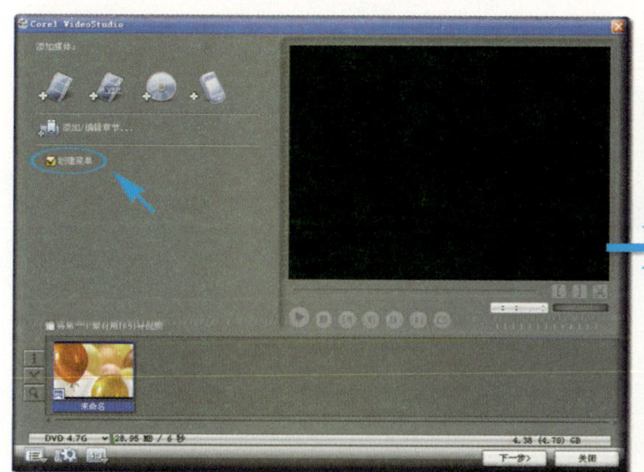

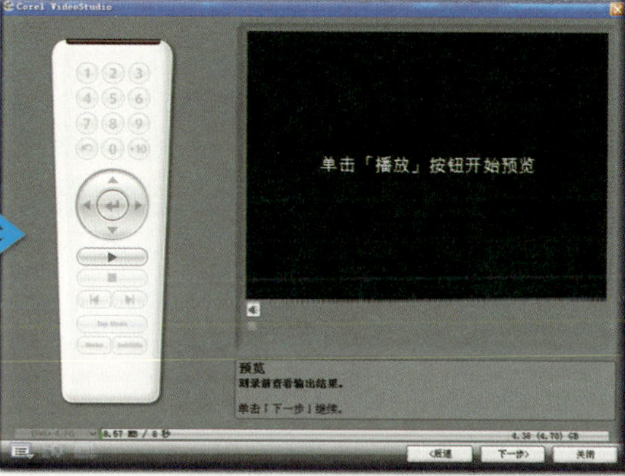

图21－6

④ 进入刻录对话框

不必进行预览，单击 下一步> 按钮，以进入下一个对话框，如图21-7所示。

⑤ 开始刻录

最后单击 **刻录** 按钮，即可开始刻录。从捕获到剪辑、配音、配乐、字幕、特技等等，最后再刻录为DVD，一部影片就算制作成功了。

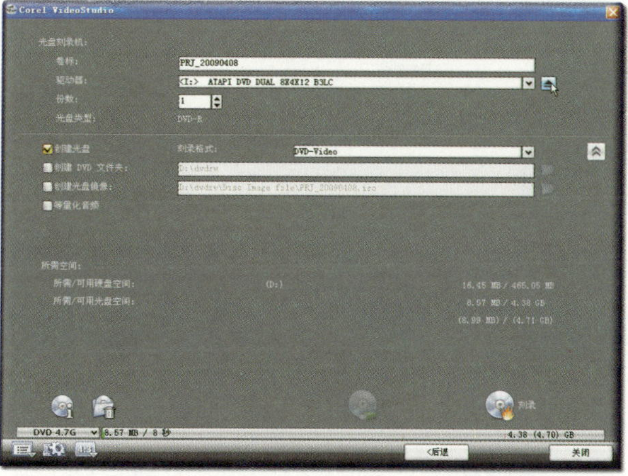

图21－7

21.2 创建为屏幕保护文件

【 **I 星期六 I 创建为屏幕保护文件.VSP** 视频重新链接路径：\会声会影安装目录\Samples\Video\V10.wmv】

如果将自己剪辑的影片创建为屏幕保护文件也是很有趣的事。

① 打开项目

执行**文件 | 打开项目**命令，在弹出的对话框中找到配套光盘，打开**创建为屏幕保护文件.VSP**项目，如图21-8所示。

② 生成视频文件

单击**步骤面板**的**分享**项，以进入相应的界面，在**选项面板**单击**创建视频文件**按钮，会弹出下拉式菜单，如图21-9所示。

图21-8

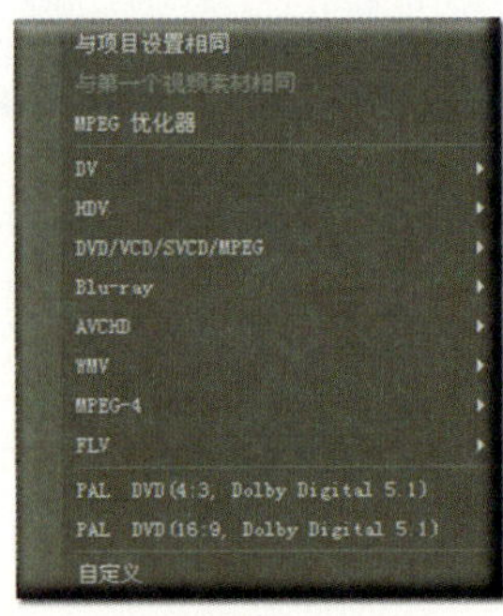

图21-9

执行**WMV | WMV HD 720 25P**命令，会弹出对话框，指定文件夹和文件名后即可开始生成。

③ 创建为屏幕保护文件

在**素材库**中找到刚才生成的视频文件并单击，以将其选中，执行**素材 | 导出 | 影片屏幕保护**命令，会弹出**显示属性**对话框，如图21-10所示，只要单击 确定 按钮即可将该视频创建为屏幕保护文件，非常简单快捷。

图21-10

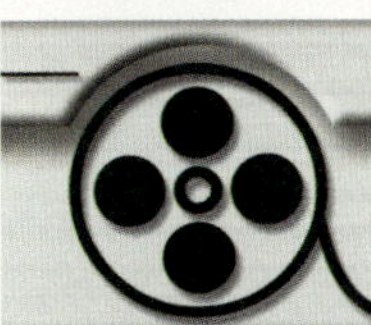

第22章 分享之深造馆

22.1 开始前的准备

22.1.1 参数选择中的常规项

为了更好地使用**分享**功能，应对一些默认参数进行设置。

执行**文件 | 参数选择**命令，会弹出对话框，单击**常规**项，将进入相应的界面，如图22-1所示。

勾选**显示MPEG优化器对话框**，会在执行**创建视频文件**中的部分命令时弹出**MPEG优化器对话框**，以便在创建视频时对其中的MPEG部分进行优化，提高创建效率。

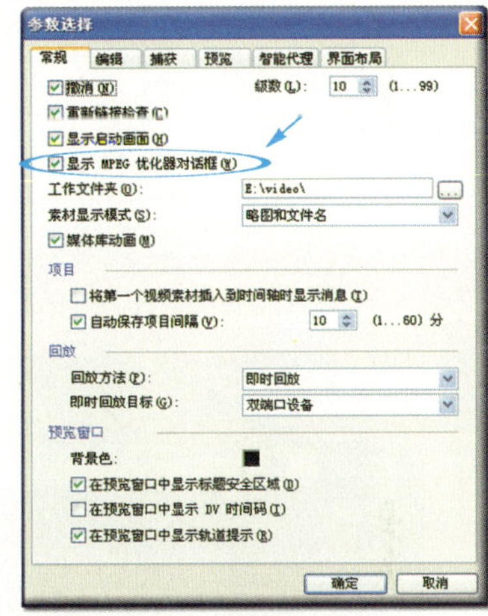

图22-1

星期六
26－21℃
白天：晴
晚上：多云
风力：微风

22.2 深入认识分享界面

22.2.1 创建视频文件

将影片输出为视频文件并存储到硬盘中，这种方式几乎囊括了现今流行的各种视频格式，单击此按钮，会弹出下拉式菜单，如图22-2所示。

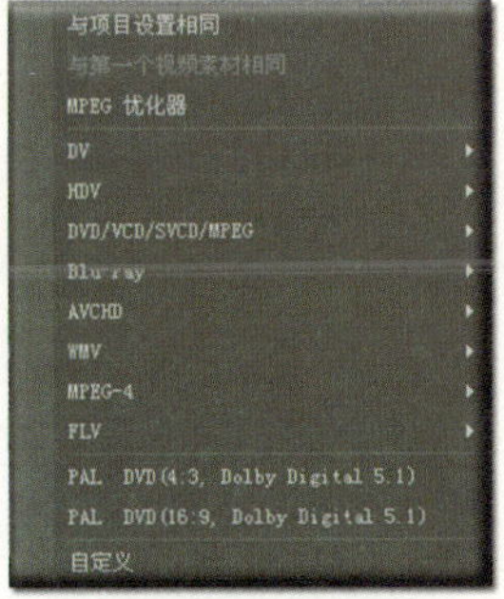

图22-2

与项目设置相同 表示输出跟当前项目设置相同的视频格式，执行此命令，会弹出对话框，如图22-3所示。

选项...：可对输出作进一步设置，单击此按钮，会弹出对话框，如图22-4所示。

图22-3

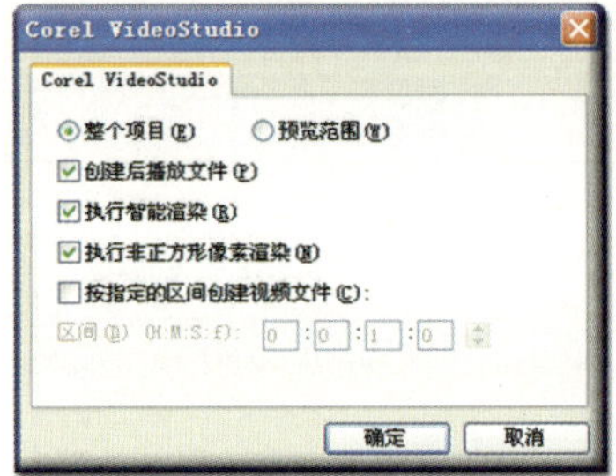

图22-4

输出范围：勾选**整个项目**，表示将**时间轴**上的整个影片输出；勾选**预览范围**，表示只输出由[和]按钮设置的入、出点范围内的影片，如图22-5所示。

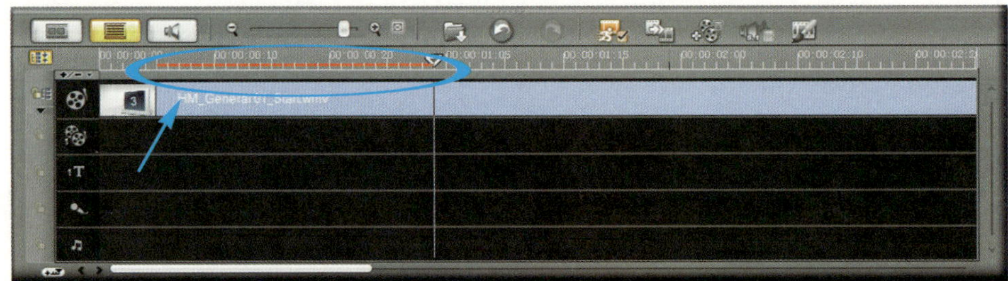

图22-5

创建后播放文件：勾选此项，在创建完文件后将自动播放，否则不会播放。

执行智能渲染：勾选此项，软件将只对项目中修改的部分重新进行渲染，可大大节省创建时间。

胶片库

智能渲染技术是很实用的功能，在编辑项目时，会声会影将自动在指定的临时文件夹中对用到的素材进行渲染，这样一来，以后如果再对素材进行各种编辑，都只需对变动的部分进行渲染即可，大大提高了预览和输出的效率。

执行非正方形像素渲染：根据输出文件的主要播放介质来设置此项，如果主要在电视机上观看，则勾选此项，否则不要勾选。

按指定的区间创建视频文件：勾选此项，可在下方**区间**项设置输出影片的长度。

与第一个视频素材相同 表示输出跟**视频轨**上第一段素材的属性相同的视频

格式，只有当第一段素材是*.mpg格式时，此命令才有效。

MPEG优化器 此功能会自动检测**视频轨**上的素材格式，如果其中有MPEG文件，软件将指定最佳的MPEG设置，这样一来，在输出MPEG格式的影片时，只对非MPEG文件、标题、特效或覆叠轨上的素材等重新进行编码，而对**视频轨**上相应的MPEG文件则不必重新编码，大大缩短了输出时间。

执行此命令，会弹出对话框，如图22-6所示。

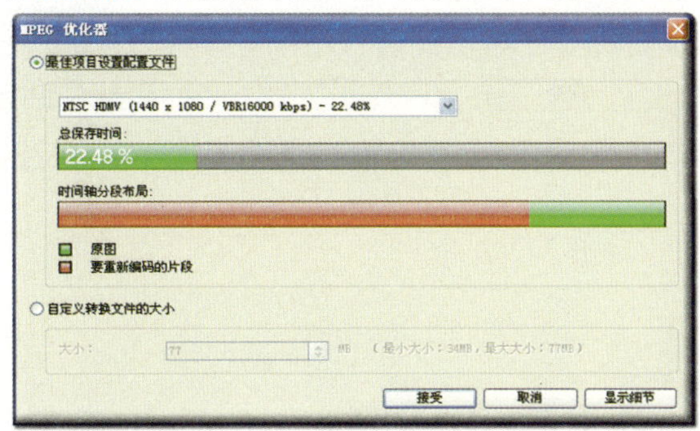

图22-6

最佳项目设置配置文件：软件将根据项目中的MPEG文件自动创建最佳的配置文件供选择，在输出时可以只渲染改动的部分和非MPEG文件部分，以加快创建速度。

如果**视频轨**上有两种以上的MPEG格式，如分辨率为1440 × 1080和720 × 576，这时单击按钮，将看到两个设置，应根据最终的输出分辨率来选择，如图22-7所示。

NTSC HDMV (1440 x 1080 / VBR16000 kbps) - 22.48%
PAL DVD (720 x 576 / VBR8000 kbps) - 14.14%

图22-7

总保存时间：显示符合最佳配置文件的MPEG文件所占的比例，以绿色显示，这一部分不必重新编码，所以占的比例越高，意味着编码速度越快。

时间轴分段布局：显示不必重新编码的区段（绿色部分）和需要重新编码的区段（红色部分）在**时间轴**上所处的位置和所占的比例。

自定义转换文件的大小：可自行设置转换文件的大小，转换文件的大小可决定输出的品质，值越大，品质越好，软件将根据设置的大小来自动换算**数据速率**的值，单击 显示细节 按钮，可看到**数据速率**的信息，如图22-8所示。

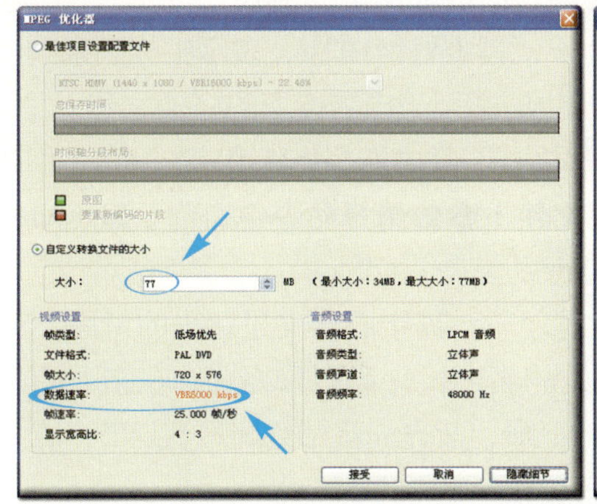

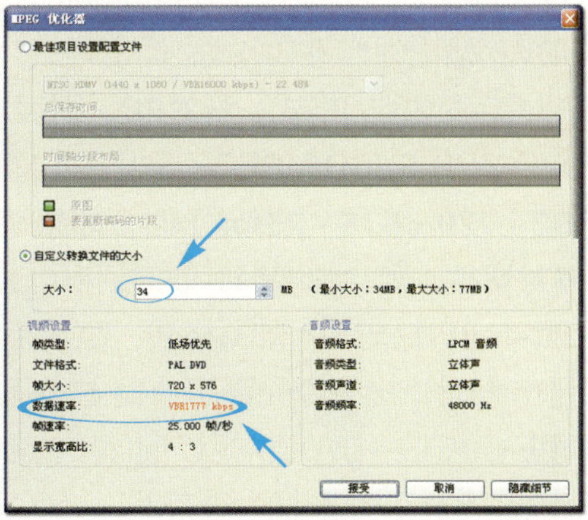

图22-8

显示/隐藏细节：单击 显示细节 按钮，将显示详细的信息，这时此按钮将变为 隐藏细节 ，再次单击，则可将其隐藏。

接受 ：单击此按钮，会弹出对话框，可输入新的名称，选择存储的文件夹等，如图22-9所示。

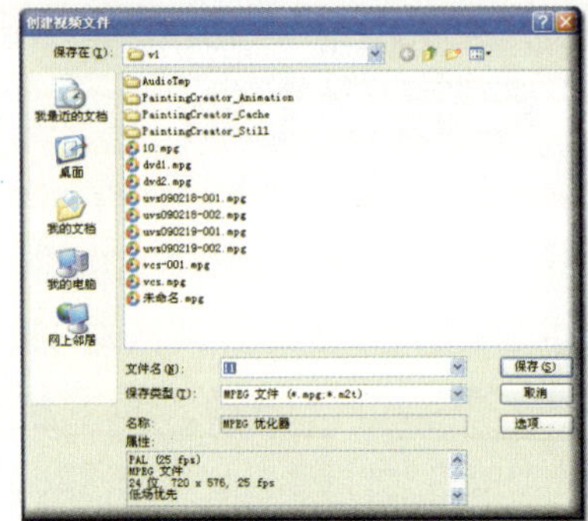

图22-9

预设的影片输出 软件预设的输出项涵盖了目前流行的各种视频格式，如图22-10所示。

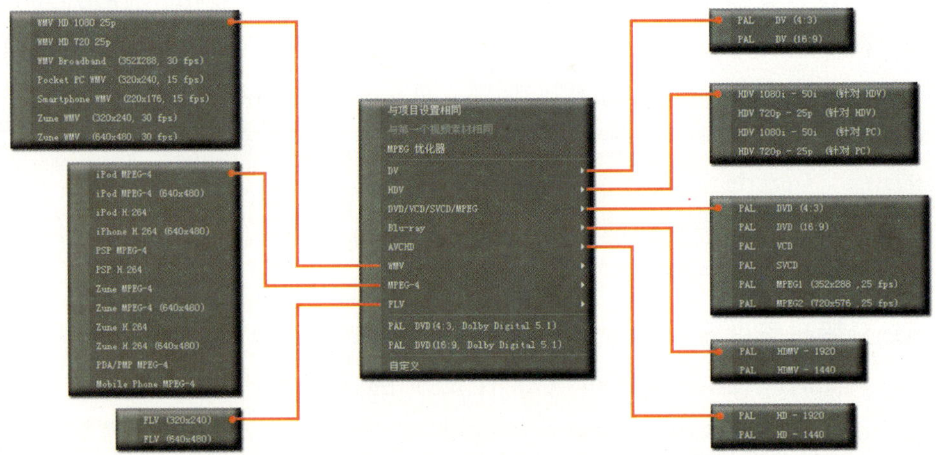

图22-10

DV：输出为*.AVI格式，是回录到DV摄像机时能够识别的格式。

HDV：输出为*.MPG格式，高清格式之一，其中**针对HDV**，表示生成回录到HDV摄像机时能够识别的格式；**针对PC**，则表示生成适用于电脑读取的格式。

DVD/VCD/SVCD/MPEG：输出为*.MPG格式，其中选择**PAL DVD（4:3）**和**PAL MPEG2（720×576，25fps）**时，如果在**文件 | 参数选择**命令中勾选了**显示MPEG优化器对话框**，则会弹出相应的对话框以进行设置。

Blu-ray：输出为*.MPG格式，高清格式之一，其字面含义是蓝光的意思，简称BD，是由索尼、松下、先锋等公司主导开发的新一代光盘记录格式，在击败由东芝等公司主导的HD-DVD技术后，随着价格的下降，蓝光光盘最终将取代DVD，成为新的主流视频载体，目前其容量有25G、50G等，远远超过了DVD盘。

AVCHD：输出为*.MPG格式，高清格式之一，目前大多数高清DV摄像机均采用此格式记录数据。

WMV：输出为*.WMV格式，既可输出为流媒体格式，也可输出为高清格式，是微软开发的一种视频压缩格式。以2小时的节目为例，AVCHD等以MPEG－2编码器压缩成高清格式时，需30G，而以WMV－HD编码器压缩成高清格式时，在视频品质没有丝毫下降的情况下，只需15G，其优势是显而易见的。

MPEG－4：输出为*.MP4格式，这是为手机、iPod、Zune、PSP、PDA等移动设备准备的，输出的影片可直接在相应的设备上播放，方便大家把自己的家庭录像输出到手机上。

FLV：输出为*.FLV格式，是Flash Video的简称，是网络上最流行的视频格式之一，其特点就是压缩率高，品质好，很多视频网站都采用此格式来发布作品。

自设影片模板输出 这里显示的是通过**工具|制作影片模板管理器**命令设置的自己经常会用到的输出模板，执行该命令，会弹出对话框，如图22-11所示。

新建(N)...：如果要新建模板，单击此按钮，会弹出对话框，如图22-12所示。

文件格式：选择需要输出的格式，单击按钮，会弹出下拉式菜单，如图22-13所示。

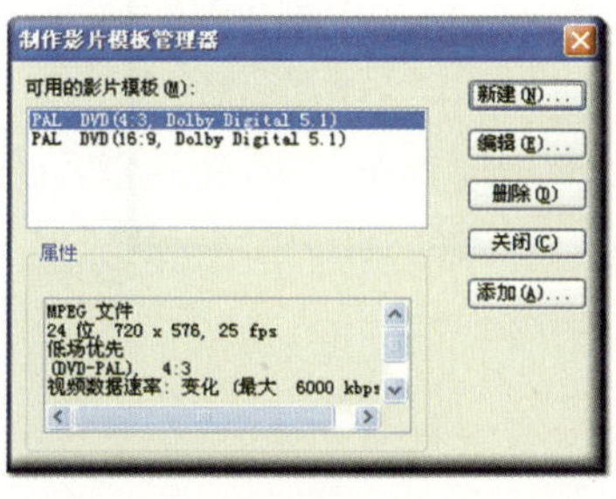

图22-11

图22-12

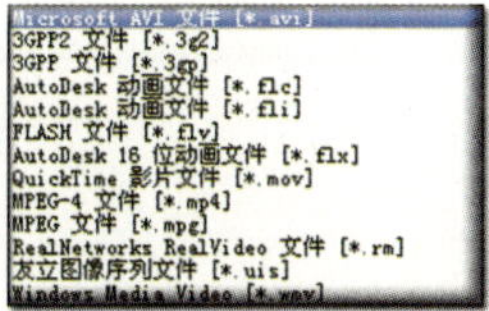

图22-13

模板名称：为新的模板命名。

确定：单击此按钮后，会弹出对话框，以作进一步设置，如图22-14所示。

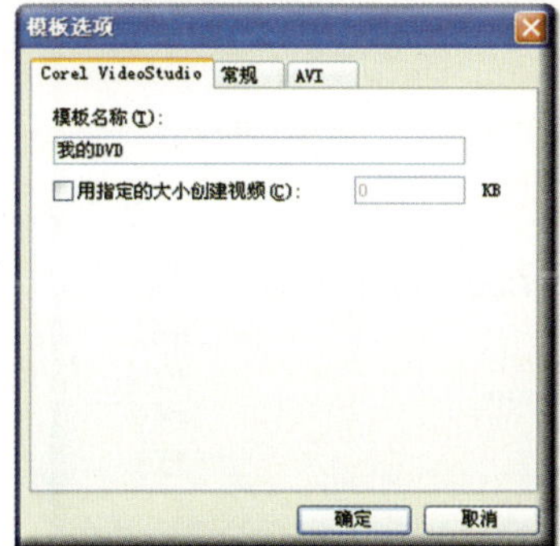

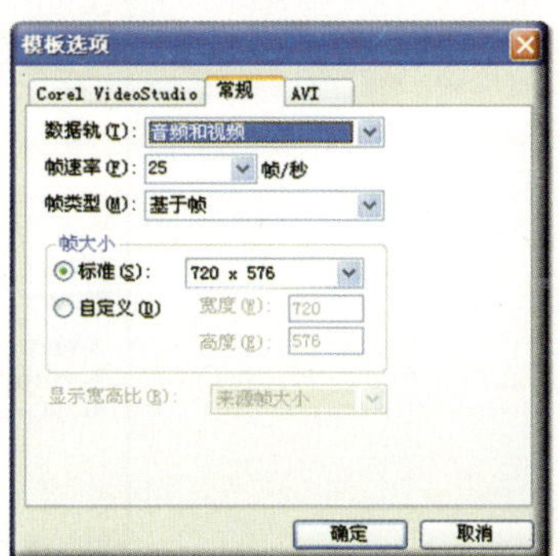

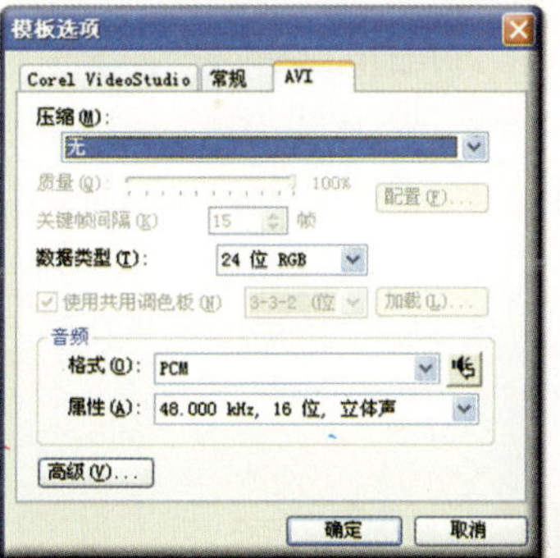

图22-14

对话框中的参数设置项随**文件格式**的不同而不同。

编辑(E)...：可对列表中当前选中的影片模板进行修改，单击此按钮，会弹出对话框，以重新进行设置。

删除(D)：单击此按钮，即可将列表中当前选中的影片模板删除。

关闭(C)：单击此按钮，即可退出对话框。

添加(A)...：可将视频文件导入，直接从中提取相应的属性作为模板。单击此按钮，会弹出对话框，如图22-15所示。

单击...按钮，可在文件夹中选择视频文件，导入后，为模板命名即可。

自定义 自行设置输出参数，执行此命令，会弹出对话框，如图22-16所示。

图22-15

图22-16

单击选项(O)...按钮，即可进行设置。

22.2.2 创建声音文件

此功能会将**时间轴**上的音频单独输出，单击此按钮，会弹出对话框，如图22-17所示。

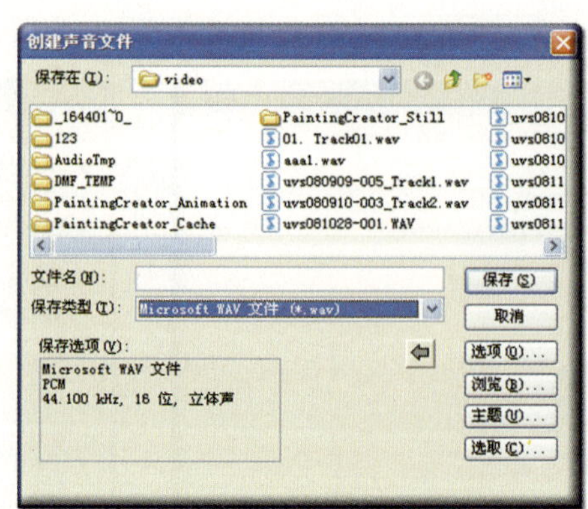

图22-17

保存类型 选择输出的音频格式，单击按钮，会弹出下拉式菜单，如图22-18所示。

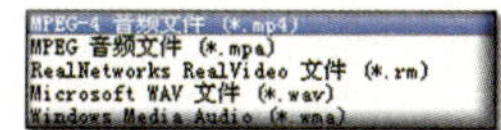

图22-18

最近使用的目录 单击此按钮，会弹出下拉式菜单，列出了最近访问的目录，方便再次选择。

选项(O)... 对选择的音频格式进行设置，单击此按钮，会弹出对话框，如图22-19所示。

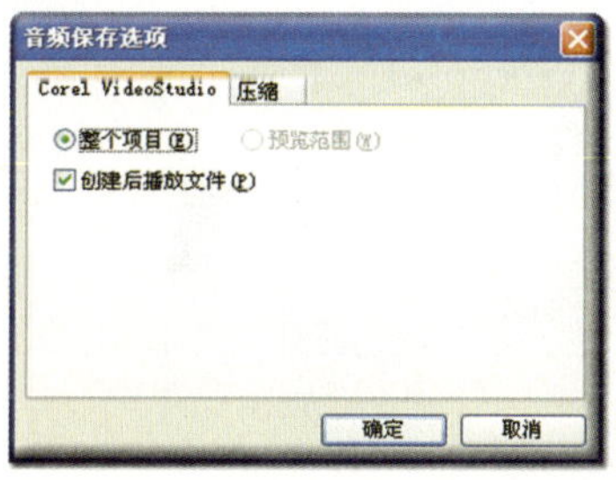

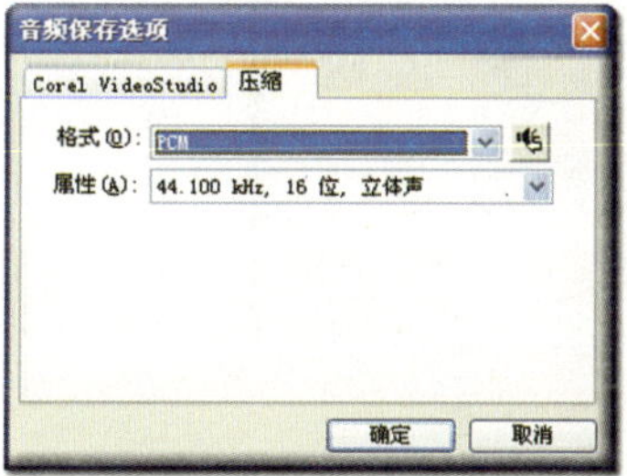

图22-19

对话框中的参数设置项随音频格式的不同而不同。

浏览(B)... 可对文件夹中的的音频文件进行浏览。单击此按钮，会弹出对话框，如图22-20所示。

图22-20

在列表中选择音频文件后，单击扫描(S)按钮，即可获知相关音频文件的详细信息，不过扫描的过程有点漫长，类似于死机，所以最好通过其它的途径对音频文件进行预览。

主题(U)... 可对保存的音频文件进行描述，方便调用时参考。单击此按钮，会弹出对话框，如图22-21所示。

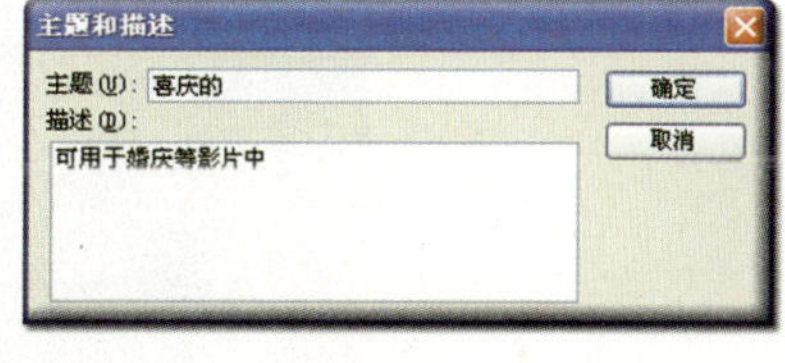

图22-21

此信息可在**文件 | 将媒体文件插入到时间轴 | 插入音频**等命令的**打开音频文件**对

话框中看到。

选取(C)... 可预览**时间轴**上的影片，通过拨动滑块设置用于显示的静帧画面。单击此按钮，会弹出对话框，如图22-22所示。

此画面同样可在**文件 | 将媒体文件插入到时间轴 | 插入音频**等命令的**打开音频文件**对话框中看到，如图22-23所示。

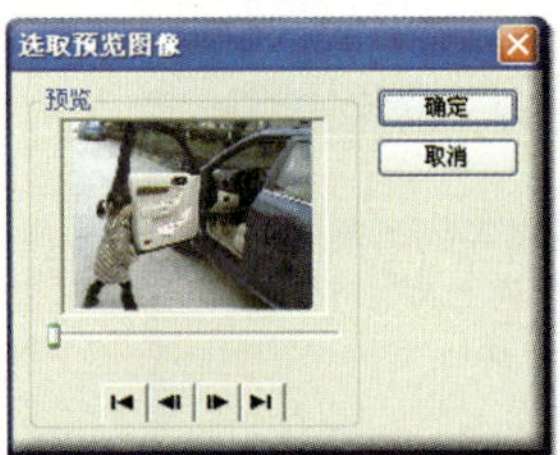

图22-22

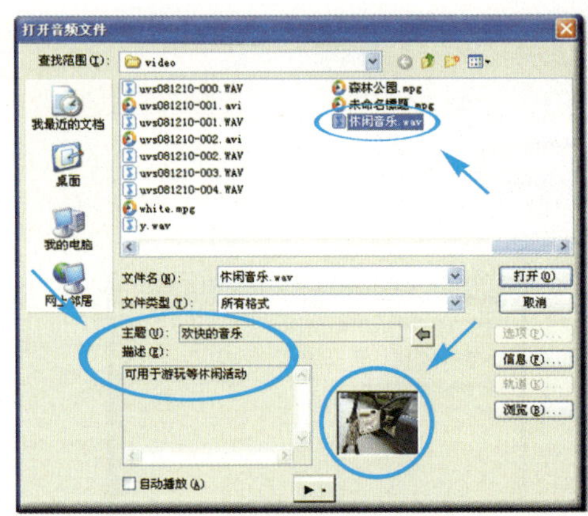

图22-23

22.2.3 创建光盘

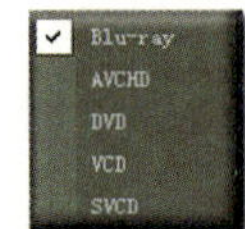

将影片直接刻录到光盘上，单击此按钮，会弹出下拉式菜单，如图22-24所示。

图22-24

这几种光盘格式的对话框基本相同，所以以最普遍的DVD为例进行讲解。

DVD是目前影片的主流载体，执行**DVD**命令，会弹出对话框，如图22-25所示。

图22-25

其中，当前项目将作为第一个素材放置到**媒体素材列表**中。

添加视频文件 可从文件夹中导入视频文件到**媒体素材列表**中，跟当前的项目一起刻录成视频光盘。单击此按钮，会弹出对话框，如图22-26所示。

图22-26

26－21℃
白天：晴
晚上：多云
风力：微风

添加VideoStudio项目文件 可从文件夹中导入存储的VideoStudio项目文件，跟当前的项目一起刻录成视频光盘。单击此按钮，会弹出对话框，如图22-27所示。

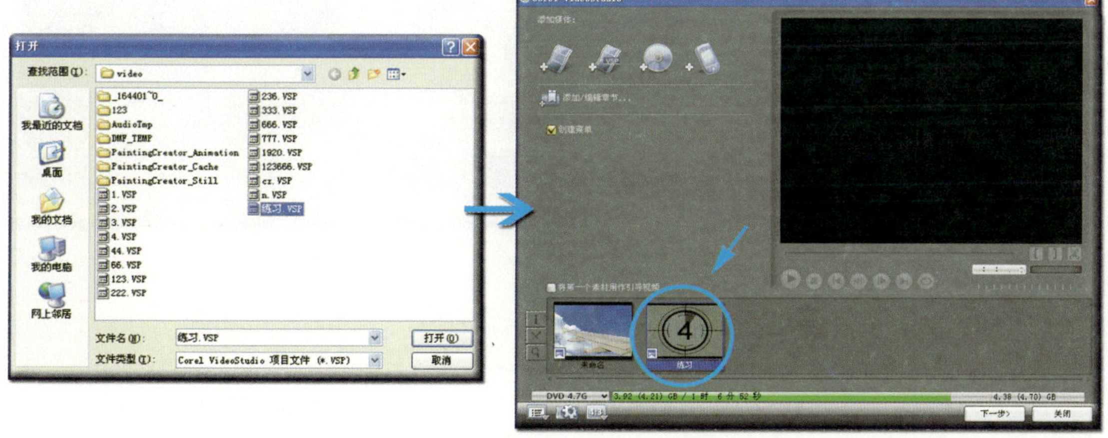

图22-27

添加数字媒体 可从视频DVD光盘、蓝光光盘或AVCHD摄像机中导入素材，跟当前的项目一起刻录成视频光盘。单击此按钮，会弹出对话框，如图22-28所示。

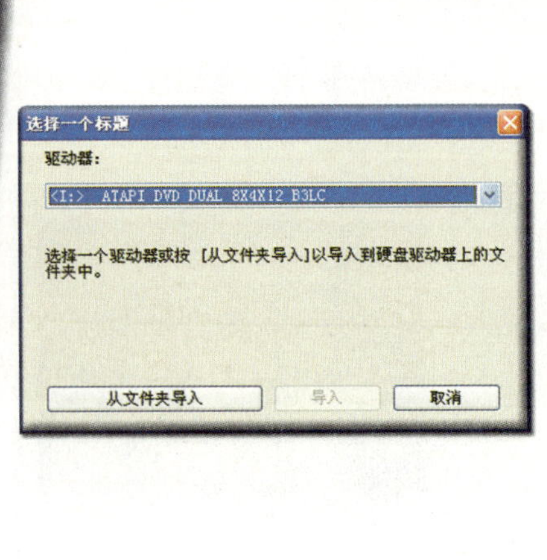

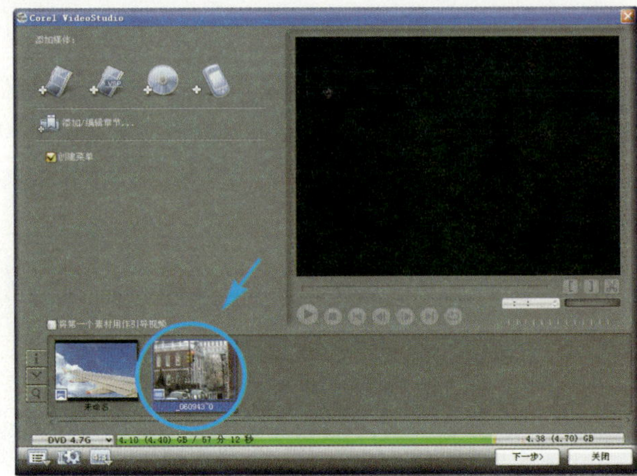

图22-28

从移动设备导入 可从手机、U盘等移动设备中导入素材，跟当前的项目一起刻录成视频光盘。单击此按钮，会弹出对话框，如图22-29所示。

图22-29

添加/编辑章节 在影片中添加章节是比较实用的一个功能，在将其刻录成视频光盘后，观众在播放光盘时可通过遥控器的**下一步**或**上一步**按钮在章节之间跳转，便于快速定位影片内容。

章节也可以创建在光盘的开始菜单中，便于选择播放，说到光盘的开始菜单，先来了解一下它的结构，菜单由主菜单和章节菜单组成，其中主菜单由**媒体素材列表**中的当前项目和**添加视频文件**、**从移动设备导入**等添加的视频组成，如图22-30所示。

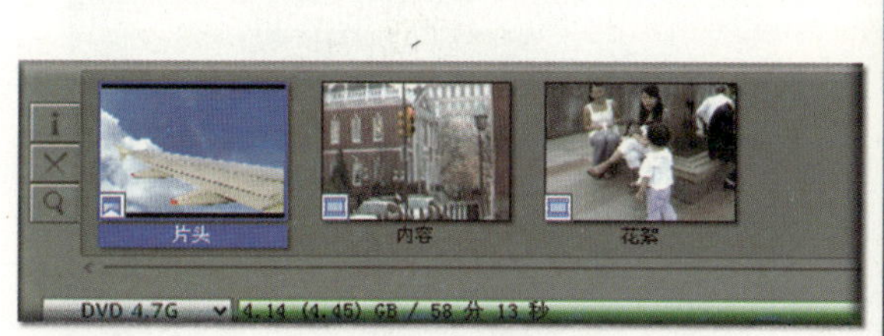

图22-30

而章节菜单则是由当前项目或添加的视频中的章节组成，如**内容**部分添加了章节，那么在主菜单中选择**内容**并播放时，会弹出相应的章节菜单，如图22-31所示。

图22-31

章节的添加有两种方式，一种是在当前项目中，在**时间轴**标尺下方的栏上单击，即可添加黄色的章节点，如图22-32所示。

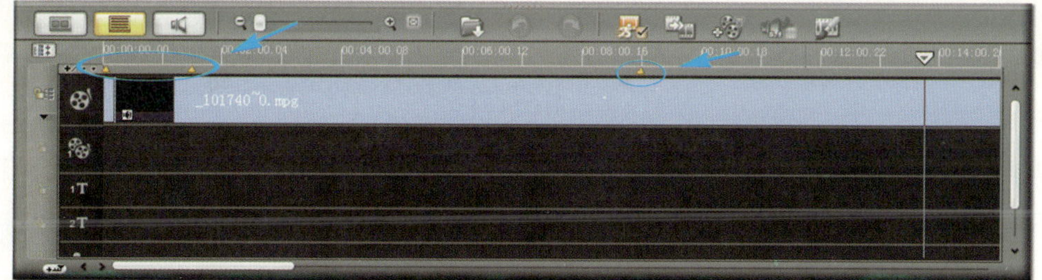

图22-32

单击**添加/编辑章节**按钮，可对这些章节点进行编辑修改。

另一种就是在**媒体素材列表**中选中一个素材，如**内容**，然后单击**添加/编辑章**

节按钮，会弹出对话框，可在此进行章节的添加和编辑，如图22-33所示。

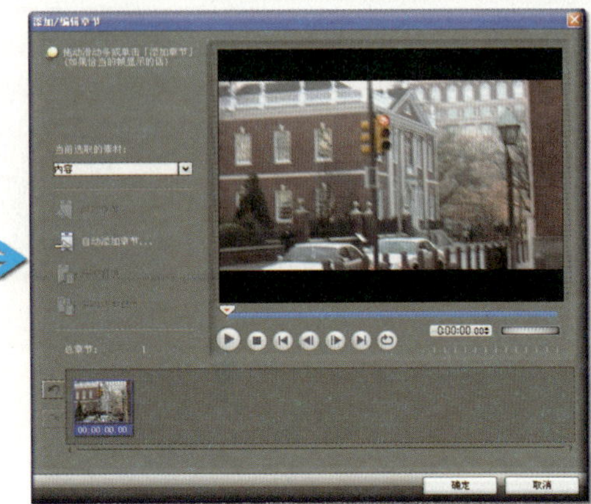

图22-33

当前选取的素材：显示当前选中的素材，如果**媒体素材列表**中还有别的素材，也可在这里选择。

添加章节：软件默认将当前选中素材的开头部分创建为第一个章节。在**预览工具栏**中将鼠标移到**飞梭栏**上按左键不动并往左边或右边拖移，将其定位在需要分段的位置，此功能才有效，单击此按钮，即可将其设置为新的章节，如图22-34所示。

图22-34

自动添加章节：可自动检测场景，以按场景自动添加章节；还可按指定的时间间隔自动添加章节。

单击此按钮，会弹出对话框，如图22-35所示。

图22-35

将场景作为章节插入：在选中的素材是当前项目时，此功能才有效，勾选此项，会自动将项目中的素材段添加为章节，如图22-36所示。

图22-36

以固定间隔添加章节：如果素材长度超过1分钟，此功能才有效，勾选此项，在右侧的文本框中可指定间隔时间，软件将按设置的间隔自动添加章节。

自动场景检测：在选中的素材不是当前项目时，此功能才有效，勾选此项，将自动检测素材中的场景，以按场景自动添加章节。

应用到所有媒体素材：勾选此项，将把自动添加章节的方式应用到**媒体素材列表**中其他的媒体素材上。

删除章节：在**章节列表**中选中除第一个章节外的其他章节，此功能才有效，单击此按钮，即可将该章节删除，这种删除方式仅仅是删除章节标记，而不是删除素材本身。

删除所有章节：单击此按钮，可将除第一个章节外的其他所有章节全部删除。

撤消：对**章节列表**中章节的操作，如果想恢复到上一步，只要单击此按钮即可，单击的次数决定撤消的步骤数。

重复：跟**撤消**的作用正好相反。

创建菜单 勾选此项，才能为视频光盘创建开始菜单，这样在播放时，观众可通过菜单选择播放影片的片段，否则将跳过菜单的创建。

将第一个素材用作引导视频 勾选此项，在播放光盘时，会将第一个素材作为首先播放的视频，然后才会出现开始菜单。

显示媒体素材的信息 单击此按钮，将显示**媒体素材列表**中当前选中的

素材信息，如图22-37所示。

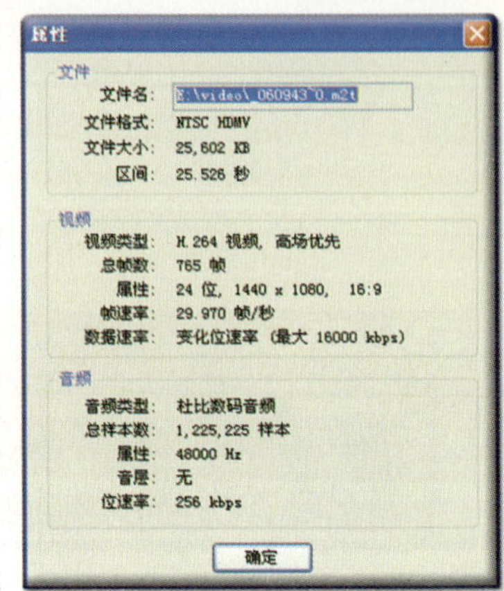

图22-37

删除所选的媒体素材 单击此按钮，可将当前在**媒体素材列表**中选中的素材删除。

修复可能丢失的音频和视频数据 单击此按钮，可对当前在**媒体素材列表**中选中的素材进行修复。

当前项目类型 可设置光盘的类型，单击∨按钮，会弹出下拉式菜单，如图22-38所示。

图22-38

要根据刻录的光盘选择正确的类型。

DVD8.5G：表示刻录的是容量为8.5G的可双层记录的DVD光盘，像市面上出售的D9影碟就是这一类，可记录长达16小时的VHS画质的视频，或记录2小时左右的最好画质的视频。

DVD4.7G：表示刻录的是容量为4.7G的普通DVD光盘，可记录1小时左右的最好画质的视频。

DVD1.4G：表示刻录的是容量为1.4G的8cm mini光盘。

设置和选项 单击此按钮，会弹出下拉式菜单，如图22-39所示。

图22-39

参数选择：可针对刻录光盘设置相应的参数，执行此命令，会弹出对话框，如图22-40所示。

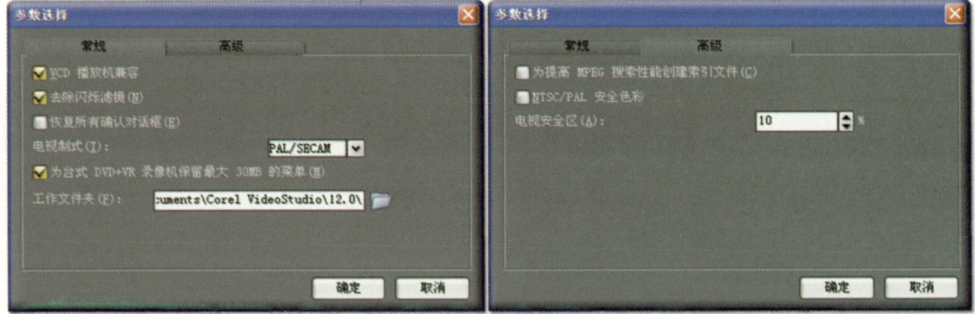

图22-40

VCD播放机兼容：此项只针对刻录VCD光盘时起作用，勾选此项，可确保刻录的VCD光盘在所有的VCD播放机上都能正常播放。

去除闪烁滤镜：勾选此项，可有效去除电视屏幕上显示开始菜单时的闪烁现象。

恢复所有确认对话框：勾选此项，可将所有你曾经确认过**不要再显示**项的对话框都恢复显示。

电视制式：对于我们来说，自然应该选择PAL/SECAM。

为台式DVD＋VR录像机保留最大30MB的菜单：此项只针对刻录DVD光盘时起作用，勾选此项，确保开始菜单的文件不大于30MB，以兼容DVD刻录机。

工作文件夹：单击按钮，可指定保存项目或捕获素材的存储位置。

为提高MPEG搜索性能创建索引文件：勾选此项，在**预览窗口**预览MPEG素材时，可提高预览速度，但会占用系统资源。

NTSC/PAL安全色彩：勾选此项，可确保显示开始菜单的颜色时不会由于超过色域而不能正常显示。

电视安全区：这是针对创建开始菜单时标示**预览窗口**中的安全区域，最高可设为30%，为文字或缩略图的编排提供参考，如图22-41所示。

图22-41

光盘模板管理器：可针对不同的光盘刻录创建常用的模板，以方便在**项目设置**处调用，执行此命令，会弹出对话框，如图22-42所示。

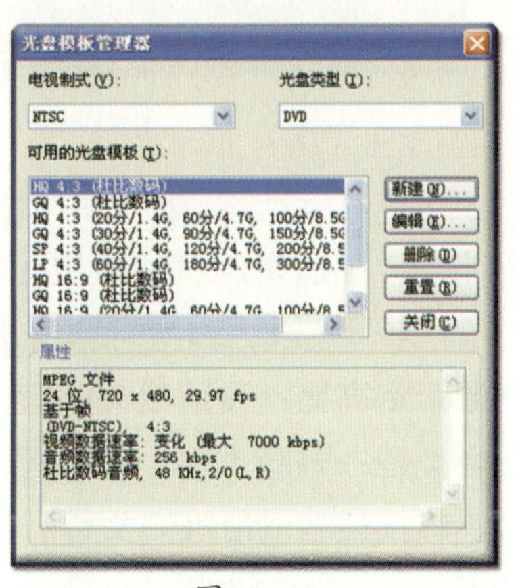

图22-42

电视制式：指定相应的电视制式。

光盘类型：选择需要创建模板的光盘刻录类型。

可用的光盘模板：当**光盘类型**选择不同的类型时，这里将显示软件预置的和自己创建的相应模板。

属性：在**可用的光盘模板**中选择某个模板时，这里将显示相应的详细信息。

新建(N)...：可创建新的模板，单击此按钮，会弹出对话框，随**光盘类型**的不同而不同。

编辑(E)...：单击此按钮，可对当前在**可用的光盘模板**中选中的模板进行编辑修改。

删除(D)：单击此按钮，可将当前在**可用的光盘模板**中选中的模板删除。

重置(R)：单击此按钮，会将**可用的光盘模板**中的模板复位为软件默认的设置，同时会将新建的模板删除。

项目设置 对刻录光盘的项目进行设置，这一步是很重要的，它直接决定了刻录的视频质量和容量，单击此按钮，会弹出对话框，如图22-43所示。

信息列表：显示当前设置的项目信息。

修改 MPEG 设置(C)...：单击此按钮，会弹出下拉式菜单，将显示软件预置的项目模板，如图22-44所示。

项目设置
针对文件转换的 MPEG 属性
MPEG 文件
24 位, 720 x 576, 25 fps
低场优先
(DVD-PAL), 4:3
视频数据速率: 变化 (最大 8000 kbps)
音频数据速率: 256 kbps
杜比数码音频, 48 KHz, 2/0(L,R)
确定
取消
修改 MPEG 设置(C)...
显示宽高比(D):
4:3
场类型(F):
低场优先 (DV)
不转换兼容的 MPEG 文件(O)
支持 X-光盘
双路转换(T)
导览控制
自动从起始影片淡化到菜单(U)
在菜单前先播放所有素材(P)
光盘回放结束后自动重复(A)
素材回放(B):

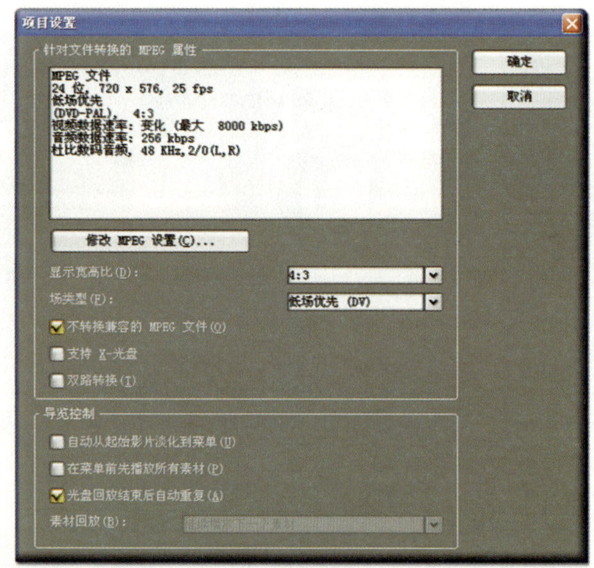

图22-43

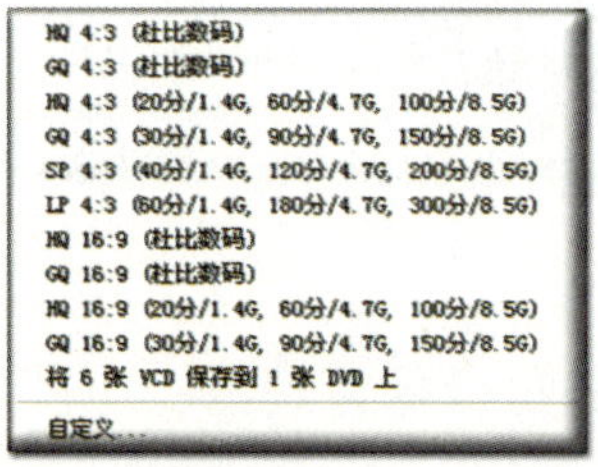

HQ 4:3 (杜比数码)
GQ 4:3 (杜比数码)
HQ 4:3 (20分/1.4G, 60分/4.7G, 100分/8.5G)
GQ 4:3 (30分/1.4G, 90分/4.7G, 150分/8.5G)
SP 4:3 (40分/1.4G, 120分/4.7G, 200分/8.5G)
LP 4:3 (60分/1.4G, 180分/4.7G, 300分/8.5G)
HQ 16:9 (杜比数码)
GQ 16:9 (杜比数码)
HQ 16:9 (20分/1.4G, 60分/4.7G, 100分/8.5G)
GQ 16:9 (30分/1.4G, 90分/4.7G, 150分/8.5G)
将 6 张 VCD 保存到 1 张 DVD 上
自定义...

图22-44

在这里可指定预置的项目模板，也可执行**自定义**命令，以自行设置，像街上卖的高压缩盘，在这里通过设置也可实现，选择**将6张VCD保存到1张DVD上**，用D9光盘（8.5G）进行刻录，完全可塞进12个小时的影片。

显示宽高比：设置视频的宽高比。

场类型：同**帧类型**，其中**无边框**同**基于帧**。

不转换兼容的MPEG文件：勾选此项，在按指定的项目进行渲染时不必重新构建与MPEG格式兼容的MPEG文件，可大大节省渲染时间。

支持X-光盘：只要在勾选**不转换兼容的MPEG文件**后，此功能才有效，勾选此项，在刻录光盘时将兼容扩展光盘XDVD、XVCD 和 XSVCD等的文件。

双路转换：勾选此项，软件会在编码之前首先分析视频数据，以提高输出质量。

将MPEG音频视作非DVD标准音频：只有在**音频格式**选择**LPCM音频**或**杜比数码音频**时，此功能才有效，勾选此项，软件会将MPEG音频视作非DVD标准音频重新进行编码。

自动从起始影片淡化到菜单：只有在勾选了**将第一个素材用作引导视频**，此功能才有用，勾选此项，在播放光盘时，从引导视频转到开始菜单是以淡化的方式切换的，否则是直接跳转。

在菜单前先播放所有素材：勾选此项，在播放光盘时，会将所有素材都播放完了，才切换到菜单。

光盘回放结束后自动重复：勾选此项，在播放光盘结束后，将循环播放。

素材回放：可设置播放光盘结束后接下来的动作，单击按钮，会弹出下拉式菜单，如图22-45所示。

更改显示宽高比 单击此按钮，会弹出下拉式菜单，可直接设置显示的宽高比，如图22-46所示。

图22-45

图22-46

22.2.4 导出到移动设备

将影片直接输出到移动设备上。

单击此按钮，会弹出下拉式菜单，如图22-47所示。

以输出为**PSP MPEG-4(320×240)**为例，执行此命令，会弹出对话框，如图22-48所示。

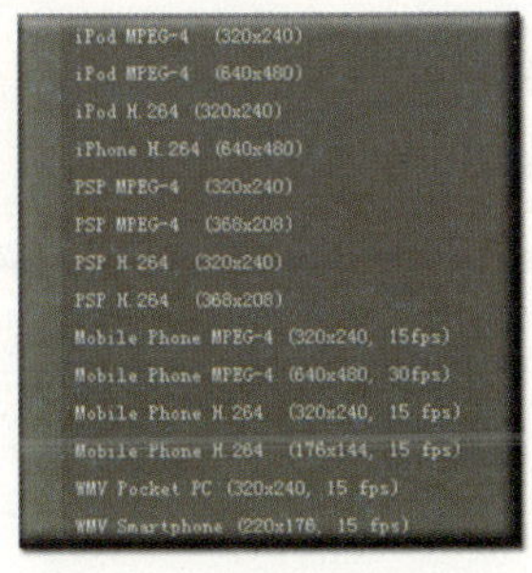

图22-47

图22-48

第一个图标**HDD**是本机硬盘，单击 设置... 按钮，可指定影片输出到硬盘上的文件夹中。第二个以上的图标则会根据移动设备的不同而发生改变，用鼠标在**设备**

列表中单击相应的图标，即可将影片输出到其中。

22.2.5 项目回放

可将项目输出到摄像机、电视机等外部设备上进行预览，也可在本机上全屏预览。

单击此按钮，会弹出对话框，如图22-49所示。

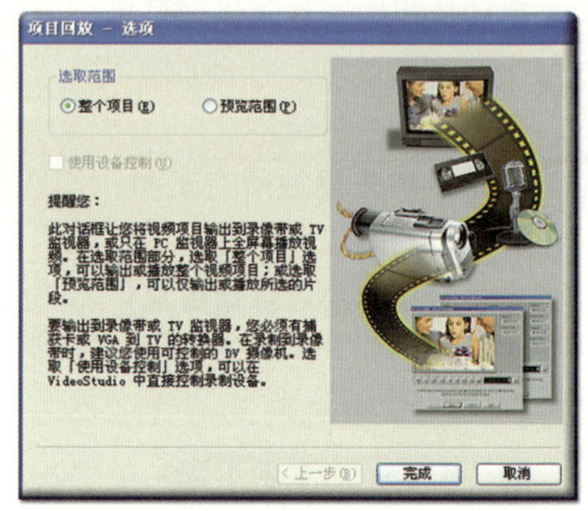

图22-49

选取范围 指定预览的范围。

整个项目：勾选此项，表示预览整个影片。

预览范围：勾选此项，表示只预览设定的范围。

指定范围后，在全屏预览时，如果想要退出，按Esc键即可。

使用设备控制 如果要将项目输出到DV摄像机上，甚至再转输出到电视机上预览，必须满足两个条件：一是要通过捕获卡或1394接口与DV摄像机连接，接着将DV摄像机打开并置于播放状态；二是在软件中对**项目属性**进行设置，执行**文件 | 项目属性**命令，必须对两个关键参数进行设置，如图22-50所示。

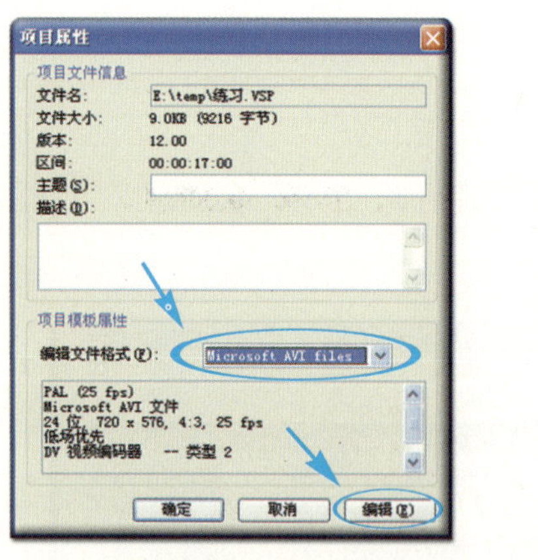

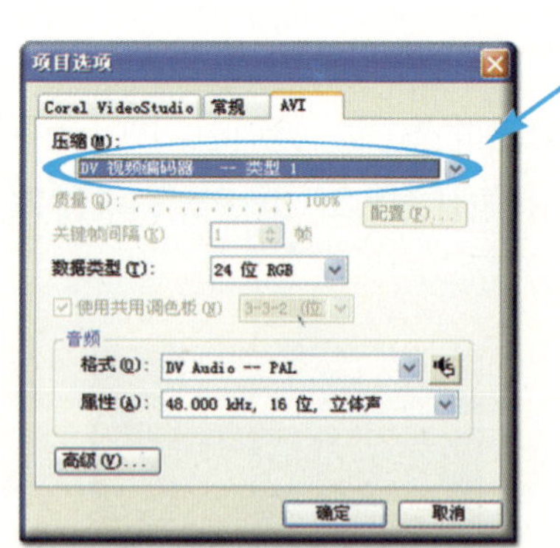

图22-50

在**编辑文件格式**处必须选择**Microsoft AVI files**，接着单击 编辑(E) 按钮，在**压缩**处必须选择**DV 视频编码器—类型1**或**DV 视频编码器—类型2**。

当以上两个条件都满足后，此功能才有效，勾选此项，单击 下一步(N) > 按钮，会弹出对话框，如图22-51所示。

在这里预览窗口下方的控制按钮可遥控DV摄像机对磁带的操作，单击◎按钮，可回放项目；单击◎按钮，则可用DV摄像机将项目直接录制到磁带上。

如果只想在电视机上进行预览，而不想录制到DV摄像机中，那么在**文件 | 参数选择**命令的**常规**项中，在**即时回放目标**处选择**预览窗口和DV摄像机**后，这时在**时间轴**上直接播放同样可在DV摄像机和电视机上进行预览，比**项目回放**方便得多，如图22-52所示。

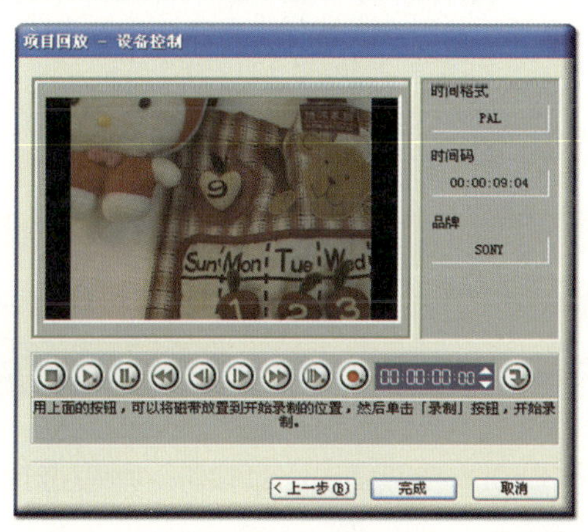

图22-51

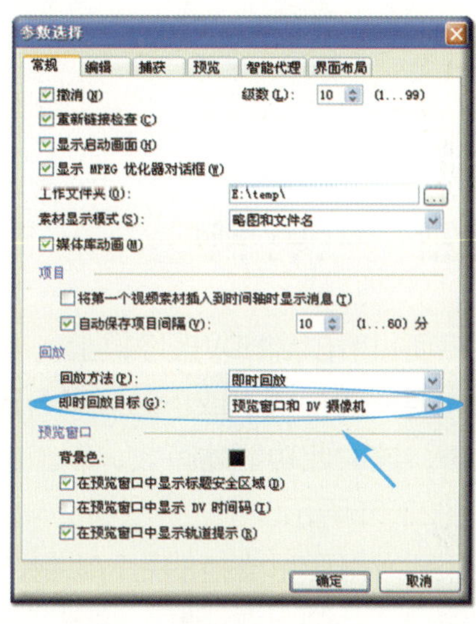

图22-52

22.2.6 DV录制

可将**素材库**中的素材录制到DV摄像机上，这时必须满足两个条件：一是要通过捕获卡或1394接口与DV摄像机连接，接着将DV摄像机打开并置于播放状态；二是素材必须是AVI格式，而且是用**DV 视频编码器—类型1**或**DV 视频编码器—类型2**进行编码。

只有在满足以上两个条件后，此功能才有效，单击此按钮，会弹出对话框，如图22-53所示。

图22-53

在这里预览窗口下方的控制按钮可预览当前选中的素材，如果要录制，单击[下一步(N) >]按钮，会弹出对话框，如图22-54所示。

在这里预览窗口下方的控制按钮可遥控DV摄像机对磁带的操作，单击按钮，可在DV摄像机上预览素材；单击按钮，则可用DV摄像机将素材直接录制到磁带上。

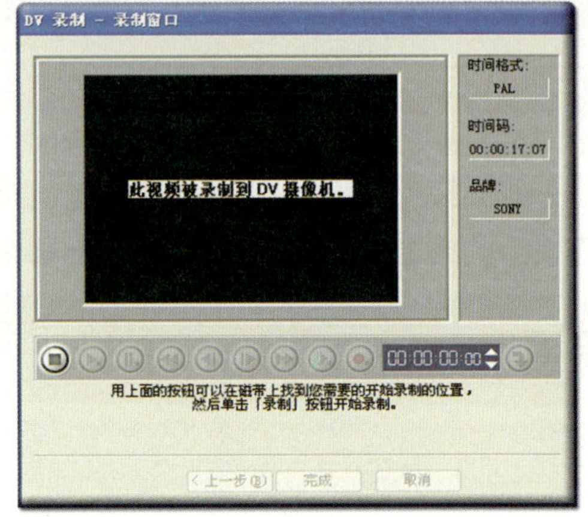

图22-54

22.2.7 HDV录制

可将项目输出到HDV摄像机上。

首先要通过捕获卡或1394接口与HDV摄像机连接，同时将HDV摄像机打开并置于播放状态，这时此功能才有效，单击此按钮，会弹出下拉式菜单，如图22-55所示。

HDV 1080i - 60i (传输流)
HDV 1080i - 50i (传输流)

图22-55

如果HDV摄像机支持的是PAL制，应选择50i，支持的是NTSC制，则应选择60i。执行此命令，会弹出对话框，如图22-56所示。

单击[保存(S)]按钮，会将项目先输出为HDV/HD编码的MPEG-2传输流文件，渲染完毕后，会弹出对话框，如图22-57所示。

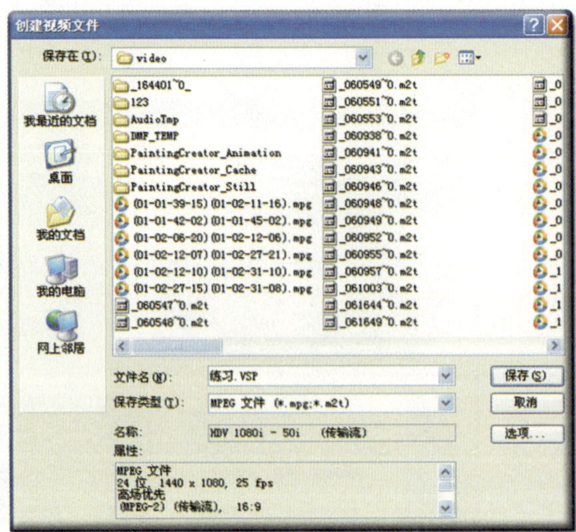

图22-56

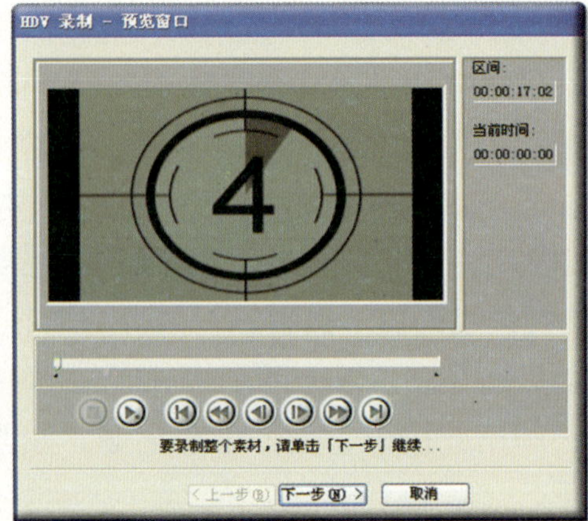

图22-57

在这里可预览渲染后的项目，如果要录制到磁带上，单击下一步(N) >按钮，会弹出对话框，如图22-58所示。

在这里预览窗口下方的控制按钮可遥控HDV摄像机对磁带的操作，单击按钮，可在HDV摄像机上预览项目；单击按钮，则可用HDV摄像机将项目直接录制到磁带上。

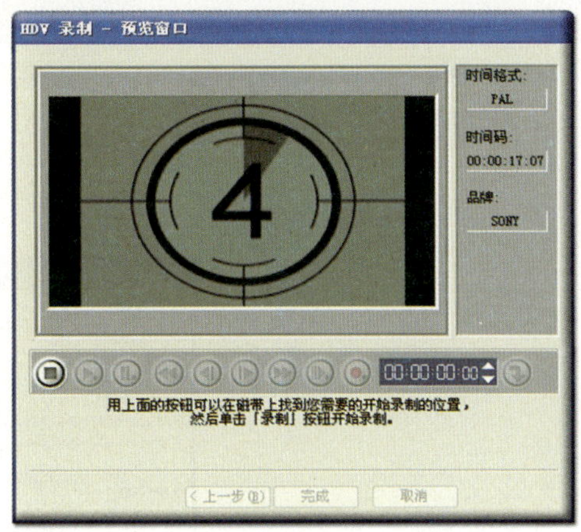

图22-58

22.2.8 YouTube在线共享视频

可在线将项目上载到YouTube上发布，与网友共享。YouTube是世界上著名的视频分享网站，如今已经收归Google名下，每月有数千万的访问量，影响力巨大。

图22-59

单击此按钮，会弹出下拉式菜单，如图22-59所示。

FLV(320×240) 可将项目输出为Flash文件格式并直接上传到YouTube上。执行此命令，会弹出对话框，如图22-60所示。

单击保存(S)按钮，会将项目先输出为FLV文件，渲染完毕后，会弹出对话框，如图22-61所示。

图22-60

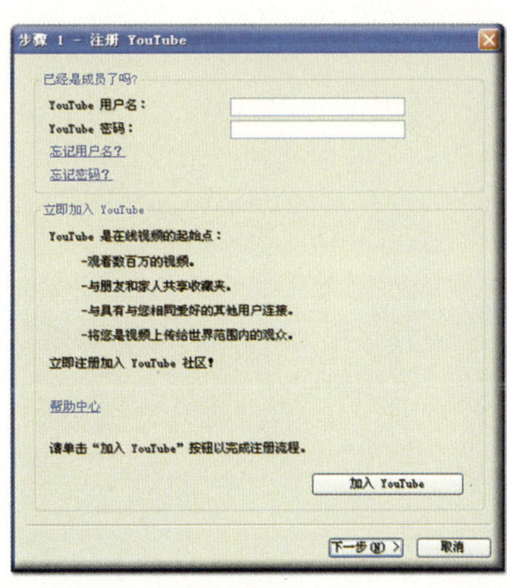

图22-61

在这里需要登录YouTube，然后再才能上传，如果是新用户，也可进行注册。

浏览要上传的文件 可预览Flash文件、MPEG－4文件和Windows Media Video文件等并直接上传到YouTube上。执行此命令，会弹出对话框，如图22-62所示。

图22-62

通过预览确定需要上传的文件后，单击[打开(O)]按钮，即可上传。

星期日

- ⊙外挂滤镜总览；
- ⊙外挂滤镜的分类；
- ⊙Hollywood FX 的安装与使用；
- ⊙婚庆片头的制作。

第23章 外挂滤镜

通过前面6天的学习，已经系统、全面地掌握了会声会影的使用方法，完全可以用它剪辑出一部属于自己的影片。虽说用软件自带的转场效果和视频滤镜等特效，使我们的影片增色不少，甚至有的也可以制作出好莱坞大片的效果，但毕竟其数量是有限的，还有很多特效的实现得借助于外挂滤镜才能完成。所以今天主要介绍外挂滤镜的使用，使我们的影片制作更上一层楼，然后再讲解一个婚庆片头的实例来结束7天的学习之旅。

外挂滤镜虽好，但它们跟会声会影的兼容性始终或多或少有一些问题，有的安装好后，在会声会影中找不到，有的则会把会声会影的滤镜列表弄得乱七八糟，这种情况可能是跟系统中安装的其他软件发生冲突或会声会影自身的问题所致，所以要做好思想准备。

23.1 外挂滤镜的分类

在会声会影的外挂滤镜中，比较著名的有Hollywood FX（好莱坞）、Canopus VideoFX （康能普视）、Sayatoo卡拉字幕精灵和Boris RED等，这些滤镜总的来说可分为转场类、视频类和字幕类3种。

23.1.1 转场类

1.Hollywood FX（好莱坞）

由Pinnacle（品尼高）公司开发的老牌转场滤镜，有数百种转场效果，如果再加上额外的婚庆模板和卡通模板，多达1000多种，种类繁多，效果丰富，每种转场还可作更多个性化的设置，如光照、阴影等，有的甚至还可改变摄像机视角，具有三维软件的功能，是业界应用最广泛、功能最强大的滤镜。可兼容10多款主流的视频编辑软件，如Adobe Premiere、Sony Vegas和Canopus EDIUS Pro等，其界面如图23-1所示。

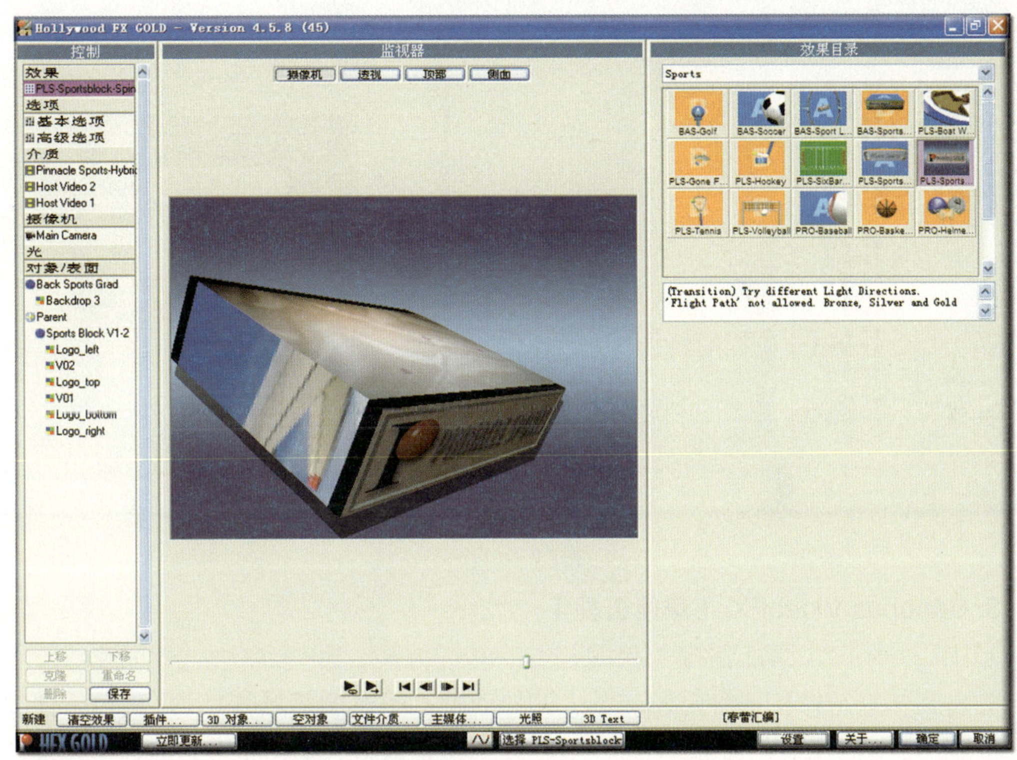

图23-1

此滤镜的版本众多，发展到现在已经是6.0，不过在国内视频爱好者中使用最广泛、兼容性最好的是Hollywood FX Gold 4.58版（金版），在4.6以前的版本会细分为Bronze（铜版）、Silver（银版）和Gold（金版），而之后的版本则会细分为Basic（基本）、Plus（加强）和Pro（专业），有的版本只基于某个非编软件，有的则都兼容，所以在安装时一定要睁大眼睛。

2. Boris RED

这也是一款著名的外挂滤镜， 涵盖了3D合成、字幕和特效等多个方面，除了可将画面处理成具有空间感的效果，还可将字幕处理成具有厚度的三维效果的金属字等等，效果一流，但软件界面很复杂，易用性较差，同样可兼容多种视频编辑软件，此滤镜的版本也较多，最新的已经到了4.1，但4.0以上的版本目前还没有基于会声会影的，所以用得最多的还是Boris RED 3GL，其界面如图23-2所示。

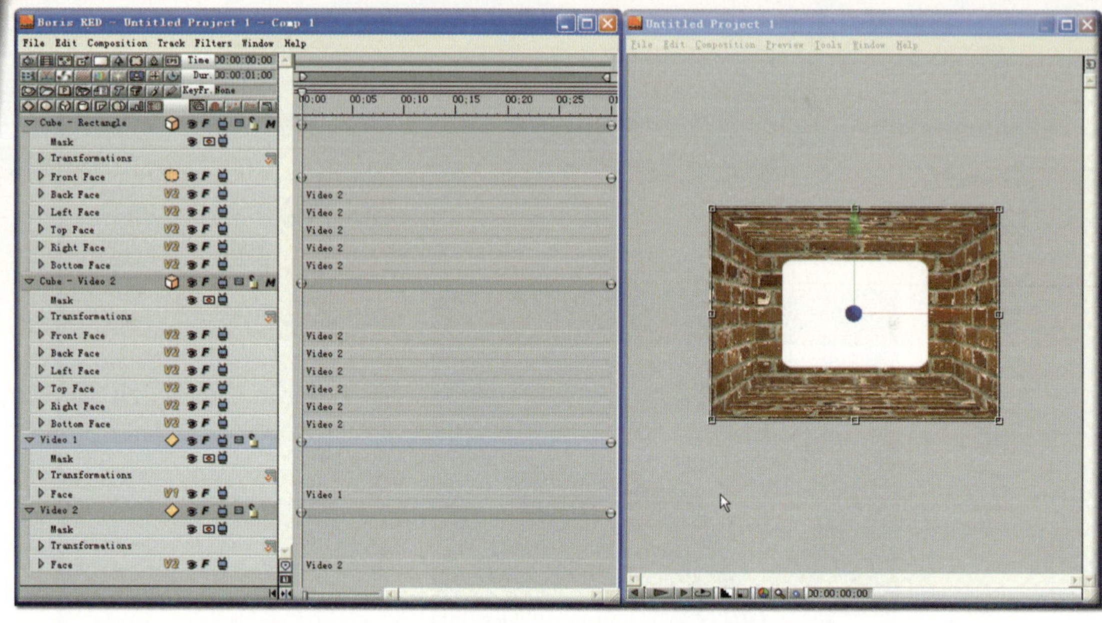

图23-2

3. Canopus VideoFX（康能普视）

是由Canopus（康能普视）公司开发的转场滤镜，拥有500多个转场效果，比较独特的是旋转立方体和三维对象转场，如扑克牌、圣诞树转场等都很实用，而且软件界面很简洁，易于调节，同样可兼容多种视频编辑软件，其界面如图23-3所示。

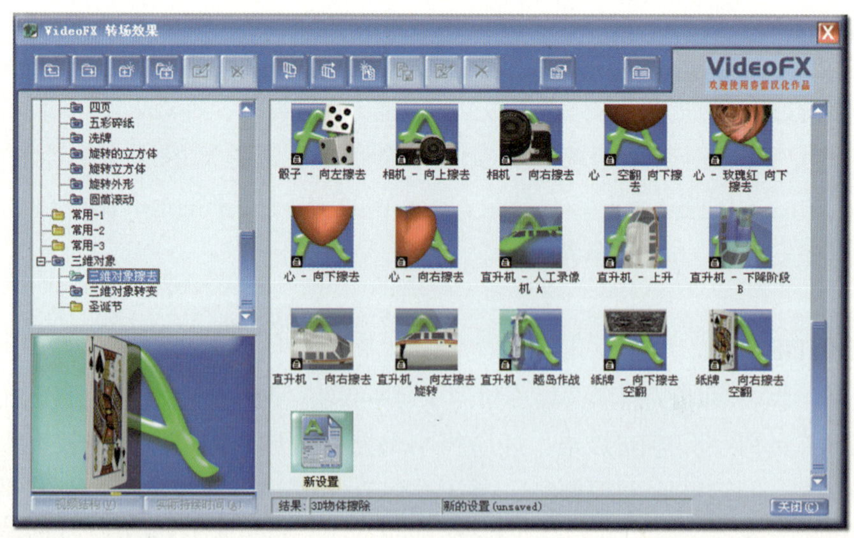

图23-3

4.Pixelan SpiceMASTER

是由Pixelan公司开发的转场滤镜，大家喜欢称它为香料转场，拥有400多个转场

效果，其特点是擅长对遮罩的运用，软件还针对不同的转场效果预置了1000多种选项供调用，非常方便，同样可兼容多种视频编辑软件，其界面如图23-4所示。

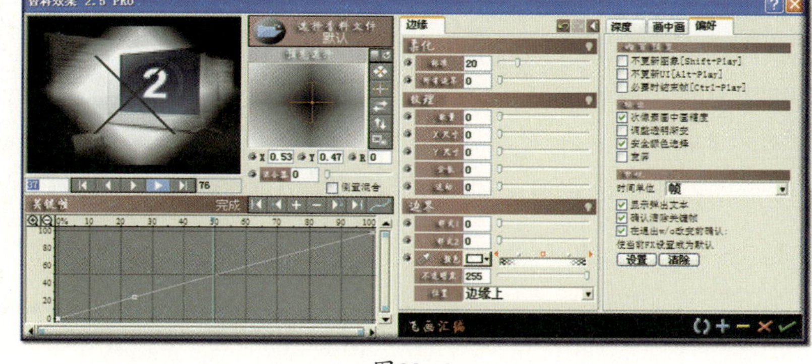

图23-4

分为PRO版和TFX版，其中PRO版包含了TFX版本的所有功能。

另外，还有Adorage系列转场滤镜等，就不一一介绍了。实际上以上这些转场滤镜有很多效果是相似甚至相同的，但又各有独家的特色，可根据需要来选择安装。

23.1.2 视频类

星期日
22－20℃
白天：多云转晴
晚上：晴转多云
风力：微风

1.FXbench

可将视频处理成各种色调、为其添加描边效果及镜像等，有192种滤镜效果，其界面如图23-5所示。

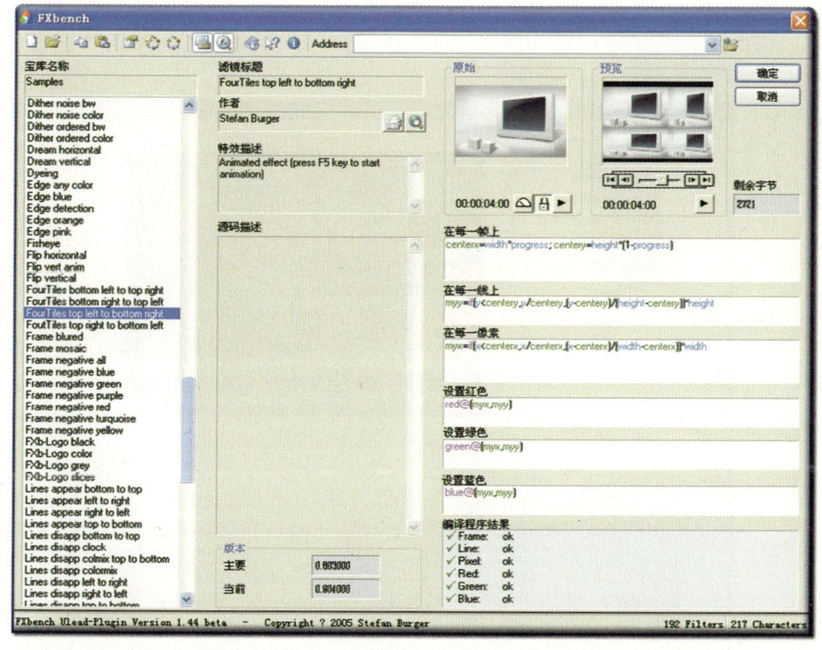

图23-5

2.Supertile

这是一款专门用于分屏的滤镜，可将视频处理成四分屏、八分屏等各种规格的屏幕，其界面如图23-6所示。

图23-6

3.Timecode

这是一款专门用于添加时间码的滤镜，可在视频中任意位置添加自定的时间码，有多种显示格式，如时分秒、时分、帧等供选择，其界面如图23-7所示。

图23-7

23.1.3 字幕类

Sayatoo卡拉ok是一款专门用于制作卡拉OK字幕的滤镜，其界面如图23-8所示。

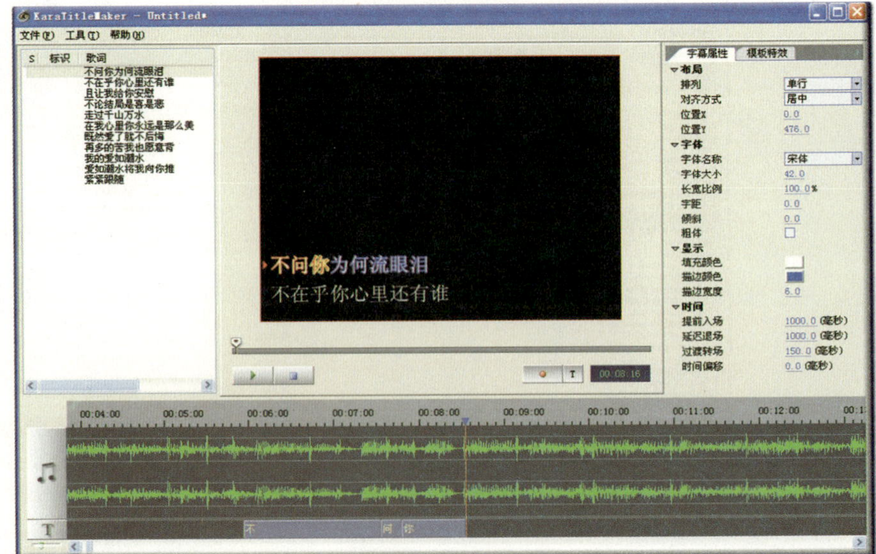

图23-8

通过这款滤镜制作的卡拉OK文件＊.kaj可在会声会影中直接调用。

23.2 Hollywood FX的安装与使用

23.2.1 Hollywood FX 的安装

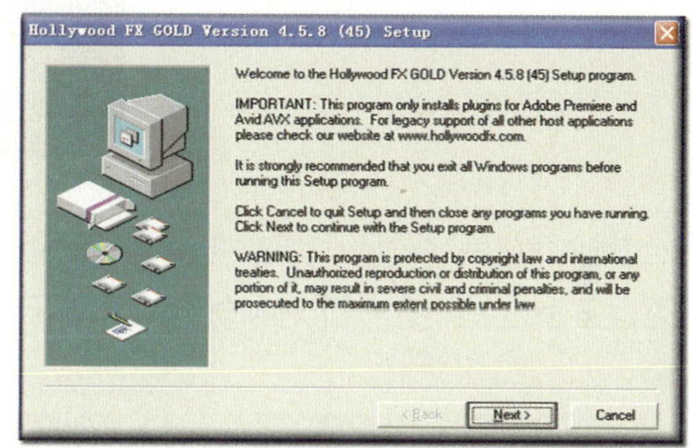

图23-9

在众多滤镜中，以最常用的HollywoodFX Gold 4.58（金版）为例，通过对其安装和使用的讲解，使你对滤镜有一个全面的认识。

① 现在对其进行安装，按提示操作即可，如图23-9所示。

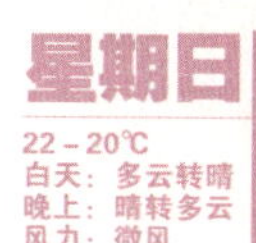

② 安装好后，并不能在会声会影中找到相应的选项，还需要将**Hfx4GLD.vfx**文件拷贝到会声会影安装目录的**vfx_plug**文件夹中，才可在会声会影中挂接相应的选项，如图23-10所示。

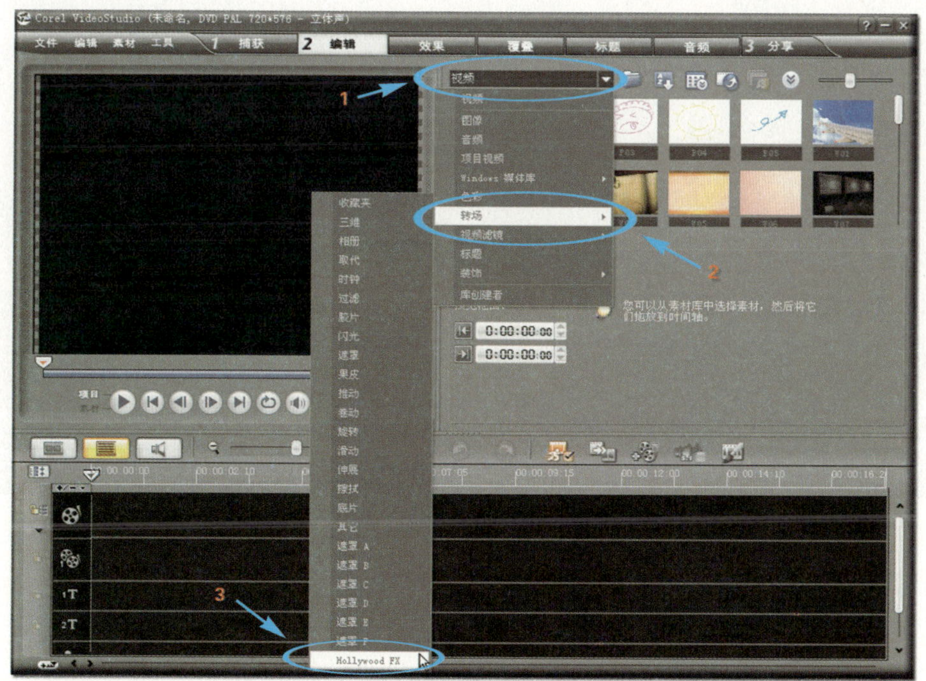

图23-10

星期天
的街上
泛着梦一样的
紫
oh~
远远的想象
是一辈子
短短的
爱情说唱词
令我难忘
这七个日子
所以怀念
因为初恋
仅有一次

23.2.2 Hollywood FX 的使用

在菜单中单击该选项，即可进入相应的库，如图23-11所示。

图23-11

此滤镜是转场滤镜，所以只能将其加载到两段视频之间的转场上。将鼠标移到此缩略图上按左键不动并往**时间轴**的目标转场上拖移，松开左键后即可用其替换原有的转场，如图23-12所示。

图23-12

在**选项面板**中单击**自定义**按钮，将进入相应的界面，如图23-13所示。

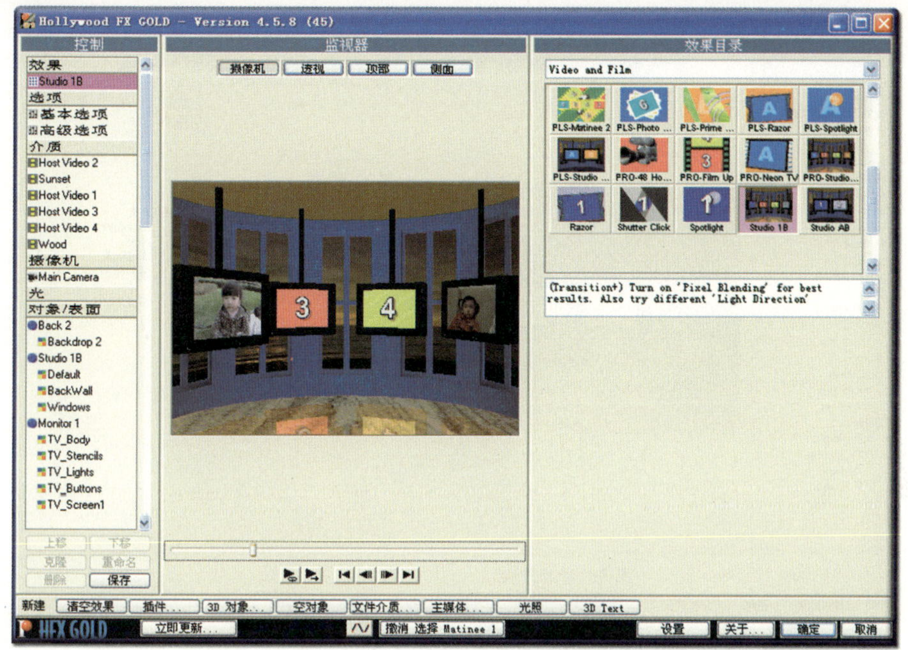

图23-13

此界面由五大部分组成，分为**效果目录**部分、**控制**部分、**监视器**部分、**新建**部分和**选项**部分，在设置时应该先在**效果目录**部分选择合适的效果，然后在**控制**部分对其具体的参数进行设置，而在**监视器**部分则可预览当前效果的摄像机视图、透视视图、顶部视图和侧面视图等，如果想完全由自己创建一个个性化的转场效果，则在**新建**部分进行创建。

效果目录 所有预置的效果都放置在这里。单击按钮，会弹出下拉式菜单，这里共列出了50多类滤镜，选择其中任意一种，在下方的窗口中会显示相应类别的效果。

控 制 在**效果目录**部分选中需要的效果后，这里会显示相关的所有参数，可进行设置。

效果： 显示当前选中的效果，单击效果名称，右侧将显示**效果目录**部分。

选项： 可对运动方向、光照、阴影等进行设置。不同的效果，可调的参数也会不同。

单击**基本选项**，右侧将显示相应的参数，如图23-14所示。

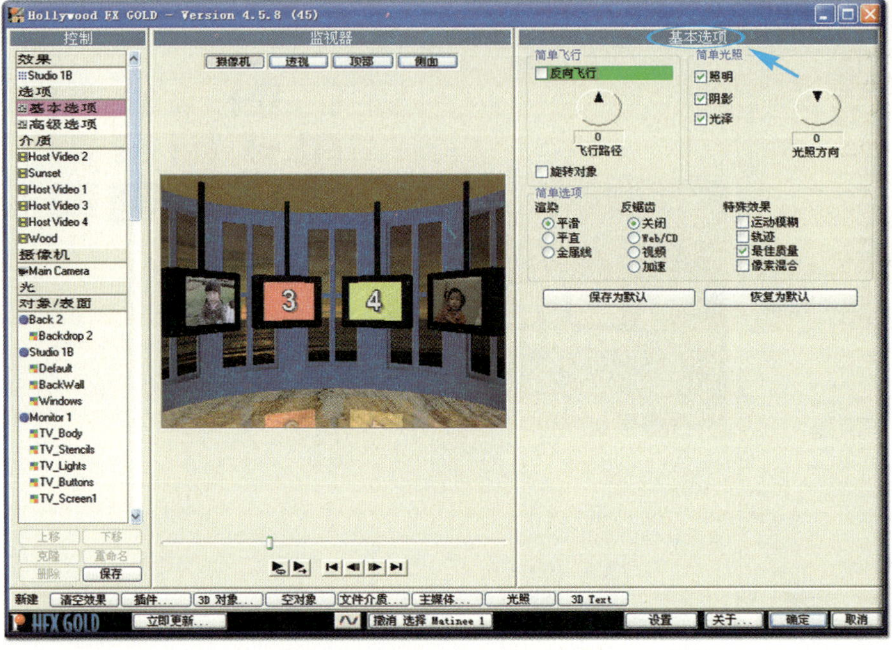

图23-14

如果单击 保存为默认值 按钮，还可将自己的设置存储为默认值，便于再次调用。

单击**高级选项**，右侧将显示相应的参数，如图23-15所示。

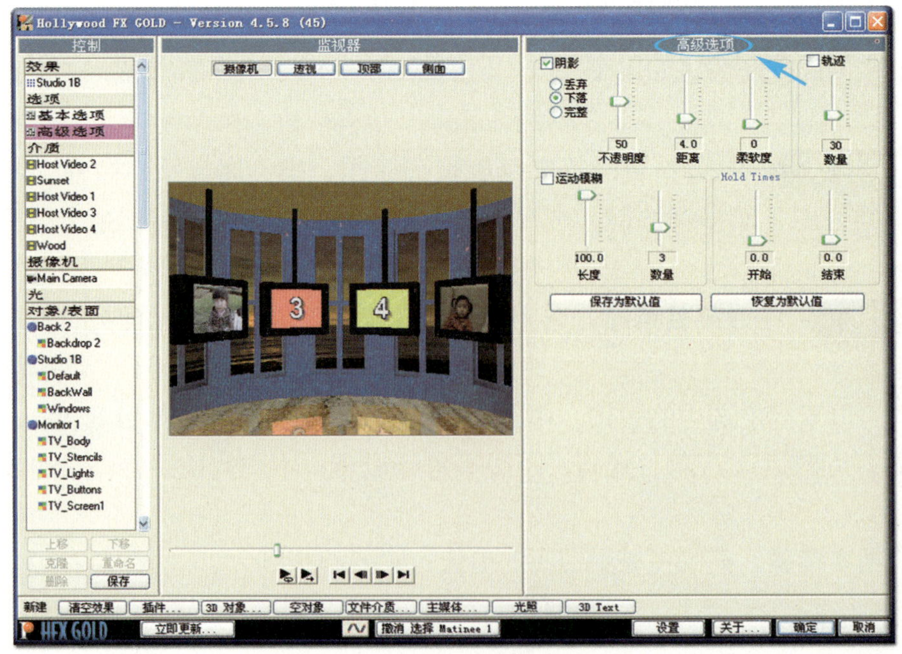

图23-15

介质：可对效果中的背景、视频通道等进行设置。如在当前效果中，**Host Video**

1-4代表图中的4个屏幕，**Sunset**代表背景图像，**Wood**代表的则是地板材质。在选中某介质时，如**Host Video 3**，其将高亮显示以方便识别，如图23-16所示。

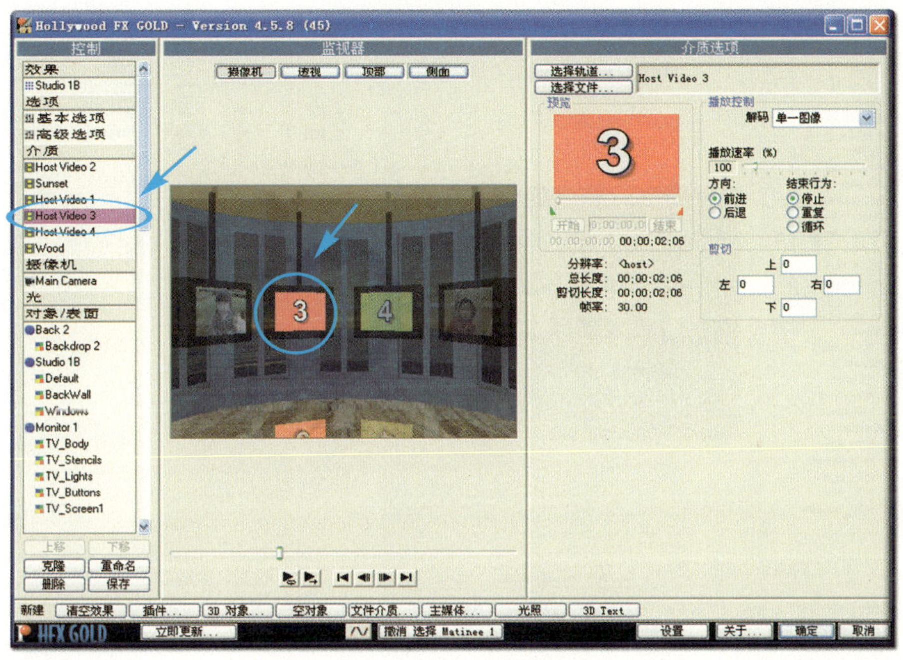

图23-16

单击 选择文件... 按钮，可将视频或图片等指定给该介质，如图23-17所示。

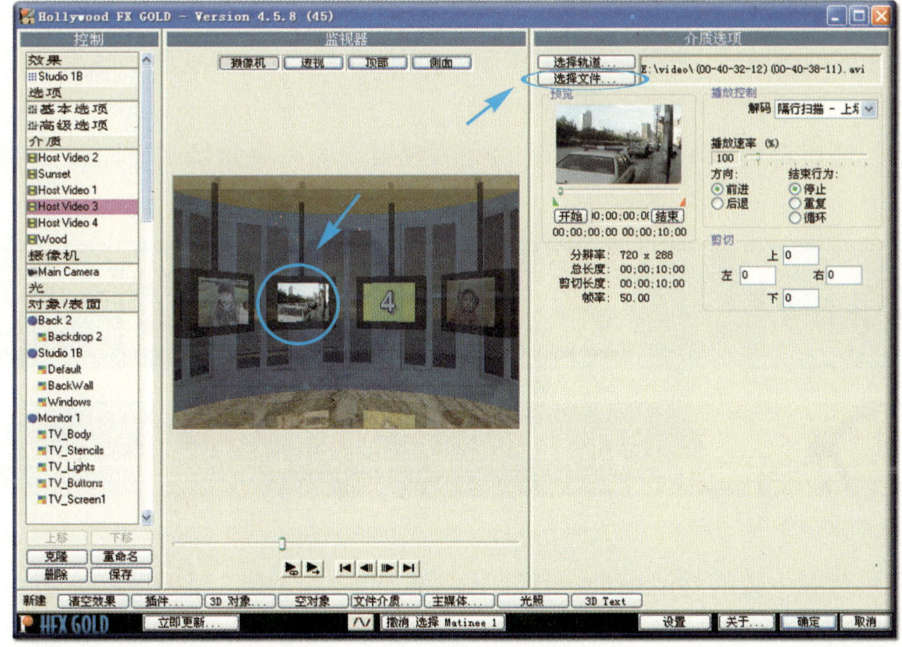

图23-17

星期日
22－20℃
白天：多云转晴
晚上：晴转多云
风力：微风

摄像机：可改变摄像机的视角，以获得不同的空间效果。单击摄像机名称，右侧将显示相应的参数，如图23-18所示。

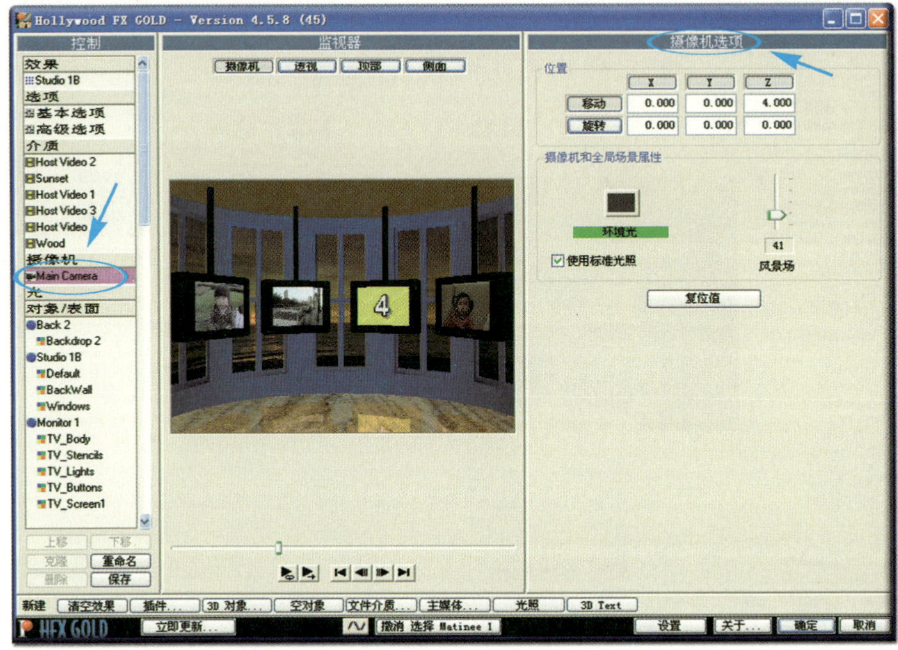

图24-18

通过输入**移动**和**旋转**中**X**、**Y**、**Z**的值，可相应改变摄像机的视角，但这种做法不够直观，很不方便，最好的办法还是在**监视器**部分的透视、顶部或侧面视图中，将鼠标移到摄像机上按左键不动并拖移，可实时观察到改变后的效果，便于调整和修正。

另外，通过**环境光**可以设置场景的光照效果，通过**风景场**则可以改变摄像机的焦距。

光：只有极少数的滤镜有此项设置，这跟滤镜中是否含有相应的光效有关，如**NEW HFX v5 Transitions**中的**Heavenly Light**项，可对画面中运动的光束进行设置，如图24-19所示。

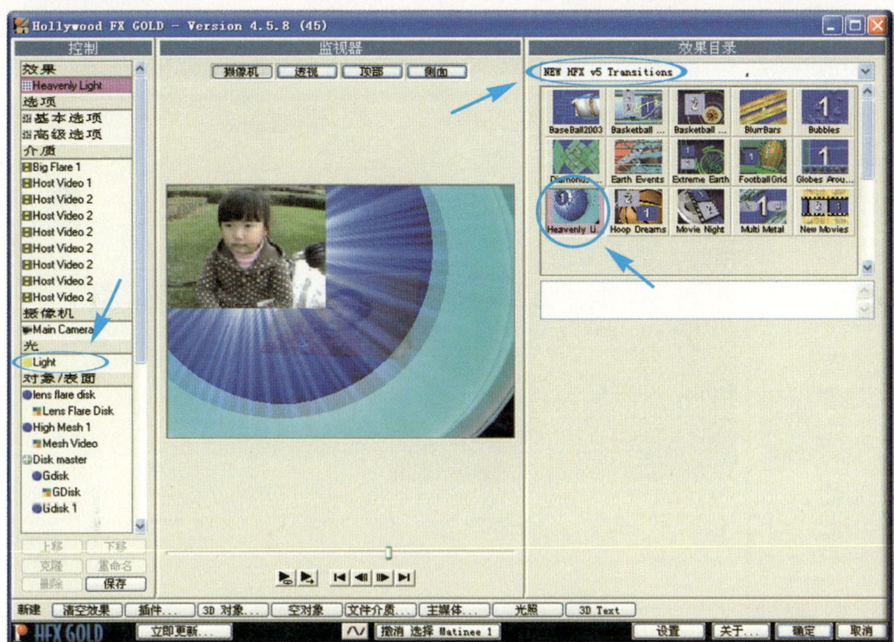

图24-19

单击光的名称，右侧将显示相应的参数，如图24-20所示。

图24-20

可对光照的类型、位置、颜色等进行设置。

对象/表面： 对滤镜中的对象和表面进行设置，单击对象或表面的名称，右侧将

显示相应的参数，如图24-21所示。

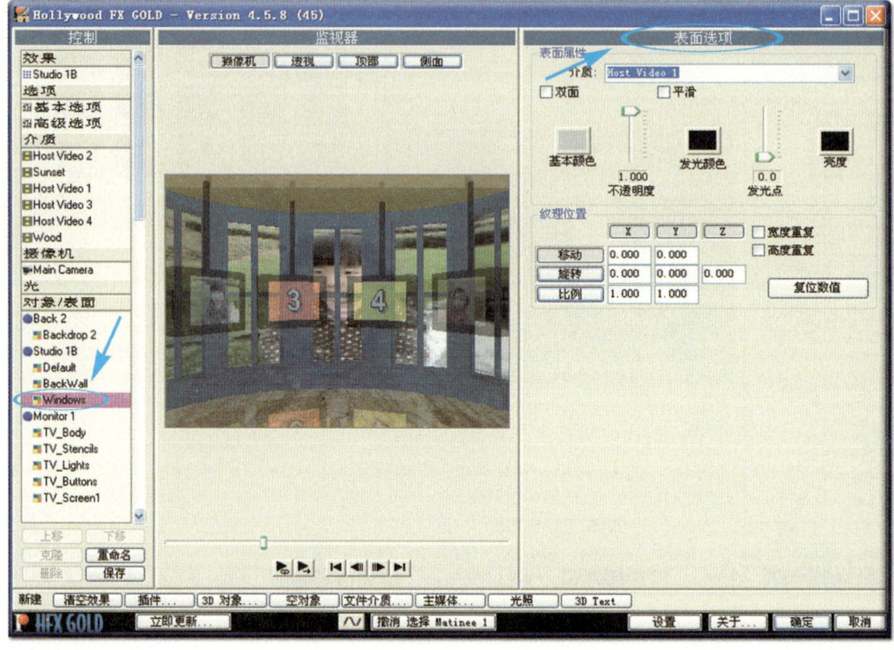

图23-21

监视器 可通过摄像机、透视、顶部或侧面视图对滤镜效果进行预览，单击相应的按钮，其界面如图23-22所示。

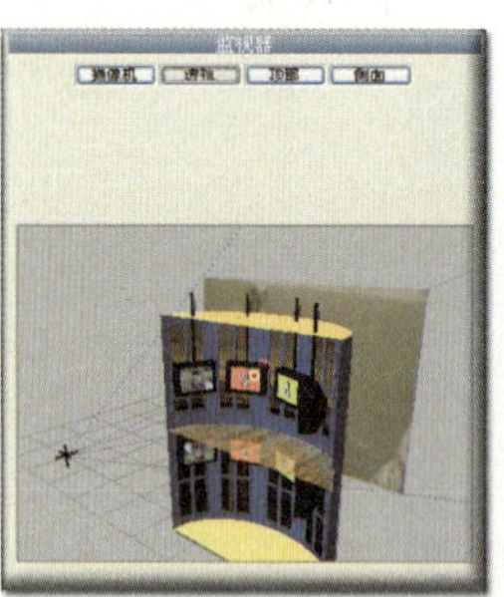
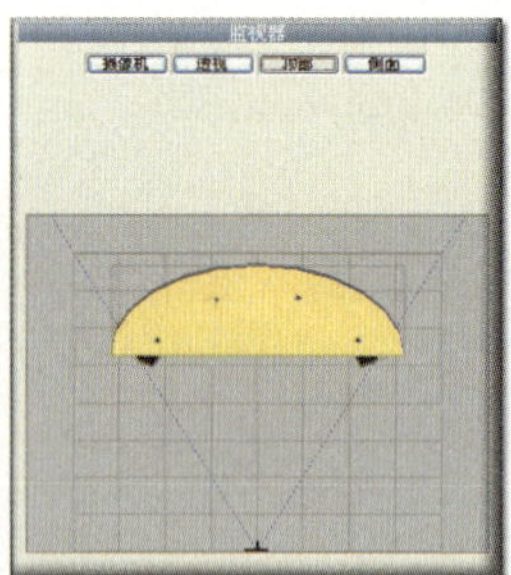
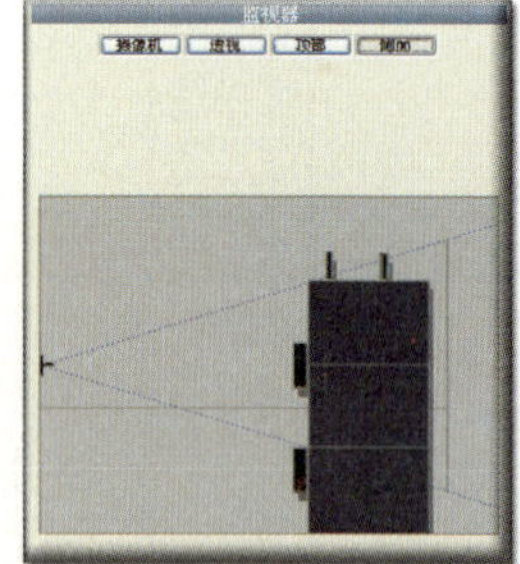

图23-22

新 建 如果想另起炉灶，完全由自己创建一个全新的效果，在此部分单击相应的按钮，即可将3D对象、文本等添加到效果中。

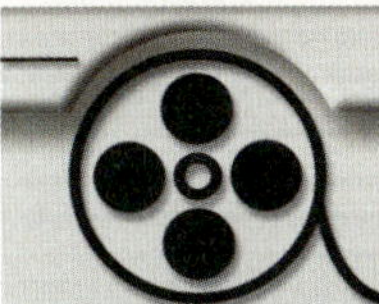

第24章 实例训练

通过实例的训练，把学到的技能综合运用到节目制作中，可以开阔思路，制作出意想不到的效果，再借助于内置滤镜和外挂滤镜的强大功能，不怕做不到，就怕你想不到。对于制作家庭录像而言，你学到的已经绰绰有余，但如果想要更进一步，尝试剪辑一部专题片或制作一个片头，那么仅仅会将画面处理成好莱坞大片的效果只是迈出了第一步，如何将这些画面有机地结合起来完整地传达给观众才是最关键的，这时起重要作用的就是——创意。创意决定了应该把画面处理成什么样，以及这些画面应该怎么拼接组合，有一个好的创意，才会有好的片子，所以大家学完会声会影后还得在创意上下苦功。

24.1 转场底部随心换

【 I 星期日 I 转场底部随心换 I 转场底部随心换.VSP 视频重新链接路径：\会声会影安装目录\Samples\Video\SS_Our Baby_Start.wmv】

喜欢看体育比赛的朋友应该看到过类似的转场，底部往往是该场赛事的标志，如图24-1所示。

图24－1

Hollywood滤镜就提供了这种转场，只要按尺寸制作一张个性化的图片，就可以将其替换掉。

① 跳转到编辑界面

单击**步骤面板**的**编辑**项，以进入相应的界面。

② 添加转场效果

执行**文件 I 新建项目**命令，然后将鼠标移到**素材库**中将**V14.wmv**拖移到**视频轨**

上，接着将**V16.wmv**拖移到**视频轨**上时使两者的部分内容叠加，这时会自动添加默认转场，如图24-2所示。

图24-2

③ 用Hollywood滤镜替换默认转场

单击**画廊**处的按钮，执行**转场 | Hollywood FX**命令，然后将鼠标移到**Gold**的缩略图上按左键不动并拖移到刚才创建的转场上，接着在**选项面板**项单击**自定义**按钮，在弹出的对话框中，单击**效果目录**的按钮，在弹出的下拉式菜单中选择**Sports**，如图24-3所示。

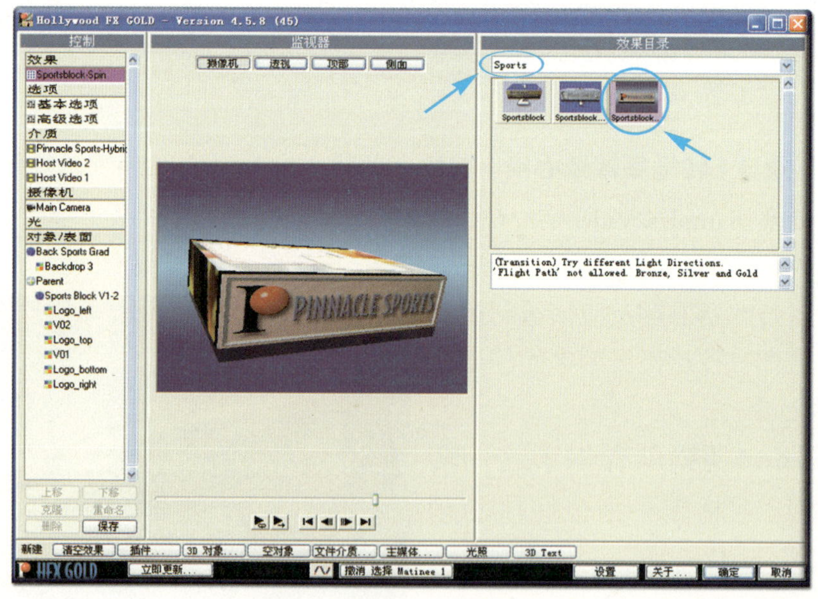

图24-3

④ 找到转场底画面的源文件

单击**控制**部分**介质**项的**Pinnacle Sports-Hybrid-Grad**按钮，右侧将显示**介质选项**的界面，如图24-4所示。

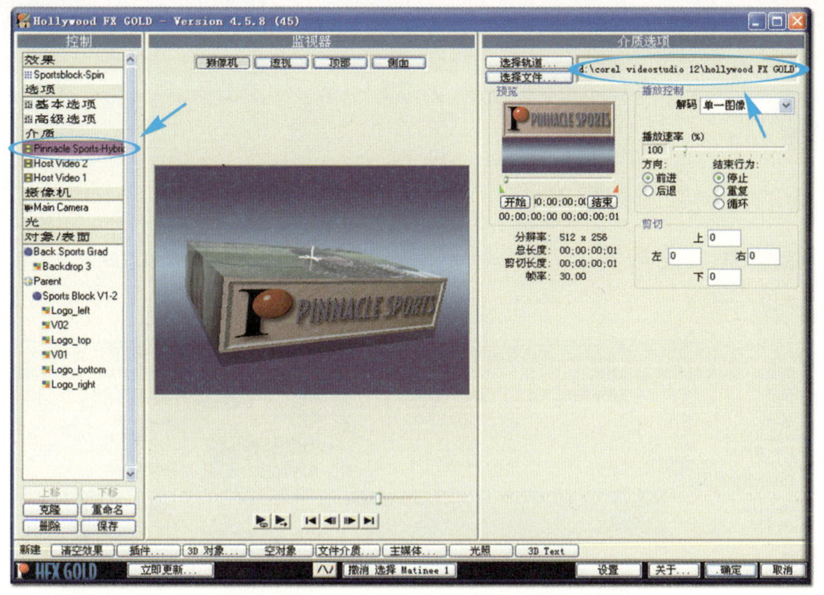

图24-4

通过显示的路径可以在**D:\Corel VideoStudio 12\hollywood FX GOLD\Images\Standard**文件夹（其中**D：**随你安装会声会影分区的不同而改变）中找到相应的**Pinnacle Sports-Hybrid-Grad.tga**源图片，对源图片进行修改的好处是在替换时不会发生变形。

⑤ 在图片处理软件中打开源图片并编辑

用图片处理软件（如Photoshop）将其打开并进行编辑，以将其处理成个性化的图案，如图24-5所示。

图24-5

⑥ 将设计的画面存储下来

在处理好后，最好将其存储为新的文件名，而不要覆盖源文件，这里将其存储为**丫丫家庭录像.tga**。

⑦ 将新的转场底画面导入

单击 选择文件... 按钮，找到刚才存储的**丫丫家庭录像.tga**，即可改变转场图案，如图24-6所示。

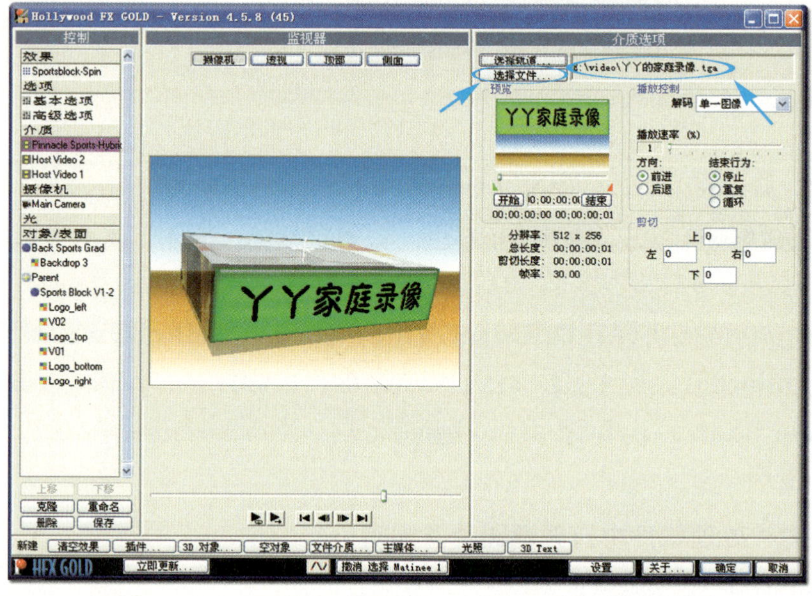

图24—6

⑧ 最终效果如图24-7所示。

图24—7

24.2 婚庆片头

【 **I 星期日 I 婚庆片头 I 婚庆总片头.VSP 婚庆总片头.mpg** 视频重新链接路径：\星期日\婚庆片头\头像.jpg】

俗话说：学得会，讨得累。一旦学会了DIY家庭影片，自己或亲戚朋友婚嫁、宝贝出生、游玩等所拍录像的制作就成了份内的事，不过这也给了自己在家人、朋友面前露一小手的机会，现在就来制作一个婚庆片头，以后你还可将其工程文件作为模板，只要替换其中的视频或图像即可。

在制作片头前，要首先对影片的内容进行分析，婚庆片头是全片的引子，可以用结婚当天各个阶段的内容，如接亲、喜宴和闹新房等来组织画面，也可以完全用婚纱照的照片来进行制作，总之，一个片头可以有很多表现形式，不同的人做出的效果是不同的，下面开始制作。

① 制作抠像图片

在Photoshop中制作两张图片，第1张如图24-8所示，其中圆的颜色可以任选，主要用于抠像，最后将其存储为**黑底蓝圆.jpg**。

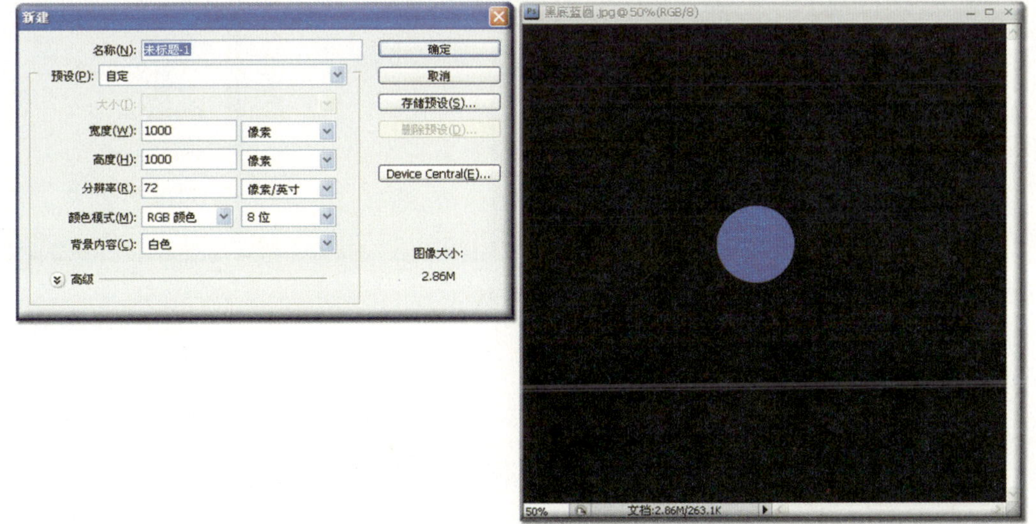

图24-8

② 制作底图片

第2张如图24-9所示，跟主角头像一起的其他美女的图像可以选择明星的头像，以制造喜剧效果，最后将其存储为**头像.jpg**。

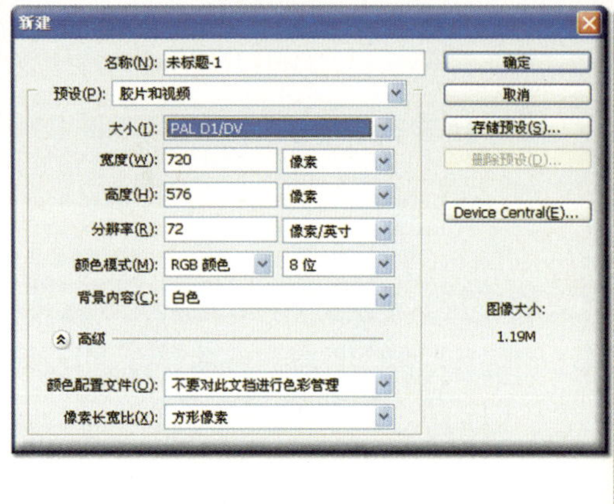

图24-9

③ 设置新建项目属性

由于我们制作的片子最终要刻录成DVD，所以在会声会影中执行**文件 | 项目属性**命令，在弹出的对话框中进行设置，将质量设为最好，如图24-10所示。

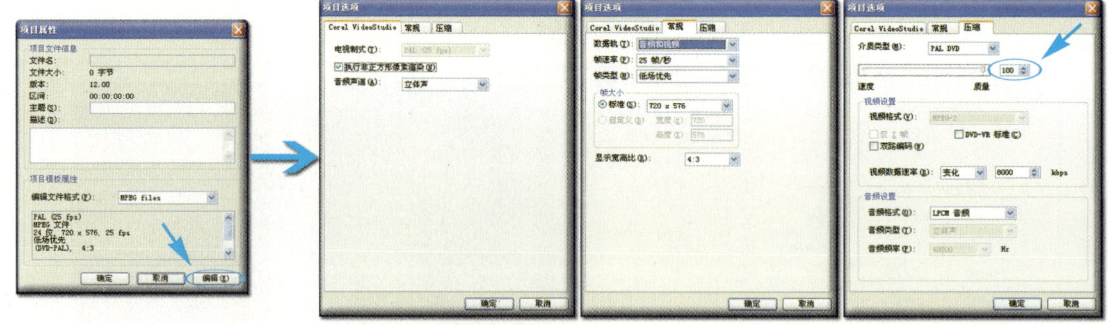

图24-10

④ 将图片导入

在**素材库**中单击**画廊**处的按钮，在下拉式菜单中执行**图像**命令，以进入图像素材库，接着单击按钮，可将刚才制作的两张图片导入，如图24-11所示。

图24-11

⑤ 将图片拖移到时间轴的轨道上

将鼠标移到**头像.jpg**的缩略图上按左键不动并拖移到**时间轴**的**视频轨**上，然后将其尾帧拖移到10秒的位置，同样将**黑底蓝圆.jpg**拖移到**时间轴**的**覆叠轨1**上，并将其尾帧拖移到10秒的位置，如图24-12所示。

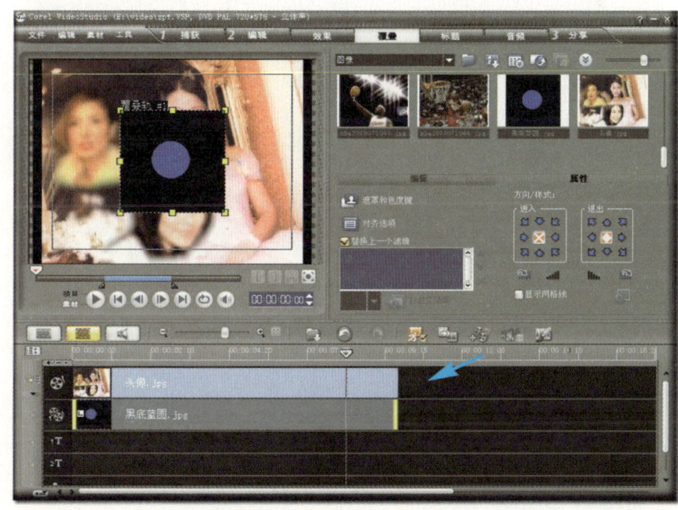

图24-12

⑥ 对黑底蓝圆.jpg进行缩放

在**时间轴**上选中**黑底蓝圆.jpg**，这时在**预览窗口**中该图像的四周将出现定界框，通过拖移定界框上右下角和左上角的角点，将图像放大到全屏，如图24-13所示。

⑦ 抠像

在**选项面板**上单击**属性**项，单击**遮罩和色度键**按钮，对话框将发生改变，勾选**应用覆叠选项**，在**类型**项选择**色度键**，单击**相似度**右侧的按钮，将其移到**预览窗口**中单击蓝色的圆形，就得到了抠像效果，如图24-14所示。

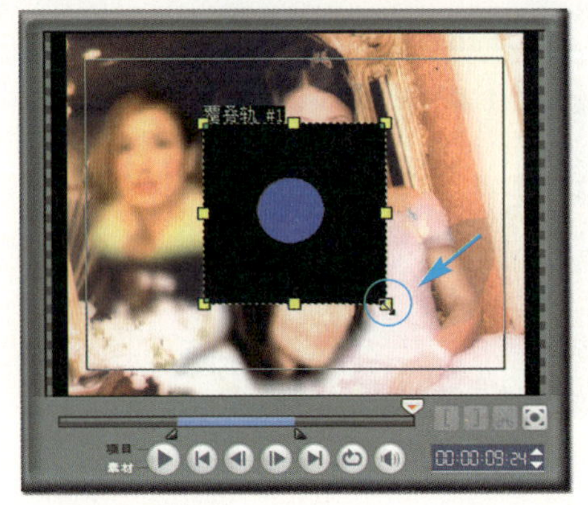

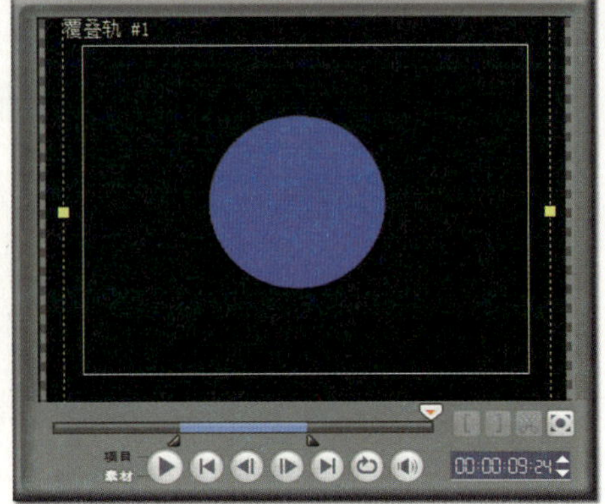

图24-13

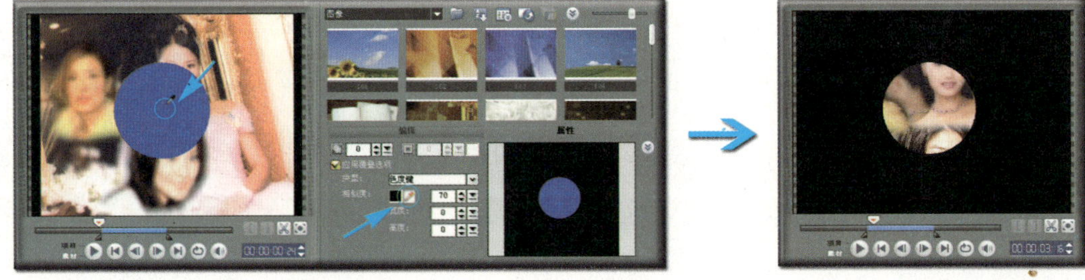

图24-14

⑧ 为抠像设置动画的关键帧

在**选项面板**上单击**编辑**项，勾选**应用摇动和缩放**，单击**自定义**按钮，会弹出对话框，在这里无法预览**视频轨**上的图像，只能根据三个头像的大致位置来设置关键帧，如图24-15所示。

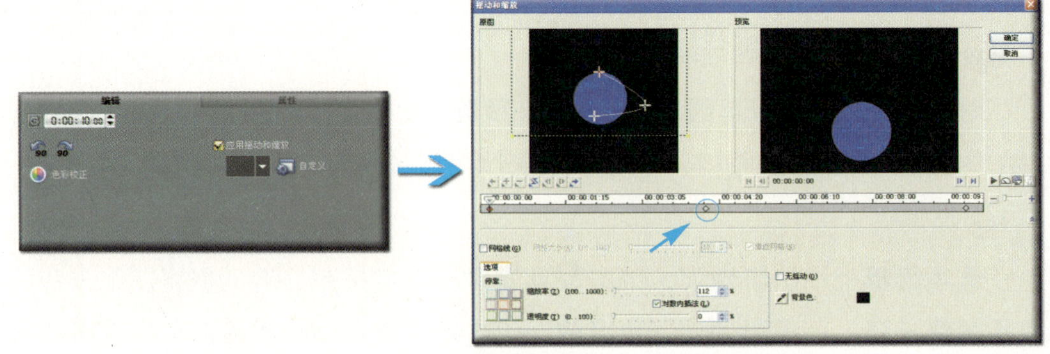

图24-15

⑨ 将尾帧存储为图片

单击 确定 按钮，在**时间轴**上预览一下，如果有错位现象，再进来修改。当圆

形移到新娘头像上视频就结束了，暂停时间过短，要使尾帧画面定格一段时间，只需在**时间轴**上将▽**时间轴滑块**移到尾帧上，然后执行**工具 | 将当前帧保存为图像**命令，可将当前画面存储为图像并放置到**素材库**中，如图24-16所示。

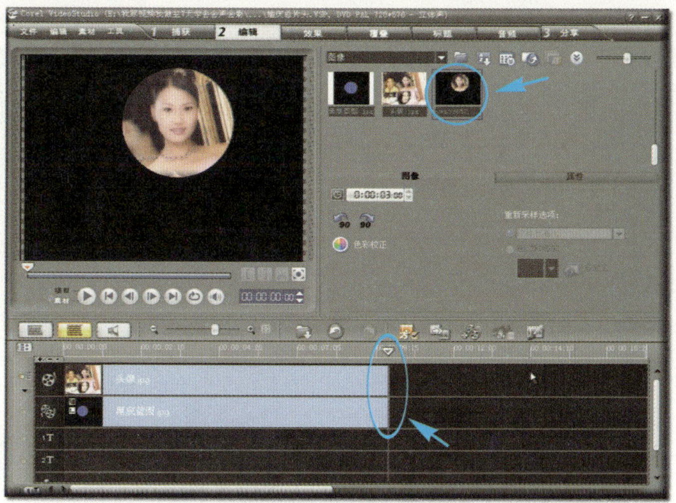

图24-16

⑩ 将存储的尾帧图片拖移到视频轨上

在**素材库**中将鼠标移到此图像的缩略图上按左键不动并拖移到**时间轴**的**视频轨**上，然后将其尾帧拖移到14秒的位置，使当前画面暂停一段时间，如图24-17所示。

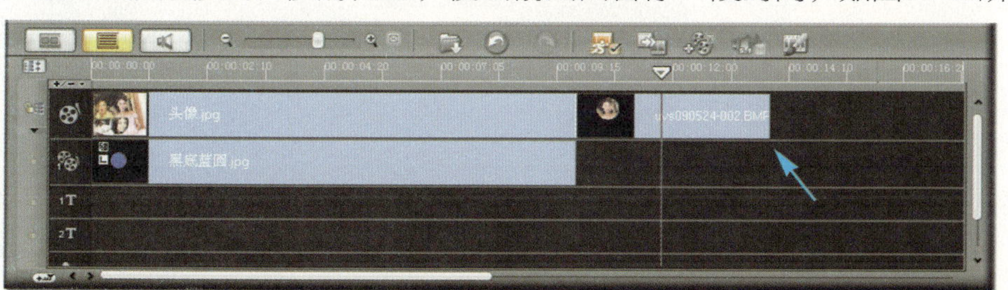

图24-17

⑪ 添加标题字

下面把文字加上，在**时间轴**上将▽**时间轴滑块**移到首帧的位置，单击**步骤面板**的**标题**项，在**预览窗口**中用鼠标双击，输入“众里寻她千百度”，如图24-18所示。

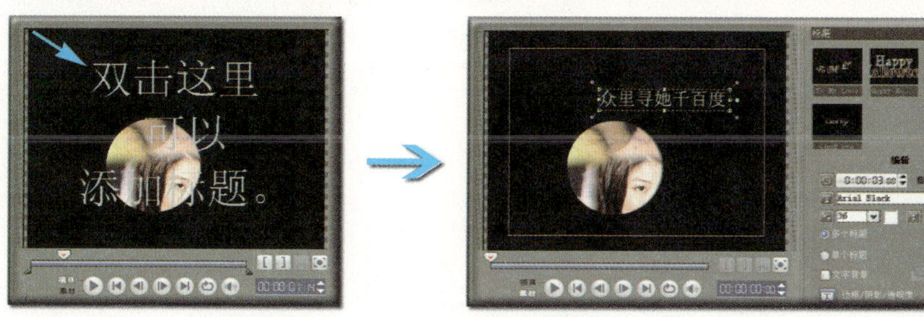

图24-18

⑫ 设置标题字属性

在**时间轴**的**标题轨1**上，将其尾帧拖移到5秒18的位置，在**选项面板**的**编辑**项中设置字体、大小和颜色等，并把它拖移到合适的位置，如图24-19所示。

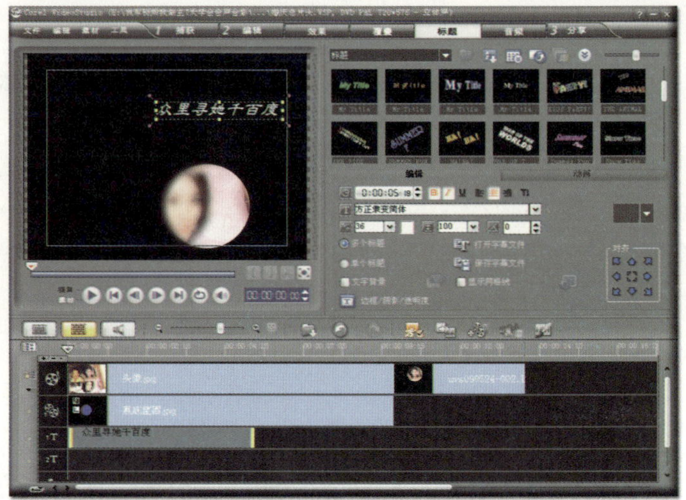

图24-19

⑬ 设置标题字动画

在**选项面板**的**动画**项设置文字的动画，勾选**应用动画**，在**类型**处选择**淡化**，单击**动画窗口**中的第一个缩略图，表示为其添加相应的淡化效果，如图24-20所示。

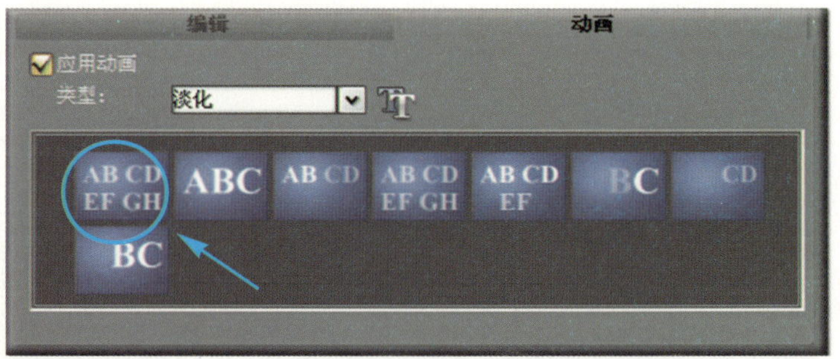

图24-20

⑭ 设置淡化的方式

这时只能为文字添加淡入效果，还要单击按钮，会弹出对话框，如图24-21所示。

图24-21

勾选**交叉淡化**，以为其添加淡入和淡出特技。

⑮ 设置淡化的快慢

在**时间轴**上预览文字的动画效果，会发现淡化时间较长，都是2秒，在**预览工具栏**的进度条上通过拨动**修整拖柄入点**和**修整拖柄出点**来缩短淡化时间，都改成1秒左右，如图24-22所示。

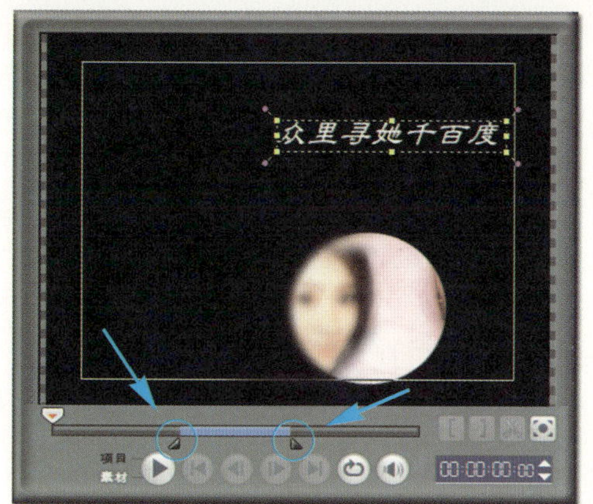

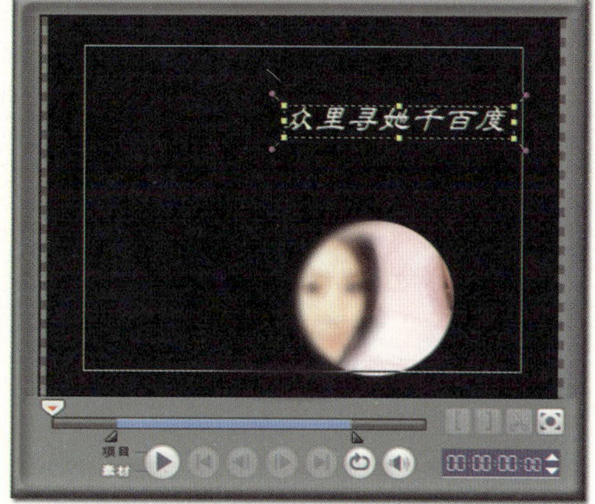

图24-22

⑯ 将标题字复制一份

在**时间轴**的**标题轨1**上，将鼠标移到文字的缩略图上单击鼠标右键，在弹出的右键菜单中执行**复制**命令，然后将鼠标移到**素材库**中空白位置单击鼠标右键，在弹出的右键菜单中执行**粘贴**命令，可将其粘贴到**素材库**中，如图24-23所示。

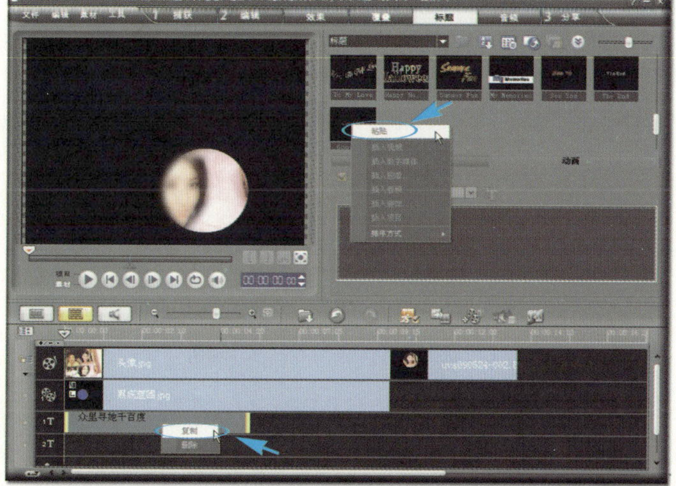

图24-23

⑰ 将复制的标题字拖移到标题轨上

将鼠标移到**素材库**中此字幕的缩略图上按左键不动并拖移到**标题轨2**上，然后在预览窗口中将其拖移到合适的位置并输入新的文字“蓦然回首竟在此处”，如图24-24所示。

图24-24

星期日
22－20℃
白天：多云转晴
晚上：晴转多云
风力：微风

18 添加覆叠轨

现在对这段画面装饰一下，添加2段会声会影预置的Flash动画。首先单击**时间轴工具栏**上的按钮，会弹出对话框，如图24-25所示。

勾选**覆叠轨＃2**和**覆叠轨＃3**，以添加两个覆叠轨。

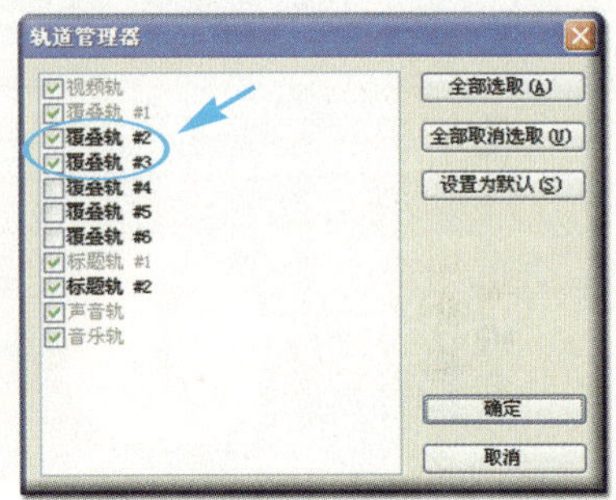

图24-25

19 将Flash动画拖移到覆叠轨上

在**素材库**中单击**画廊**处的按钮，在下拉式菜单中执行**装饰 | Flash动画**命令，以进入相应的Flash素材库，将**MotionD14.swf**和**MotionD16.swf**拖移到覆叠轨上，如图24-26所示。

由于**MotionD14.swf**的长度不够，如果改变播放速度，花的下落速度太慢，所以拖移了3段进行相互叠加，以保持画面中花的动态效果。

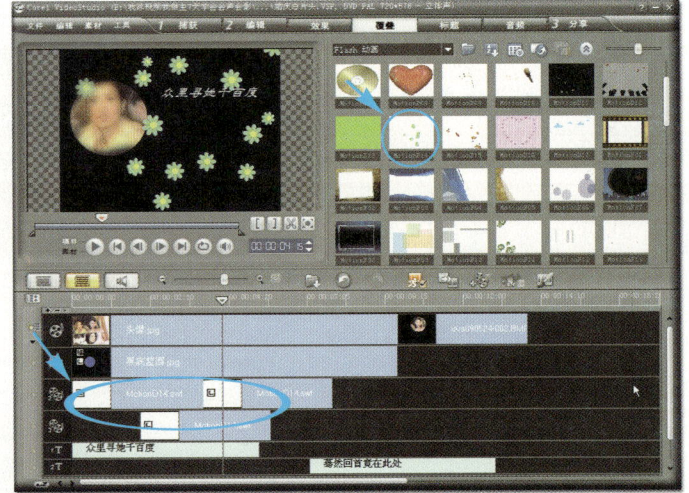

图24-26

20 改变Flash动画的快慢

接着将**MotionD16.swf**拖移到**覆叠轨**上，由于其长度也不够，在**选项面板**处进入**编辑**项，单击**回放速度**按钮，会弹出对话框，如图24-27所示。

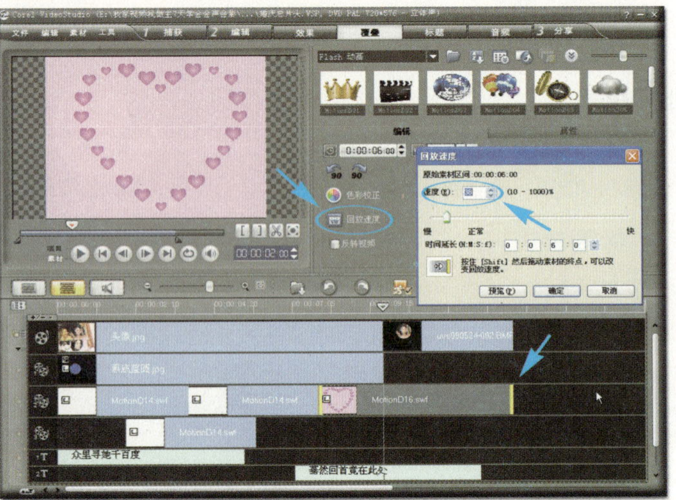

图24-27

将**速度**设为38%，使其正好对齐视频，然后在**选项面板**处进入**属性**项，单击▂▄▆按钮和▆▄▂按钮，为其添加淡入和淡出效果，如图24-28所示。

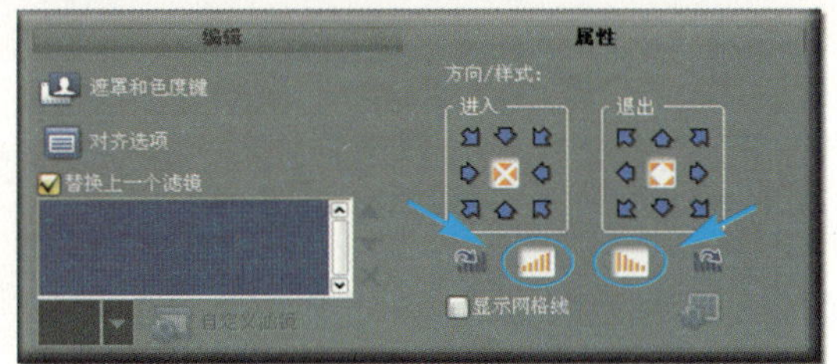

图24-28

㉑ 制作花的背景图片

预览一下完成的片段，看是否还有需要修改的地方，如果已经达到要求，执行**文件|另存为**命令，将其存储为**婚庆总片头**，准备开始下一段的制作。在Photoshop中制作1张花的背景图片，如图24-29所示。

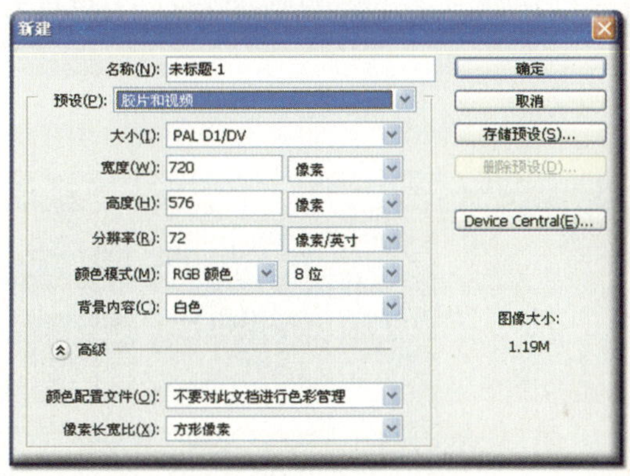

图24-29

㉒ 将该图片拖移到视频轨上

在会声会影中执行**文件|新建项目**命令，用于制作花的动态背景。在**素材库**中单击**画廊**处的▼按钮，在下拉式菜单中执行**图像**命令，以进入图像素材库，接着单击📂按钮，将刚才制作的**花背景.jpg**图片导入，然后将其拖移到**时间轴**的**视频轨**上，并把尾帧拖移到12秒的位置，如图24-30所示。

图24-30

星期日
22－20℃
白天：多云转晴
晚上：晴转多云
风力：微风

星期天
的街上
泛着梦一样的
紫
oh~
远远的想象
是一辈子
短短的
爱情说唱词
令我难忘
这七个日子
所以怀念
因为初恋
仅有一次

㉓ 为图片添加水流效果

在**素材库**中单击**画廊**处的按钮，在下拉式菜单中执行**视频滤镜｜二维映射**命令，以进入相应的效果素材库，将鼠标移到**水流**效果的缩略图上方按左键不动并拖移到**视频轨**的**花背景.jpg**文件上，以为其添加水流效果，如图24-31所示。

图24-31

㉔ 添加标题字

单击**步骤面板**的**标题**项，在**预览窗口**中用鼠标双击，输入“爱的见证”，在**标题轨1**上将其尾帧拖移到4秒的位置，然后在**选项面板**的**编辑**项中设置字体、大小和颜色等，在如图24-32所示。

图24-32

㉕ 设置标题字动画

单击**选项面板**的**动画**项，勾选**应用动画**，单击**类型**项右侧的按钮，在下拉式菜单中执行**移动路径**命令，用鼠标双击**动画窗口**中第二排第三个动画，即可将相应的动画添加到字幕上，如图24-33所示。

图24-33

26 将标题字复制一份

在**时间轴**的**标题轨1**上，将鼠标移到字幕素材上单击鼠标右键，在弹出的右键菜单中执行**复制**命令，然后将鼠标移到**素材库**中空白位置单击鼠标右键，在弹出的右键菜单中执行**粘贴**命令，可将其粘贴到**素材库**中，然后从**素材库**中将其拖移到**标题轨2**上2秒的位置，如图24-34所示。

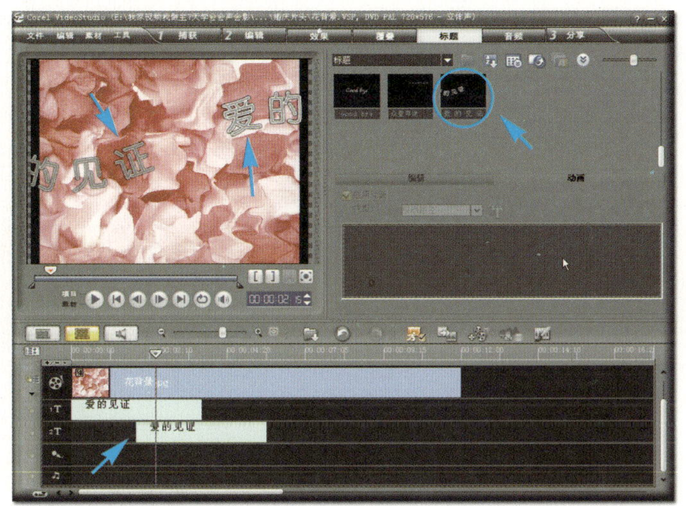

图24-34

27 将复制的标题字拖移到标题轨上

为了在整段视频中都有字幕均匀地飞动，继续将**素材库**中**爱的见证**字幕拖移到**标题轨**上排好版，如图24-35所示。

图24-35

28 生成花背景.avi文件

由于这段背景准备在**Hollywood FX**的插件中调用，所以要将其生成为AVI文件才能被识别，单击**步骤面板**的**分享**项，单击**创建视频文件**按钮，在弹出式菜单中执行**DV I PAL DV(4:3)**命令即可，如图24-36所示。

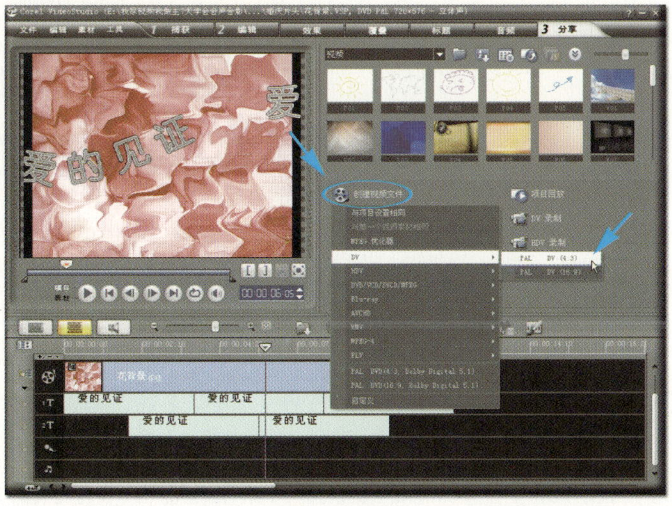

图24-36

29 将需要的镜头生成.avi文件

执行**文件 | 另存为**命令，将当前项目存储为**花背景.VSP**，接着执行**文件 | 新建项目**命令，从采集的婚庆影片中精选出需要的镜头，并分别生成AVI文件，每个长度6秒，以便调用，由于这些视频已经放置到配套光盘上，所以这一步现在你不必做。

胶片库

这样做是便于读者替换成自己需要的视频，如果是自行创作，则不必这么麻烦，只需在采集时就把视频设成AVI格式，即可在Hollywood FX中任意调用和设置入、出点。

30 将婚庆总片头.VSP打开

你只需执行**文件 | 打开项目**命令，将**婚庆总片头.VSP**打开，接着开始片头后面部分的制作。在**素材库**中单击**画廊**处的按钮，在下拉式菜单中执行**视频**命令，以进入相应的视频素材库，单击按钮，把配套光盘上**星期日 | 婚庆片头 | 婚庆视频**中的视频全部导入即可；接着在**素材库**中单击**画廊**处的按钮，在下拉式菜单中执行**图像**命令，以进入相应的图像素材库，单击按钮，把配套光盘上**星期日 | 婚庆片头 | 婚纱照片**中的图片全部导入。

31 将图片拖移到视频轨上

素材全部准备好了，下面开始片头中段的制作。在图像素材库中将**t6.jpg**拖移到**视频轨**上**uvs090524-002.BMP**最后2秒钟的位置，叠加处会自动添加转场效果，并将**t6.jpg**图像长度设为6秒，图24-37所示。

图24-37

32 用Hollywood滤镜替换默认转场

在**素材库**中单击**画廊**处的按钮，在下拉式菜单中执行**转场 | Hollywood FX**命令，以进入相应的效果素材库，将**Gold**缩略图拖移到上一步自动添加的转场效果上，以将其替换，这时单击**选项面板**上的**自定义**按钮，会弹出对话框，在**效果目录**的**Frames**中选择**PLS-Tube Frame A**，如图24-38所示。

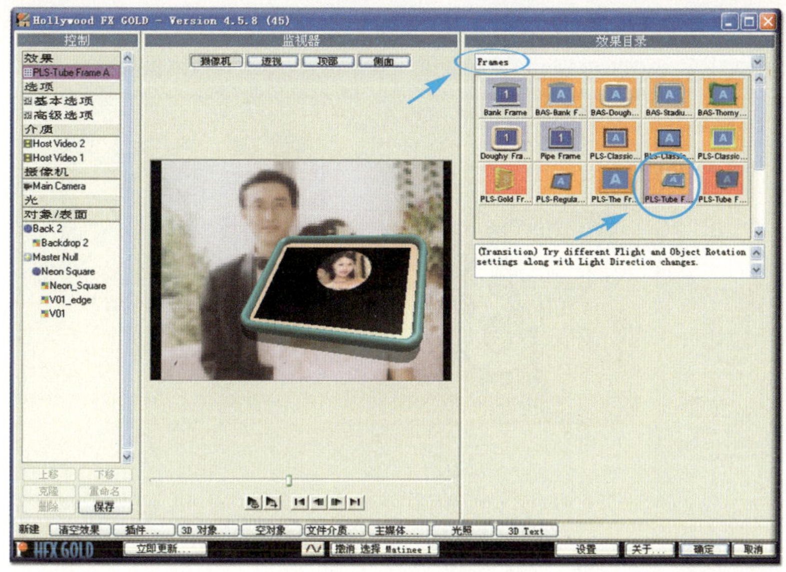

图24-38

33 设置画面的飞行属性

现在是前一个画面飞走，如果想让后一个画面飞进来，单击**基本选项**，然后勾选**反向飞行**即可，如图24-39所示。

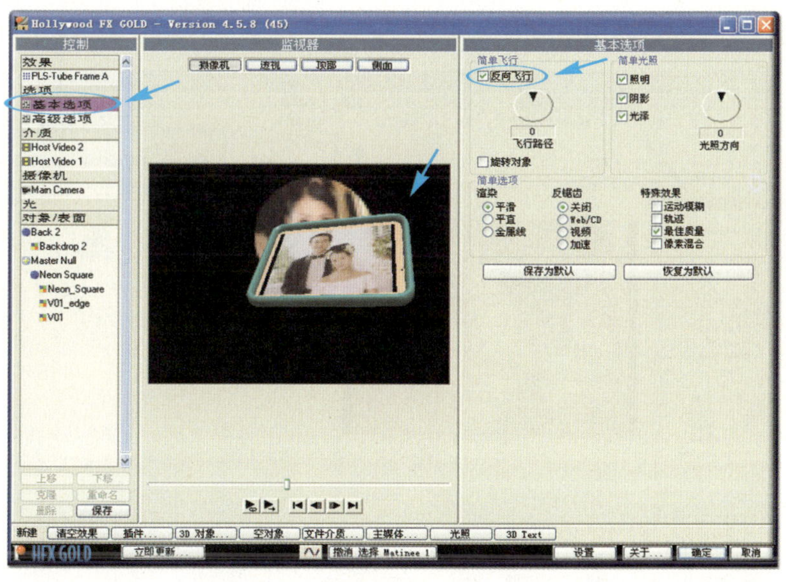

图24-39

34 将图片拖移到视频轨上

在图像素材库中将**t7.jpg**拖移到**视频轨**上**t6.jpg**最后3秒钟的位置，并将**t7.jpg**图像长度设为6秒，在叠加处会自动添加转场效果，用**Gold**效果将其替换，在**效果目录**

的**Real World Basics**中选择**PRO-Hour Glass**，如图24-40所示。

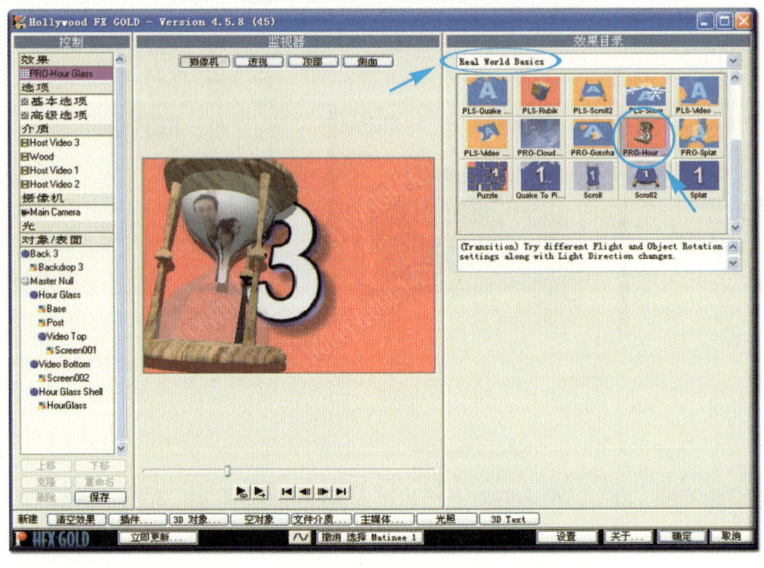

图24-40

在预览窗口中，背景画面上的**3**表示**介质**中的**Host Video 3**，单击此项，右侧的**效果目录**将变成**介质选项**，单击[选择文件...]按钮，选择配套光盘**星期日\婚庆片头**中的**花背景.avi**，并在下方的**预览**中将滑块拨到合适的位置，然后单击[开始]按钮，以将其作为开始点，如图24-41所示。

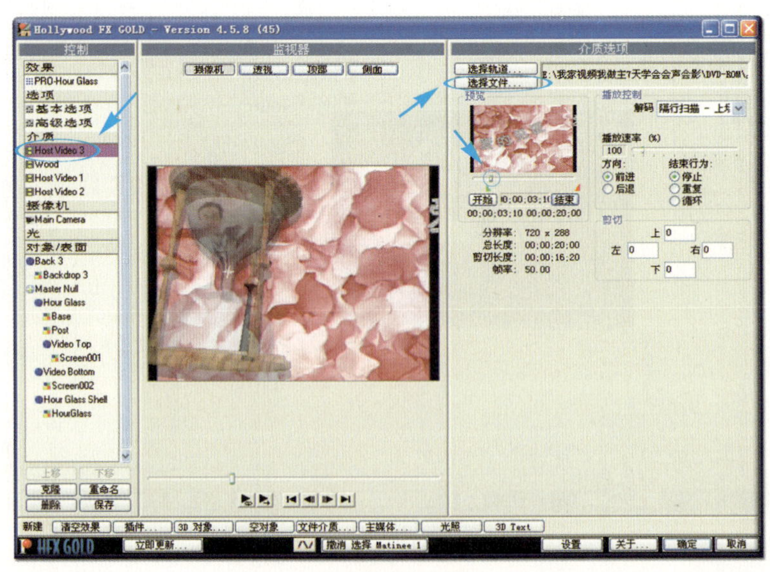

图24-41

35 将视频拖移到视频轨上

在视频素材库中将**镜头1.avi**拖移到**视频轨**上**t7.jpg**最后2秒钟的位置，叠加处会自动添加转场效果，用**Gold**效果将其替换，在**效果目录**的**婚庆特技3**中选择**像框13**如图24-42所示。

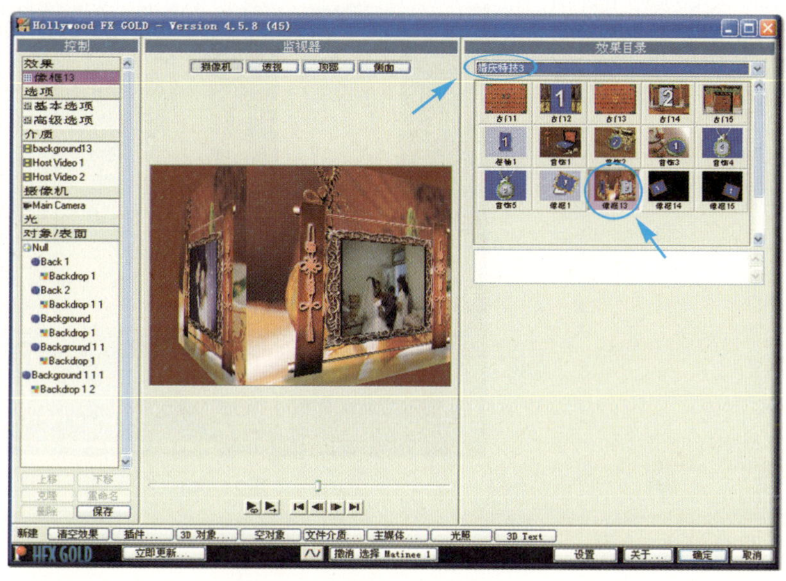

图24-42

36 继续将视频拖移到视频轨上

在视频素材库中将**镜头7.avi**拖移到**视频轨**上**镜头1.avi**最后3秒钟的位置，叠加处会自动添加转场效果，用**Gold**效果将其替换，在**效果目录**的**Video and Film**中选择**Matinee2**，并对**Host Video 3**至**Host Video 7**指定相应的视频，如图24-43所示。

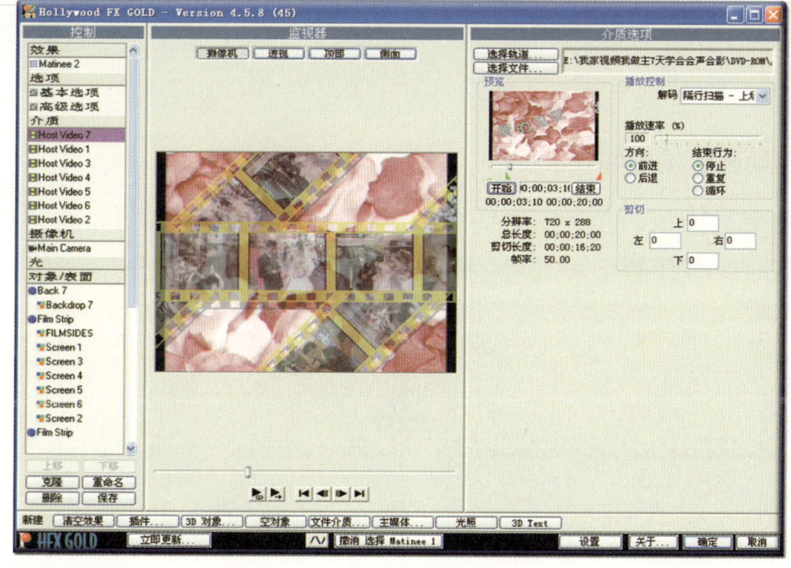

图24-43

37 将片尾底图.jpg导入

下面开始片头收尾的制作。在图像素材库中将**片尾底图.jpg**导入，并将其拖移到**覆叠轨1**上**镜头7.avi**最后2秒钟的位置，并将图像长度设为8秒，如图24-44所示。

图24-44

38 为该图片添加动画

在**选项面板**的**编辑**项，勾选**应用摇动和缩放**，单击按钮，选择最后一个效果，如图24-45所示。

图24-45

39 设置动画的关键帧

单击**自定义**按钮，会弹出对话框，对首帧和尾帧进行设置，如图24-46所示。

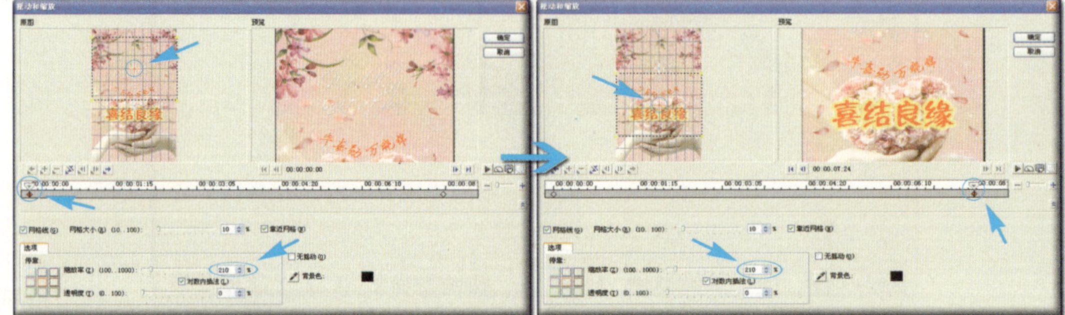

图24-46